普通高等教育电气工程、自动化（工程应用型）系列教材

电气控制与 PLC
（案例教程）

主　编　郝润生　宋晓晶
副主编　徐　纲　李　璐
参　编　沈　伟　刘欢欢

本教材配有以下教学资源：
☆ 教学课件
☆ 习题答案和参考程序
☆ 教案大纲
☆ 网站链接

机械工业出版社

本书根据应用型本科教学改革的特点，将理论知识和实际应用相结合，以应用能力的培养为核心，采用基于案例式的教学模式编写而成，内容由浅入深、循序渐进。

本书通过典型案例，通俗易懂地介绍了常用低压电器、基本控制电路、典型生产机械控制电路分析、西门子 S7 系列 PLC 概述、西门子 S7-200 系列 PLC 的各类指令的功能及应用、顺序功能图的使用及编程方法、触摸屏和组态软件的使用和西门子 PLC 的典型通信网络技术及应用。

本书可作为应用技术型高等院校自动化类、电气类专业及其他相关专业的教材，也可作为工程技术人员的自学或参考用书。

本书配有电子课件等配套教学资源，请选用本书作教材的老师登录 www.cmpedu.com 注册下载，或发邮件至 jinacmp@163.com 索取（注明学校名+姓名）。

图书在版编目（CIP）数据

电气控制与 PLC：案例教程/郝润生，宋晓晶主编. —北京：机械工业出版社，2021.7（2024.8 重印）
普通高等教育电气工程、自动化（工程应用型）系列教材
ISBN 978-7-111-68520-3

Ⅰ.①电… Ⅱ.①郝… ②宋… Ⅲ.①电气控制-高等学校-教材②PLC 技术-高等学校-教材 Ⅳ.①TM571.2②TM571.6

中国版本图书馆 CIP 数据核字（2021）第 120449 号

机械工业出版社（北京市百万庄大街 22 号　邮政编码 100037）
策划编辑：吉　玲　责任编辑：吉　玲　王　荣
责任校对：王明欣　封面设计：张　静
责任印制：常天培
北京机工印刷厂有限公司印刷
2024 年 8 月第 1 版第 5 次印刷
184mm×260mm・18 印张・458 千字
标准书号：ISBN 978-7-111-68520-3
定价：55.00 元

电话服务　　　　　　　　　网络服务
客服电话：010-88361066　　机　工　官　网：www.cmpbook.com
　　　　　010-88379833　　机　工　官　博：weibo.com/cmp1952
　　　　　010-68326294　　金　书　网：www.golden-book.com
封底无防伪标均为盗版　　　机工教育服务网：www.cmpedu.com

前　言

当前，各高等院校自动化类、电气类专业及其他相关专业基本上都开设了"电气控制与 PLC"方面的专业课程。传统的电气控制技术和 PLC 控制技术在工业生产中均得到了广泛的应用。随着计算机技术和网络通信技术的发展，PLC 的功能不断增强，现已应用于运动控制、过程控制、通信网络和人机交互等各个领域。而"智能制造"和"互联网+"的提出，对从事电气控制技术相关领域的技术人员提出了更高的标准和要求。党的二十大报告中提出"推进新型工业化，加快建设制造强国""推动制造业高端化、智能化、绿色化发展"，为相关技术人员提供了广阔的发展舞台。为了更好地帮助读者掌握 PLC 的应用，本书在介绍电气控制基本知识和 PLC 基本指令及应用的基础上，还进一步讲解了 PLC 在网络通信技术中的应用。

本书根据应用技术型人才的培养目标，采用案例式教学的模式进行编写，每章配有一个典型案例，旨在使学生在掌握 PLC 相关知识的基础上，具备 PLC 的编程和应用能力。在众多 PLC 中，西门子 S7 系列 PLC 拥有较高的市场占有率。因此，本书以 S7 系列 PLC 中的 S7-200 为基础，讲解了 PLC 的工作原理及其应用技术，同时也介绍了 S7 系列 PLC 中的 S7-200 SMART 和 S7-300 在网络通信方面的典型应用。

本书共分为 16 章，既包含传统的电气控制技术的介绍，也包含 PLC 的详细讲解，还包括常用的自动化设备及软件的使用，如变频器、触摸屏和工控组态软件等。第 1 章介绍了常用低压电器的结构、工作原理和使用方法；第 2 章介绍了三相笼型异步电动机的基本控制电路及应用；第 3 章介绍了控制电路图的绘制规则和分析方法；第 4 章介绍了 PLC 的基本知识，以及西门子 S7 各系列 PLC 的特点和组成结构；第 5 章介绍了 S7-200 系列 PLC 常用位指令的编程及应用；第 6 章介绍了 S7-200 PLC 定时器和计数器指令的编程及应用；第 7 章介绍了 S7-200 PLC 数据处理指令的编程及应用；第 8 章介绍了 S7-200 PLC 数据运算指令的编程及应用；第 9 章介绍了 S7-200 PLC 程序控制指令的编程及应用；第 10 章介绍了顺序功能图的基本概念、顺序控制程序的设计方法；第 11 章介绍了 S7-200 PLC 的高速计数和高速脉冲输出指令的编程及应用；第 12 章介绍了 S7-200 PLC 的 PID 控制指令和模拟量模块在 PID 闭环控制系统中的应用；第 13 章介绍了威纶通触摸屏和组态王软件的使用；第 14 章介绍了 S7-200 PLC 通信网络功能及相关指令的编程与应用；第 15 章介绍了 S7-200 SMART PLC 的以太网通信功能及应用；第 16 章介绍了 S7-300 PLC 的基本使用方法及其在 PROFIBUS 通信中的应用。

本书配套有电子教学资料，读者可在机械工业出版社教育服务网（www.cmpedu.com）下载。

本书由天津理工大学中环信息学院郝润生、宋晓晶任主编，徐纲、李璐任副主编。郝润生编写第 11、12 章和第 14~16 章并负责全书统稿，宋晓晶编写第 6~8 章、第 10、

13章，李璐编写第4章的4.3节、第9章、附录和电子教学资料，徐纲编写第1~3章、第5章和第4章其余小节。沈伟、刘欢欢参加了本书课程资料的整理和课后习题的编写工作。

由于编者水平有限，书中难免有疏漏和不妥之处，恳请各院校师生及其他各界读者批评指正。

编　者

目 录

前言

第1章 常用低压电器——以带式输送机的电气控制为例 ………… 1
1.1 任务要求 ……………………… 1
1.2 常用低压电器 ……………… 2
   1.2.1 低压断路器 ……………… 4
   1.2.2 主令电器 ………………… 5
   1.2.3 接触器 …………………… 9
   1.2.4 熔断器 …………………… 10
   1.2.5 热继电器 ………………… 12
   1.2.6 时间继电器 ……………… 13
1.3 带式输送机的控制电路图 …… 14
   1.3.1 任务分析 ………………… 14
   1.3.2 电气原理图 ……………… 14
1.4 拓展与提高——控制电路常用的保护环节 ……………………… 15
思考与练习 ……………………… 16

第2章 继电器-接触器基本控制电路——以电动葫芦的电气控制为例 …………… 17
2.1 任务要求 ……………………… 17
2.2 电气控制的基本电路 ………… 18
   2.2.1 点动与连续运转的控制 … 18
   2.2.2 自锁与互锁 ……………… 18
   2.2.3 顺序控制 ………………… 19
   2.2.4 自动往复控制 …………… 20
2.3 三相异步电动机的起动控制 … 21
2.4 三相异步电动机的制动控制 … 22
2.5 控制系统设计 ………………… 24
   2.5.1 任务分析 ………………… 24
   2.5.2 电气原理图 ……………… 25
2.6 拓展与提高——三相异步电动机的调速控制 …………………… 26
思考与练习 ……………………… 28

第3章 典型生产机械控制电路分析——以CA6140型车床控制电路为例 ………… 30
3.1 任务要求 ……………………… 30
3.2 电气控制系统图的绘制标准及原则 …… 31
3.3 CA6140型车床的控制电路分析 … 34
3.4 拓展与提高——控制电路的设计方法和步骤 ……………………… 35
思考与练习 ……………………… 37

第4章 西门子S7系列PLC概述——以带式输送机的PLC控制为例 …………… 39
4.1 PLC的产生与定义 …………… 39
4.2 PLC的组成结构与工作原理 … 40
   4.2.1 PLC的基本结构 ………… 40
   4.2.2 PLC的工作原理 ………… 42
4.3 西门子S7系列PLC简介 …… 44
   4.3.1 S7-200系列PLC ………… 44
   4.3.2 S7-200 SMART PLC …… 46
   4.3.3 S7-300/400系列PLC …… 48
   4.3.4 S7-1200系列PLC ……… 50
   4.3.5 S7-1500系列PLC ……… 51
4.4 西门子S7-200 PLC的编程元件及寻址方式 ……………………… 52
   4.4.1 数据类型 ………………… 52
   4.4.2 软元件 …………………… 53
   4.4.3 寻址方式 ………………… 55
4.5 西门子S7-200 PLC的编程语言 … 57
4.6 STEP 7-Micro/WIN编程软件的使用 …………………………… 59

4.7 带式输送机 PLC 控制系统设计 …… 61
  4.7.1 任务要求 …… 61
  4.7.2 输入/输出分配 …… 62
  4.7.3 PLC 接线图设计 …… 62
  4.7.4 梯形图设计 …… 63
4.8 拓展与提高——梯形图的编程规则 …… 63
思考与练习 …… 65

第 5 章 S7-200 PLC 常用位逻辑指令及应用——以 CA6140 型车床的 PLC 改造为例 …… 66

5.1 任务要求 …… 66
5.2 常用位逻辑指令 …… 66
  5.2.1 逻辑取（装载）与线圈驱动指令 …… 67
  5.2.2 触头串联与并联指令 …… 67
  5.2.3 置位/复位指令 …… 68
  5.2.4 RS 触发器指令 …… 69
  5.2.5 边沿脉冲指令 …… 70
  5.2.6 立即指令 …… 70
  5.2.7 逻辑堆栈指令 …… 72
5.3 CA6140 型车床 PLC 控制系统改造 …… 73
  5.3.1 任务分析 …… 73
  5.3.2 输入/输出分配 …… 73
  5.3.3 PLC 接线图设计 …… 74
  5.3.4 梯形图设计 …… 74
5.4 拓展与提高——梯形图的继电器-接触器控制电路转换法 …… 75
思考与练习 …… 76

第 6 章 S7-200 PLC 定时器与计数器指令及应用——以物料运送车的 PLC 控制为例 …… 78

6.1 任务要求 …… 78
6.2 定时器指令 …… 79
  6.2.1 指令格式 …… 79
  6.2.2 指令工作原理分析 …… 80
6.3 计数器指令 …… 81
  6.3.1 指令格式 …… 82
  6.3.2 指令工作原理分析 …… 82
6.4 典型电路分析 …… 84
6.5 控制系统设计 …… 85
  6.5.1 任务分析 …… 85
  6.5.2 输入/输出分配 …… 85
  6.5.3 PLC 接线图设计 …… 85
  6.5.4 梯形图设计 …… 86
6.6 拓展与提高——S7-200 PLC 仿真软件使用 …… 87
思考与练习 …… 88

第 7 章 S7-200 PLC 数据处理指令及其应用——以波浪式喷泉的 PLC 控制为例 …… 89

7.1 任务要求 …… 89
7.2 数据处理指令 …… 90
  7.2.1 传送指令 …… 90
  7.2.2 移位指令 …… 93
  7.2.3 比较指令 …… 97
  7.2.4 转换指令 …… 99
7.3 控制系统设计 …… 102
  7.3.1 任务分析 …… 102
  7.3.2 输入/输出分配 …… 103
  7.3.3 PLC 接线图设计 …… 104
  7.3.4 梯形图设计 …… 104
7.4 拓展与提高——梯形图的经验设计法 …… 106
思考与练习 …… 107

第 8 章 S7-200 PLC 数据运算指令及其应用——以停车场车辆出入显示的 PLC 控制为例 …… 109

8.1 任务要求 …… 109
8.2 数据运算指令 …… 110
  8.2.1 四则运算指令 …… 110
  8.2.2 自增和自减指令 …… 113
  8.2.3 数学函数运算指令 …… 114
  8.2.4 逻辑运算指令 …… 115
8.3 控制系统设计 …… 116
  8.3.1 任务分析 …… 116
  8.3.2 输入/输出分配 …… 117
  8.3.3 PLC 接线图设计 …… 117
  8.3.4 梯形图设计 …… 118
8.4 拓展与提高——梯形图的逻辑编程法 …… 118
思考与练习 …… 120

第 9 章 S7-200 PLC 程序控制指令及其应用——以两种液体混合装置的控制为例 …… 121

9.1 任务要求 …… 121
9.2 程序控制指令 …… 122

9.2.1　结束、暂停及看门狗复位指令 … 122
9.2.2　跳转指令 …………………… 123
9.2.3　循环指令 …………………… 124
9.2.4　子程序指令 ………………… 126
9.3　控制系统设计 ……………………… 128
9.3.1　任务分析 …………………… 128
9.3.2　输入/输出地址分配 ………… 128
9.3.3　PLC 接线图设计 …………… 129
9.3.4　梯形图程序设计 …………… 129
9.4　拓展与提高——PLC 控制系统设计的内容和步骤 …………………… 131
思考与练习 ……………………………… 132

第 10 章　S7-200 PLC 顺序控制指令及应用——以机械手的大小球分拣控制为例 …………… 133

10.1　任务要求 …………………………… 133
10.2　顺序功能图 ………………………… 134
10.3　顺序控制指令 ……………………… 135
10.4　顺序功能图的结构类型 …………… 135
10.4.1　单纯顺序结构 ……………… 136
10.4.2　选择分支结构 ……………… 136
10.4.3　并行分支结构 ……………… 137
10.4.4　跳转和循环结构 …………… 138
10.5　控制系统设计 ……………………… 139
10.5.1　任务分析 …………………… 139
10.5.2　输入/输出分配 …………… 140
10.5.3　PLC 接线图设计 …………… 140
10.5.4　顺序功能图设计 …………… 140
10.5.5　梯形图设计 ………………… 141
10.6　拓展与提高——置位复位指令的顺序控制设计方法 …………………… 143
思考与练习 ……………………………… 145

第 11 章　S7-200 PLC 高速计数和脉冲输出指令及应用——以定长切割设备的控制为例 …………… 146

11.1　任务要求 …………………………… 146
11.2　步进电动机及驱动器 ……………… 147
11.3　中断程序及指令 …………………… 148
11.4　高速计数器指令 …………………… 151
11.4.1　高速计数器基本概念 ……… 151
11.4.2　指令格式及功能 …………… 153
11.4.3　高速计数器的使用方法 …… 154
11.5　高速脉冲输出指令 ………………… 155
11.5.1　高速脉冲输出基本概念 …… 156
11.5.2　指令格式及功能 …………… 157
11.5.3　PTO 的使用方法 …………… 157
11.5.4　PWM 的使用方法 ………… 160
11.6　控制系统设计 ……………………… 162
11.6.1　任务分析 …………………… 162
11.6.2　输入/输出地址分配 ………… 163
11.6.3　PLC 接线图设计 …………… 163
11.6.4　梯形图程序设计 …………… 164
11.7　拓展与提高——指令向导的使用 …… 166
思考与练习 ……………………………… 168

第 12 章　S7-200 PLC PID 回路控制指令及应用——以恒压供水的 PID 控制为例 …………… 169

12.1　任务要求 …………………………… 169
12.2　模拟量扩展模块 EM235 …………… 170
12.3　MM430 变频器简介 ………………… 172
12.4　PID 控制原理及指令 ……………… 174
12.5　控制系统设计 ……………………… 176
12.5.1　任务分析 …………………… 176
12.5.2　输入/输出地址分配 ………… 177
12.5.3　电气原理图设计 …………… 177
12.5.4　系统程序设计 ……………… 179
12.6　拓展与提高——PID 指令向导 …… 184
思考与练习 ……………………………… 186

第 13 章　触摸屏的组态与应用——以自动伸缩门控制为例 …………… 187

13.1　任务要求 …………………………… 187
13.2　触摸屏概述 ………………………… 188
13.3　威纶通触摸屏编程软件的使用 …… 188
13.4　控制系统设计 ……………………… 191
13.4.1　任务分析 …………………… 191
13.4.2　输入/输出地址分配 ………… 192
13.4.3　PLC 接线图设计 …………… 192
13.4.4　梯形图设计 ………………… 193
13.4.5　触摸屏人机界面设计 ……… 194
13.5　拓展与提高——组态软件功能及应用 ………………………………… 194
思考与练习 ……………………………… 200

第 14 章　S7-200 PLC 通信指令及应用——以灌装生产线的 PLC 控制为例 …………… 201

14.1　任务要求 …………………………… 201

14.2 S7-200 PLC 的网络通信概述 ………… 202
   14.2.1 通信的基本概念 ………………… 202
   14.2.2 S7-200 PLC 支持的通信协议…… 203
14.3 S7-200 PLC 之间的 PPI 通信 ………… 204
   14.3.1 PPI 通信简介 …………………… 204
   14.3.2 网络读/写指令 ………………… 205
   14.3.3 两台 S7-200 PLC 之间的 PPI
         通信实例 ………………………… 206
14.4 上位机与 PLC 之间的自由口通信 … 208
   14.4.1 自由口通信简介 ………………… 208
   14.4.2 发送/接收指令 ………………… 208
   14.4.3 S7-200 PLC 与超级终端的自由口
         通信实例 ………………………… 210
14.5 PLC 与变频器的 USS 通信 ………… 212
   14.5.1 USS 通信概述 ………………… 212
   14.5.2 USS 协议库及指令 …………… 213
   14.5.3 S7-200 PLC 与 MM440 变频器的
         USS 通信实例 …………………… 216
14.6 主从站之间的 Modbus 通信 ………… 220
   14.6.1 Modbus 简介 …………………… 220
   14.6.2 S7-200 PLC Modbus 协议库
         指令 ……………………………… 220
   14.6.3 两台 S7-200 PLC 之间的 Modbus
         通信实例 ………………………… 223
14.7 控制系统设计 ………………………… 224
   14.7.1 任务分析 ………………………… 224
   14.7.2 系统梯形图设计 ………………… 225
14.8 拓展与提高——西门子 S7 系列其他
     PLC 的通信功能 …………………… 229
思考与练习 ………………………………… 231

第 15 章 S7-200 SMART PLC 以太网通信技术及应用——以矿井带式输送机集中控制为例 232

15.1 任务要求 ……………………………… 232
15.2 S7-200 SMART PLC 的以太网通信 … 233
15.3 GET/PUT 指令 ……………………… 235
15.4 控制系统设计 ………………………… 237
   15.4.1 任务分析 ………………………… 237
   15.4.2 系统梯形图设计 ………………… 238
15.5 拓展与提高——开放式用户通信
     指令 …………………………………… 242
思考与练习 ………………………………… 246

第 16 章 PROFIBUS 通信技术及应用——以柔性自动化生产线实训平台的控制为例 247

16.1 任务要求 ……………………………… 247
16.2 PROFIBUS 技术 ……………………… 249
16.3 DP 主站与智能从站之间的通信 …… 251
16.4 S7-300 和 S7-200 PLC 的 DP 通信 … 257
16.5 控制系统设计 ………………………… 261
   16.5.1 任务分析 ………………………… 261
   16.5.2 PLC 硬件配置 ………………… 261
   16.5.3 硬件组态 ………………………… 262
   16.5.4 系统梯形图设计 ………………… 263
16.6 拓展与提高——S7-300 仿真软件的
     使用 …………………………………… 268
思考与练习 ………………………………… 271

附录 …………………………………………… 272

附录 A 电气控制电路中常用图形符号和
       文字符号 ……………………… 272
附录 B 常用特殊继电器 SMB0 和 SMB1 的
       位信息 ………………………… 277
附录 C S7-200 PLC CPU 226 典型接
       线图 …………………………… 278
附录 D S7-200 SMART 标准型（SR/ST）
       PLC 的 CPU 模块规范 ……… 279

参考文献 …………………………………… 280

第 1 章

常用低压电器——以带式输送机的电气控制为例

导读

低压电器、传感器和执行器是工业电气控制系统的基本组成部分,本章以带式输送机的电气控制为例,介绍常用低压电器的基本知识,包括常用低压电器的结构、工作原理以及使用方法,同时对于一些常用的保护环节进行介绍。

本章知识点

- 低压电器的基本概念
- 常用低压电器的结构与工作原理
- 常用低压电器的图形和文字符号
- 电气控制系统常用的保护环节

1.1 任务要求

带式输送机是常见的一种输送设备,它依靠摩擦驱动,以连续方式运输物料,主要由机架、输送带、托辊、滚筒、张紧装置和传动装置等组成。它既可以进行碎散物料的输送,也可以进行成件物品的输送,因此被广泛用于冶金、煤炭、交通、港口等领域。秦皇岛港煤码头的输煤系统就采用了带式输送机,如图 1-1 所示,煤炭经带式输送机输送到运煤船上,再转运到南方地区,实现了"北煤南运"的国家战略。

例如,某料场有一台带式输送机用于输送物料,如图 1-2 所示。该输送机由一台三相笼型异步电动机拖动,采用继电器-接触器的控制方式。具体控制要求如下:按下起动按钮,电动机起动;按下停止按钮,电动机停止。

三相笼型异步电动机由于结构简单、价格便宜、坚固耐用等优点获得广泛的应用。对于这种电动机,传统的控制电路大多由继电器、接触器和按钮等有触头的低压电器组成,称之为继电器-接触器控制系统。下面详细介绍继电器、接触器等常用的低压电器。

图 1-1　秦皇岛港煤码头输煤系统

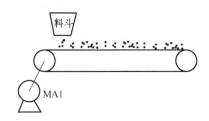

图 1-2　带式输送机工作示意图

1.2　常用低压电器

1. 低压电器的定义

电器是一种能根据外界的信号和要求，手动或自动地接通或分断电路，进而断续或连续地改变电路参数以达到对电路或非电对象的控制、切换、保护、检测、变换和调节作用的电工器件。低压电器通常是指工作在交流电压 1200V 以下、直流电压 1500V 以下的电路中的电器。

2. 电磁式低压电器

电气控制系统中以电磁式低压电器的应用最为普遍。电磁式低压电器是一种利用电磁现象实现功能的电器，此类电器的工作原理及结构组成大体相同。在常用的低压电器中，接触器、断路器等就属于电磁式低压电器。从结构上看，电磁式低压电器由三个主要部分组成，即电磁机构、触头和灭弧装置。

（1）电磁机构　电磁机构为电磁式低压电器的感测机构，它的作用是将电磁能转换为带动触头动作的机械能，从而实现触头状态的改变，完成对电路通、断的控制。

电磁机构由线圈、铁心、衔铁等几部分组成，其工作原理是：线圈通过工作电流产生足够的磁动势，在磁路中形成磁通，使衔铁获得足够的电磁力用以克服弹簧的作用力，并与铁心吸合，由连接机构带动相应的触头动作。

对于单相交流电磁机构，在铁心头部平面上都装有短路环，如图 1-3 所示。安装短路环的目的是消除交流电磁铁在吸合时可能产生的衔铁振动和噪声。当交变电流过零时，电磁铁的吸力为零，衔铁被释放，当交变电流过零之后，衔铁又被吸合，这样一放一吸会使衔铁发生振动。装上短路环后，短路环把铁心中的磁通分为两部分，即不穿过短路环的磁通 Φ_1 和穿过短路环的磁通 Φ_2。Φ_2 为原磁通与短路环中感应电流产生的磁通的叠加，且相位上 Φ_2 滞后于 Φ_1。这样就能阻止

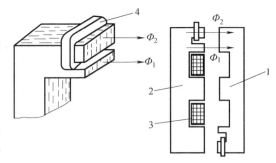

图 1-3　短路环原理图
1—衔铁　2—铁心　3—线圈　4—短路环

交变电流过零时磁场的消失，使衔铁与铁心之间始终保持一定的吸力，因此消除了振动现象。

（2）触头　触头作为电器的执行机构，起着接通和分断电路的重要作用，必须具有良

好的接触性能，故应考虑其材质和结构设计。

对于电流容量较小的电器，如机床控制电路所使用的接触器、继电器等，常采用银质材料作触头，其优点是银的氧化膜电阻率与纯银相近，和其他材料（比如铜）相比可以避免因长时间工作，触头表面氧化膜电阻率增加而造成触头接触电阻增大。

触头的结构如图1-4所示，可分为桥式和指式两种，其中桥式触头又分为点接触式和面接触式两种。

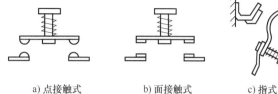

图1-4 触头的结构

（3）灭弧装置 当被分断电路的电流超过某一数值（取值区间为0.25~1A），分断后加在触头间隙两端的电压超过某一数值（取值区间为12~20V，电流与电压根据触头材质的不同有不同取值）时，在触头间隙中会产生电弧。电弧是一种气体放电现象，即触头间气体在强电场作用下发生电离，产生自由带电粒子，使气体由绝缘状态转变为导电状态，并伴有高温、强光。电弧既妨碍了电路及时可靠地分断，又会使触头受到损伤。因此，必须采取适当且有效的措施将其熄灭，灭弧的主要措施有机械性灭弧、磁吹式灭弧、窄缝灭弧和栅片灭弧四种。

1）机械性灭弧：分断触头时，迅速拉长电弧，使其由于单位长度内维持电弧存在的电场强度不够而熄灭。这种方法多用于开关电器中。

2）磁吹式灭弧：在一个与触头串联的磁吹线圈产生的磁场作用下，电弧受电磁力的作用而拉长，被吹入由固体介质构成的灭弧罩内并与固体介质相接触，最终熄灭。它广泛应用于直流接触器中，如图1-5所示。

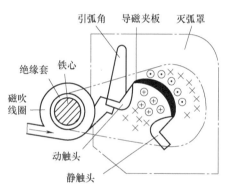

图1-5 磁吹式灭弧原理图

3）窄缝灭弧：依靠磁场的作用，将电弧驱入耐弧材料制成的纵缝中，以加快电弧的熄灭，如图1-6所示。这种灭弧装置多用于交流接触器。

4）栅片灭弧：断开触头时，产生的电弧在电动力的作用下被推入彼此绝缘的多组镀铜薄钢片（栅片）中，电弧被分割成多组串联的短弧最终熄灭，如图1-7所示。

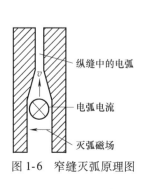

图1-6 窄缝灭弧原理图

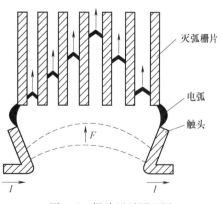

图1-7 栅片灭弧原理图

1.2.1 低压断路器

低压断路器是一种既能作开关用，又具有电路自动保护功能的低压电器，用于电动机或其他用电设备作不频繁通断操作的电路转换。当电路发生过载、短路、欠电压等非正常情况时，能自动分断电路，有效地保护故障电路中的用电设备。在保护功能方面，它还可以与漏电保护器、测量、远程操作等模块单元配合使用完成更高级的保护和控制。由于具有操作安全、动作电流可调整、分断能力较强等优点，因而在各种电气控制系统中得到了广泛的应用。

低压断路器的种类繁多，按其结构特点和性能，可分为框架式断路器、塑料外壳式断路器和漏电保护式断路器三类。下面以塑料外壳式断路器为例介绍断路器的结构和工作原理。

1. 低压断路器的结构和工作原理

低压断路器主要由触头系统、灭弧装置、操作机构、保护装置（各种脱扣器）及外壳组成。图1-8为DZ47型塑料外壳式低压断路器，图1-9为低压断路器的图形符号和文字符号。

图1-8　DZ47型塑料外壳式低压断路器　　　图1-9　低压断路器的图形符号和文字符号

图1-10为低压断路器工作原理示意图。低压断路器是靠操作机构手动或电动合闸的，主触头闭合后，自由脱扣器机构将主触头锁在合闸位置上。当电路发生故障时，通过各自的脱扣器使自由脱扣器动作，自动分断主电路实现保护作用。

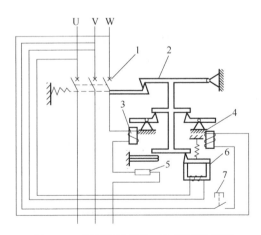

图1-10　低压断路器的工作原理示意图

1—主触头　2—自由脱扣器　3—过电流脱扣器　4—分励脱扣器　5—热脱扣器　6—欠电压脱扣器　7—按钮

（1）过电流脱扣器　当被保护的主电路发生短路或产生较大电流时，过电流脱扣器中的线圈所产生的电磁吸合力随之增大，直至将衔铁吸合，并推动杠杆使自由脱扣器动作，主触头断开，分断主电路，起到过电流保护作用。

（2）分励脱扣器　分励脱扣器用于远距离操作。在正常工作时，其线圈是断电的；在需要远程操作时，按动按钮使线圈通电，其电磁机构使自由脱扣器动作，分断主电路。

（3）热脱扣器　当电路发生过载时，过载电流流过发热元件，使热脱扣器的双金属片向上弯曲，将自由脱扣器推动，断开主触头，从而起到保护作用。

（4）欠电压脱扣器　当电路电压严重下降或消失时，欠电压脱扣器的线圈吸合力减少或失去吸合力，衔铁被弹簧拉开，推动杠杆，使自由脱扣器动作，分断主电路。

2. 低压断路器的主要参数

低压断路器的主要参数有额定电压、额定电流、极数、脱扣类型及其额定电流、整定范围、电磁脱扣器整定范围、主触头的分断能力等。

（1）额定电压　额定电压是指断路器在长期工作时的允许电压，通常大于或等于电路的额定电压。

（2）额定电流　额定电流是指断路器在长期工作时的允许持续电流。

（3）分断能力　分断能力是指断路器在额定电压、频率以及规定的电路参数（交流电路为功率因数，直流电路为时间常数）下，所能接通和分断的短路电流值。

（4）分断时间　分断时间是指断路器分断故障电流所需的时间。

3. 低压断路器的选用和调整

1）额定电压和额定电流应大于或等于电路、设备的正常工作电压和工作电流。

2）热脱扣器的整定电流应与所控制负载（比如电动机）的额定电流一致。在主电路通过电流大小为 1.05 倍脱扣整定电流时，热脱扣器在 2h 内不动作；为 1.2 倍脱扣整定电流时，热脱扣器在 2h 内动作。

3）欠电压脱扣器的额定电压等于线路的额定电压。

4）电流脱扣器整定电流应大于负载正常工作时的尖峰电流，对于电动机负载来说，通常按起动电流的 1.7 倍整定。

1.2.2　主令电器

主令电器是自动控制系统中用于发送和转换控制命令的电器。它用于控制电路，不能直接操作主电路。主令电器应用十分广泛，种类繁多，其主要类型有控制按钮、行程开关、接近开关、转换开关等。

1. 控制按钮

控制按钮简称按钮，是一种结构简单、应用广泛的主令电器，在控制电路中用于手动发出控制信号以控制接触器、继电器等，从而控制电动机或其他电器的运行。

控制按钮的典型结构如图 1-11 所示，它既有常开触头，也有常闭触头。常态时在复位弹簧的作用下，由动触头将常闭触头 4 闭合，常开触头 5 断开；当按下按钮时，动触头将 4 断开，5 闭合。4 被称为常闭触头或动断触头，5 被称为常开触头或动合触头。

控制按钮在结构上有按钮式、自锁式、紧急式、钥匙式、旋钮式和保护式等，有些控制按钮还带有指示灯。旋钮式和钥匙式的控制按钮也称选择开关，选择开关和普通控制按钮的最大区别就是前者不能自动复位，其中钥匙式的选择开关具有安全保护功能。控制按钮的图形符号和文字符号如图 1-12 所示。

常用的控制按钮有 LA2、LA18、LA19、LA20 及 LA25 等系列。为标明控制按钮的作用，避免误操作，通常将控制按钮帽做成红、绿、黑、黄、蓝、白和灰等色。控制按钮帽的颜色

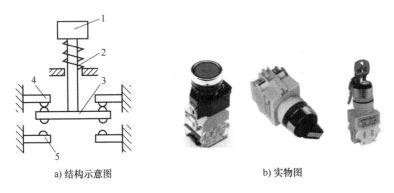

a) 结构示意图　　　　　　　　b) 实物图

图 1-11　控制按钮结构示意图

1—按钮帽　2—复位弹簧　3—动触头　4—常闭触头　5—常开触头

一般规定如下:"起动"按钮必须是绿色;"停止"和"急停"按钮必须是红色;"起动"与"停止"交替动作的按钮必须是黑色、白色或灰色;"点动"按钮必须是黑色;"复位"按钮必须是蓝色,当"复位"按钮还有"停止"的作用时,则必须是红色。

a) 常开触头　　b) 常闭触头　　c) 复合按钮　　d) 选择开关　　e) 钥匙开关

图 1-12　控制按钮的图形符号和文字符号

2. 转换开关

转换开关是一种多档位、多段式、控制多回路的主令电器,广泛应用于各种配电装置的电源隔离、电路转换、电动机远距离控制等,也常用于电压表、电流表的量程转换,还可用于控制小容量的电动机。目前常用的转换开关主要有两大类,即万能转换开关和组合开关。两者的结构和工作原理基本相似,在某些应用场合可以相互替代。

转换开关一般采用组合式结构设计,由操作机构、定位系统、限位系统、触头系统、面板及手柄等组成。触头系统采用双断点桥式结构,并由各自的凸轮控制其通断。定位系统采用棘轮棘爪式结构,不同的棘轮和凸轮可组成不同的定位模式,从而得到不同的开关状态,即手柄在不同的转换角度时,触头的状态是不同的。

转换开关是由多组相同结构的触头组件叠装而成,如图 1-13 所示,触头底座由 1~12 层组成,其中每层底座最多可装 4 对触头,并由底座中间的凸轮进行控制。由于每层凸轮都可做成不同的形状,所以当手柄转到不同位置时,通过凸轮的作用,可使各对触头按所需要的规律闭合和断开。

转换开关的触头在电路图中的图形符号如图 1-14 所示。

由于其触头的状态是与操作手柄的位置有关,因此,在电路图中除画出触头的图形符号之外,还应有操作手柄位置与触头状态的表示方法。其表示方法有两种,一种是在电路图中画虚线和画"·"的方法,如图 1-14a 所示,即用虚线表示操作手柄的位置,用有或无"·"表示触头的闭合或断开状态。比如,在触头图形符号下方的虚线位置上画"·",则表示当操作手柄处于该位置时,该触头处于闭合状态;若在虚线位置上未画"·",则表示

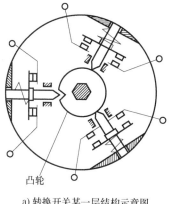

a) 转换开关某一层结构示意图　　　　b) 实物图

图 1-13　转换开关

该触头处于断开状态。另一种方法是在触头的图形符号上标出触头编号，再用接通表表示操作手柄在不同位置时的触头状态，如图 1-14b 所示。在接通表中用空白和"×"来表示操作手柄处于不同位置时触头的闭合和断开状态。转换开关的文字符号也为 SF。

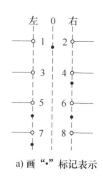

触头	左	0	右
1-2		×	
3-4			×
5-6	×		×
7-8	×		

a) 画 "·" 标记表示　　　　b) 接通表表示

图 1-14　转换开关

3. 行程开关

行程开关又称限位开关，是一种利用生产机械某些运动部件的碰撞来发出控制命令的主令电器，用于控制生产机械的运动方向、速度、行程大小或位置。它主要由三部分组成，即操作机构、触头系统和外壳。行程开关种类很多，按其结构可分为直动式、滚轮式和微动式三种。如图 1-15a-c 所示为行程开关的实物图，图 1-15d、e 为行程开关的图形和文字符号。

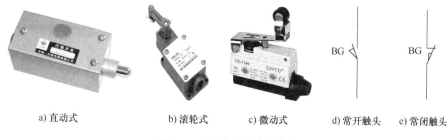

a) 直动式　　　b) 滚轮式　　　c) 微动式　　　d) 常开触头　　　e) 常闭触头

图 1-15　行程开关及其符号

4. 接近开关

接近开关是靠移动物体与接近开关感应头的接近来输出电信号，因此又称为无触头开关。在继电器-接触器控制系统中应用时，接近开关输出电路要驱动一个中间继电器，再由这个中间继电器的触头对继电器-接触器电路进行控制。接近开关的实物图、图形符号与文字符号如图1-16所示。

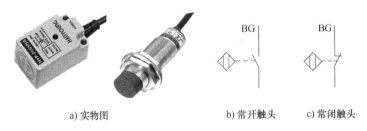

a) 实物图　　　　　　　　　b) 常开触头　　c) 常闭触头

图1-16　接近开关及其符号

接近开关按工作原理可以分为高频振荡型、电容型、霍尔型等几种类型。

高频振荡型接近开关基于金属触发原理，主要由高频振荡器、集成电路（或晶体管放大电路）和输出电路三部分组成。其基本工作原理是：高频振荡器的线圈在接近开关的作用表面产生一个交变磁场，当金属物体接近此作用表面时，金属物体中将产生涡流；由于涡流的去磁作用使接近开关感应头的等效参数发生变化，由此改变振荡器的谐振阻抗和谐振频率，使振荡停止。振荡器的振荡和停振这两个信号，经整形放大后转换成开关信号输出。

电容型接近开关主要由电容式振荡器及电子电路组成。它的电容位于接近开关表面，当物体接近时会改变其耦合电容值，从而令振荡器停振，使输出信号发生跳变。

霍尔型接近开关由霍尔传感器组成，可将磁信号转换为电信号输出，其内部的霍尔传感器仅对垂直于传感器端面的磁场敏感。当磁极S正对霍尔型接近开关时，霍尔型接近开关的输出产生正跳变，输出为高电平。若磁极N正对霍尔型接近开关，输出产生负跳变，输出为低电平。

接近开关的工作电流有交流和直流两种，输出形式有两线、三线和四线三种，有一对常开、常闭触头；接近开关中晶体管输出类型有NPN和PNP两种；外形有方形、圆形、槽形和分离形等多种。接近开关的主要参数有动作行程、工作电压、动作频率、响应时间、输出形式以及触头电流容量等，在产品说明书中有详细说明。

5. 光电开关

光电开关除克服了行程开关存在的响应速度低、容易损坏被测物体和使用寿命短等诸多不足外，还克服了接近开关作用距离短、不能直接检测非金属材料等缺点。它具有体积小、功能多、寿命长、精度高、响应速度快、检测距离远以及抗电磁干扰能力强等优点，还可非接触、无损伤地检测和控制各种固体、液体、透明体、柔软体及烟雾等的状态和动作。目前，光电开关已被用于位置检测、液位控制、产品计数、宽度判别、速度检测、定长剪切、孔洞识别、信号延时、自动门传感、色标检出以及安全防护等诸多领域。

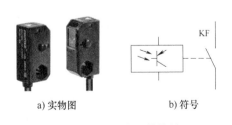

a) 实物图　　　　b) 符号

图1-17　光电开关及其符号

光电开关按检测方式可分为反射式、对射式和镜面反射式三种类型。如图1-17所示，图1-17a为反射式光电开关实物图，图1-17b为光电开关的图形符号和文字符号。

1.2.3 接触器

接触器是一种用来频繁地接通或分断交、直流主电路及大容量控制电路的自动切换电器，主要用于控制电动机、电热设备、电焊机和电容组等。

按主触头通过电流的种类不同，接触器可分为交流接触器和直流接触器。

1. 交流接触器的结构

交流接触器的结构和实物图如图 1-18 所示，它主要由以下四部分组成。

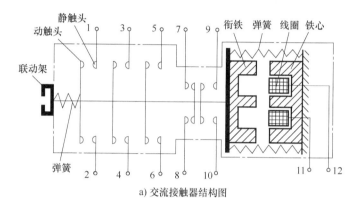

a) 交流接触器结构图　　　　　b) 接触器实物图

图 1-18　交流接触器

1-2、3-4、5-6 接线端子为三组常开主触头；7-8 接线端子为常闭辅助触头；
9-10 接线端子为常开辅助触头；11-12 接线端子为线圈

（1）电磁机构　电磁机构由线圈、衔铁和铁心等组成。它能产生电磁吸力，驱使触头动作。其中铁心一般都是双 E 形衔铁直动式铁心，有的衔铁采用绕轴转动的拍合式电磁机构。

（2）触头系统　触头系统包括主触头和辅助触头。主触头用于接通和分断主电路，通常为三对常开触头。辅助触头用于控制电路，起电气联锁作用，故又称联锁触头，一般有常开、常闭触头各两对。在线圈未通电时，处于相互断开状态的触头叫常开触头，又叫动合触头；处于相互闭合状态的触头叫常闭触头，又叫动断触头。接触器中的常开和常闭触头是联动的，当线圈通电时，所有的常闭触头先行断开，然后所有的常开触头跟着闭合；当线圈断电时，在反力弹簧的作用下，所有触头都恢复原来的状态。

（3）灭弧罩　额定电流在 20A 以上的交流接触器通常都设有陶瓷灭弧罩。它的作用是迅速熄灭触头在断开时所产生的电弧，避免发生触头烧毛或熔焊。

（4）其他部分　其他部分包括反力弹簧、触头压力簧片、缓冲弹簧、短路环、底座和接线端子等。反力弹簧的作用是当线圈断电时使衔铁和触头复位。触头压力簧片的作用是增大触头闭合时的压力，从而增大触头接触面积，避免因接触电阻增大而产生触头烧毛现象。缓冲弹簧可以吸收衔铁被吸合时产生的冲击力，起到保护底座的作用。

2. 交流接触器的工作原理

当交流接触器的线圈通电后，线圈中电流产生的磁场，使铁心产生电磁吸力，将衔铁吸合。衔铁带动动触头动作，使常闭触头断开，常开触头闭合，主触头闭合接通主电路。当线圈断电时，电磁吸力消失，衔铁在反力弹簧的作用下释放，各触头随之复位。

3. 交流接触器的图形符号和文字符号

交流接触器的图形符号和文字符号如图 1-19 所示。

4. 交流接触器的主要技术参数

交流接触器的主要技术参数如下：

（1）额定电压　接触器铭牌上的额定电压是指主触头的额定电压。额定电压的等级有 127V、220V、380V 和 500V。

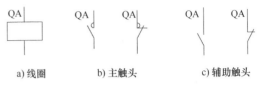

图 1-19　交流接触器图形符号和文字符号

（2）额定电流　接触器铭牌上的额定电流是指主触头的额定电流。额定电流的等级有 5A、10A、20A、40A、60A、100A、150A、250A、400A 和 600A。

（3）线圈的额定电压　线圈的额定电压等级有 36V、110V、127V、220V 和 380V。

（4）接通和分断能力　主触头在规定条件下能可靠地接通和分断的电流值即接通和分断能力。在此电流值下，接通电路时主触头不应发生熔焊，分断电路时主触头不应出现长时间持续的电弧。

（5）额定操作频率　接触器额定操作频率是指每小时允许的接通次数。通常交流接触器为 600 次/h，直流接触器为 1200 次/h。

5. 直流接触器

直流接触器主要安装于额定电压小于或等于 440V、额定电流小于或等于 1600A 的直流电力电路中，用于远距离接通和分断电路，控制直流电动机的频繁起动、停止和反向。

直流接触器的结构和工作原理与交流接触器相同，主要区别在铁心结构、线圈形状、触头形状与数量、灭弧方式等方面。直流电磁机构通以直流电，铁心中无磁滞和涡流损耗，因而铁心不发热。而线圈的匝数多、电阻大、铜耗大，线圈本身发热，因此线圈做成长而薄的圆筒状，且不设线圈骨架，使线圈与铁心直接接触，以便散热。

直流接触器一般采用磁吹灭弧装置。直流接触器的图形符号和文字符号同交流接触器。

6. 接触器的选用原则

1）根据主触头所控制电路的电流来选择直流或交流接触器。

2）根据被控负载的工作状态和其工作性质来选择相应使用类别的接触器。交流接触器按负载种类一般分为一类、二类、三类和四类，分别记作 AC1、AC2、AC3 和 AC4。中小容量的笼型电动机大部分选用 AC3。

3）根据所控制负载的容量或额定电流来确定接触器主触头的电流等级。

4）接触器的额定电压应大于等于被控负载电路的额定电压。

5）接触器线圈的额定电压等级应根据控制电路的电压来确定。

6）接触器触头数和种类应满足主电路和控制电路的要求。

1.2.4　熔断器

熔断器是基于电流热效应原理和发热元件热熔断原理设计，具有一定的瞬动特性，用于电路的短路保护和严重过载保护。使用时，熔体串联于被保护的电路中，当电路发生短路故障时，熔体被瞬时熔断而分断电路，起到保护作用。

1. 熔断器的结构

熔断器主要由熔体和安装熔体的熔管两部分组成。熔体由熔点较低的材料如铅、锡、锌，或铅锡合金等制成，通常制成丝状或片状。熔管是装熔体的外壳，由陶瓷、绝缘钢纸或玻璃纤维制成，在熔体熔断时兼有灭弧作用。熔断器的外形及其图形符号和文字符号如图1-20所示。

2. 熔断器的安秒特性

熔断器串联在被保护电路中。当电路正常工作时，熔体允许通过一定大小的电流而长期不熔断；当电路严重过载时，熔体能在较短时间内熔断；当电路发生短路故障时，熔体能在瞬间熔断。熔断器的特性可用通过熔体的电流和熔断时间的关系曲线来描述。它是一条反时限特性曲线。因为电流通过熔体时产生的热量与电流的二次方和电流通过的时间成正比，因此电流越大，熔体熔断时间越短。这一特性又称为熔断器的安秒特性。

图1-20 熔断器的外形、图形符号和文字符号

3. 熔断器的主要技术参数

（1）额定电压 指熔断器长期工作时和分断电路后能承受的电压，其值一般等于或大于电气设备的额定电压。

（2）额定电流 指熔断器长期工作时，温升不超过规定值时所能承受的电流。为了减少熔管的规格，熔管的额定电流等级比较少，而熔体的额定电流等级比较多，即在一个额定电流等级的熔管内可以分出几个额定电流等级的熔体，但熔体的额定电流最大不能超过熔管的额定电流。

（3）极限分断能力 极限分断能力通常是指熔断器在额定电压及一定的功率因数（或时间常数）下分断短路电流的极限能力，常用极限分断电流值（周期分量的有效值）来表示。熔断器的极限分断能力必须大于线路中可能出现的最大短路电流。

4. 熔断器的选用

熔断器的选择包括熔断器类型的选择和熔断器额定电流的选择两部分。

（1）熔断器类型选择 选择熔断器的类型时，主要根据负载的保护特性和短路电流的大小。容量小的照明电路或电动机宜采用熔体为铅锌合金的熔断器；而大容量的照明电路或电动机，若短路电流较小，可采用熔体为锡质的或熔体为锌质的熔断器，短路电流较大，可采用具有高分断能力的熔断器。

（2）熔断器额定电流的选择 熔断器额定电流的选择遵循如下原则：

1) 对于电炉、照明灯等电阻性负载的短路保护，熔断器的额定电流应稍大于或等于电路的工作电流。

2) 在配电系统中，通常有多级熔断器保护。发生短路故障时，远离电源端的前级熔断器应先熔断。所以一般后一级熔断器额定电流比前一级熔断器额定电流至少大一个等级，以防止熔断器越级熔断而扩大停电范围。

3) 保护单台电动机时，考虑到电动机受起动电流的冲击，其额定电流的选择公式为

$$I_{RN} \geq (1.5 \sim 2.5) I_N \tag{1-1}$$

式中，I_{RN}是熔体的额定电流（A）；I_N是电动机的额定电流（A）。

4) 保护多台电动机，可按下式选择

$$I_{RN} \geq (1.5 \sim 2.5) I_{Nmax} + \sum I_N \tag{1-2}$$

式中，I_{Nmax}是容量最大的一台电动机的额定电流（A）；$\sum I_N$是其余电动机的额定电流之和（A）。

1.2.5 热继电器

电动机在实际运行中常遇到过载情况,若电动机过载程度不大,时间较短,且电动机绕组不超过允许温升,这种过载就是允许的。但是长时间过载,绕组超过允许温升时,将会加剧绕组绝缘材料的老化,缩短电动机的使用寿命,严重时会将电动机烧毁。因此,应采用热继电器作为电动机的过载保护。

1. 热继电器的结构及工作原理

热继电器是利用电流通过电路所产生的热效应原理而反时限动作的继电器,专门用来对连续运行的电动机进行过载及断相保护,以防止电动机过热烧毁。它主要由发热元件、双金属片和触点组成。双金属片是它的测量部件,由两种具有不同线性膨胀系数的金属通过机械碾压而制成,线性膨胀系数大的称为主动层,小的称为被动层。加热双金属片的方式有四种:直接加热、发热元件间接加热、复合式加热和电流互感器加热。热继电器如图1-21所示。

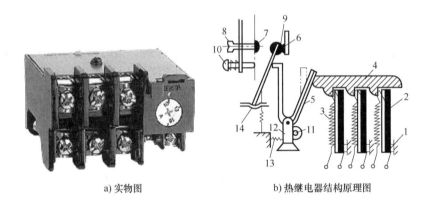

a) 实物图   b) 热继电器结构原理图

图1-21 热继电器
1、12—支撑件 2—双金属片 3—发热元件 4—推动导板 5—补偿双金属片 6、7、9—触点
8—复位螺钉 10—按钮 11—调节旋钮 13—压簧 14—推杆

图1-21b所示为热继电器的结构原理图。发热元件串联在电动机定子绕组电路中,电动机绕组电流即为流过发热元件的电流。当电动机正常运行时,发热元件产生的热量虽能使双金属片弯曲,但还不足以使继电器动作;当电动机过载时,发热元件产生的热量增大,使双金属片弯曲位移增大,经过一定时间后,双金属片弯曲并触动推动导板,通过补偿双金属片与推杆将触点9和6分开。触点9和6为热继电器串联于接触器线圈回路的常闭触点,断开后使接触器失电,接触器的常开触头断开电动机的电源以保护电动机。调节旋钮是一个偏心轮,它与支撑件构成一个杠杆,转动偏心轮改变它的半径,即可改变补偿双金属片与导板接触的距离,因而达到调节整定动作电流的目的。此外,靠调节复位螺钉来改变常开触点7的位置,使热继电器能工作在手动复位和自动复位两种工作状态。手动复位时,在故障排除后要按下按钮才能使触点恢复与触点6相接触的位置。

热继电器的图形符号和文字符号如图1-22所示。

a) 发热元件   b) 常闭触点   c) 常开触点

图1-22 热继电器的图形符号和文字符号

热继电器采用发热元件,其反时限动作特性可以比较准确地模拟电动机的发热过程与电动机的温升过程,确保了电动机的安全。值得一提的是,由于热继电器具有热惯性,不能瞬时动作,故不能用作短路保护。

2. 热继电器主要技术参数

(1) 额定电压　热继电器的额定电压是指热继电器中能够正常工作的最高电压值,一般为交流 220V、交流 380V。

(2) 额定电流　热继电器的额定电流是指其中的发热元件的最大整定电流值。

(3) 整定电流　热继电器的整定电流是指能够长期通过发热元件而不致引起热继电器动作的最大电流值。通过热继电器的整定电流是按电动机的额定电流整定的。对于使用某一发热元件的热继电器,可手动调节整定电流旋钮,通过偏心轮机构调整双金属片与导板的距离,在一定范围内调节其电流的整定值,使热继电器更好地保护电动机。

热继电器的额定电流等级不多,但其发热元件编号很多,每一种编号都有一定的电流整定范围。在使用时应使发热元件的电流整定范围中间值与保护电动机的额定电流值相等,再根据电动机运行情况通过调节旋钮去调节整定值。

1.2.6　时间继电器

继电器是根据某种输入信号来接通或分断小电流控制电路,以实现远距离控制和保护的自动控制电器。其输入量可以是电流、电压等电气量,也可以是温度、时间、速度、压力等非电气量,而输出量则是触头的动作或者电路参数的变化。1.2.5 节中所讲的热继电器就属于继电器的一种。继电器的种类很多,按输入信号的性质分为电压继电器、电流继电器、时间继电器、温度继电器、速度继电器和压力继电器。本节介绍时间继电器。

感受部分在感受外界信号后,经过一段时间才使执行部分动作的继电器称为时间继电器。即当线圈通电或断电以后,其触头经过一定延时才动作,以控制电路的接通或分断。时间继电器的延时方式有通电延时和断电延时两种。

1) 通电延时:当接收输入信号后,延迟一定的时间输出信号才发生变化;当输入信号消失后,输出瞬时复原。

2) 断电延时:当接收输入信号后,瞬时产生相应的输出信号;当输入信号消失后,延迟一定的时间,输出才复原。时间继电器的图形符号和文字符号如图 1-23 所示。

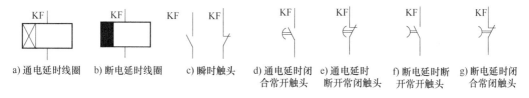

a) 通电延时线圈　b) 断电延时线圈　c) 瞬时触头　d) 通电延时闭合常开触头　e) 通电延时断开常闭触头　f) 断电延时断开常开触头　g) 断电延时闭合常闭触头

图 1-23　时间继电器的图形符号和文字符号

时间继电器的种类很多,主要有直流电磁式、空气阻尼式、电动式和电子式。其中电子时间继电器最为常用,而其他形式的基本已被淘汰。

电子时间继电器的早期产品多是阻容式结构,近期开发的产品多为数字式结构,又称计数式,数字式电子时间继电器由脉冲发生器、计数器、数字显示器、放大器及执行机构组成,具有延时时间长、调节方便、精度高的优点,应用很广,可取代阻容式电子时间继电器。不过这类时间继电器只有通电延时型,而且无瞬时动作触头。

1.3 带式输送机的控制电路图

1.3.1 任务分析

在1.1节的任务中,实质是要求控制一台三相笼型异步电动机的起动和停止。因此,需要选用两个按钮(一个用于起动控制、一个用于停止控制),一绿一红;一个交流接触器用于电动机的自动控制;一个热继电器和三个熔断器用于电路的保护;还需要一个低压断路器作为电源总开关。

1.3.2 电气原理图

根据系统的控制要求绘制控制系统的主电路图(见图1-24)、控制电路图(见图1-25)。其中:系统电源总开关为断路器QA0,停止按钮为SF1,起动按钮为SF2,三相笼型异步电动机为MA,由接触器QA1控制;BB为热继电器,用作MA的过载保护;FA为熔断器,用作MA的短路保护。

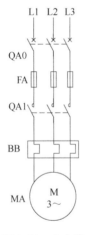

图1-24 主电路

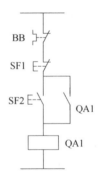

图1-25 控制电路

控制系统的工作过程如下:

1)起动:合上主电路断路器QA0,当按下起动按钮SF2时,接触器QA1的线圈得电,其主触头闭合,电动机转动,同时QA1的辅助常开触头闭合;松开起动按钮SF2后,按钮复位,接触器QA1的线圈由其辅助触头所在的回路供电,电动机维持运转。

2)停止:按下停止按钮SF1时,接触器QA1的线圈失电,其主触头和辅助常开触头复位,电动机停转。

3)保护电路:电动机在运行过程中,当电机出现过载时,热继电器BB动作,其常闭触点断开,接触器QA1的线圈失电,其主触头和辅助常开触头复位,电动机停转;当出现短路电流时,熔断器FA断开,主电路失电,电动机停转。

1.4 拓展与提高——控制电路常用的保护环节

在电力拖动系统中，保证电动机的安全运行非常重要，常用的保护环节如下。

1. 短路保护

电动机绕组、导线的绝缘材料损坏或电路发生故障时会出现短路现象，产生的短路电流会引起电气设备绝缘材料损坏并产生强大的电动力使电气设备损坏。因此在出现短路现象时，必须迅速地将电源切断。

（1）熔断器保护　熔断器的熔体串联在被保护的电路中，当电路发生短路或严重过载时，它会自动熔断分断电路，达到保护的目的。熔断器一般适用于对动作准确性和自动化程度要求不高的系统中，如小容量的笼型异步电动机、一般的交流电源等。

（2）断路器保护　断路器能作为低压配电盘的总电源开关及电动机变压器的合闸开关。在发生短路时，熔断器很可能只使一相电路分断，造成断相，而断路器只要发生短路就会自动分断全部电路。断路器结构复杂，操作频率低，广泛用于要求较高的场合。

2. 过载保护

电动机长期过载运行时，绕组温升超过允许值，其绝缘材料就要变脆并使寿命缩短，严重时使电动机损坏。过载电流越大，达到允许温升的时间就越短。常用的过载保护电器是热继电器，热继电器可以满足这样的要求：当电动机为额定电流时，电动机为额定温升，热继电器不动作；在过载电流较小时，热继电器要经过较长时间才动作；过载电流较大时，热继电器经过较短时间就会动作。

由于热惯性的原因，热继电器不会因电动机短时过载电流冲击或短路电流影响而瞬时动作，因此在使用热继电器作为过载保护的同时，电路中还必须设有短路保护。并且用于短路保护的熔断器熔体的额定电流不应超过热继电器发热元件额定电流的 4 倍。

3. 过电流保护

过电流一般是由于电动机不正确的起动和过大的负载转矩引起的，过电流一般比短路电流要小，但在电动机运行中产生过电流要比发生短路的可能性更大，尤其是在频繁正反转、起动及制动的重复短时工作的电动机中更是如此。

对于三相笼型异步电动机，由于其短时过电流不会产生严重后果，一般不采用过电流保护而采用短路保护。直流电动机和绕线转子异步电动机一般采用过电流继电器来实现短路保护。

过电流继电器属于电流继电器的一种类型，其正常工作时线圈中流有负载电流，但衔铁不吸合。当出现比负载工作电流大的电流时，衔铁吸合，从而带动触头动作，实现过电流保护。

4. 零电压与欠电压保护

1）当电动机正常运行时，如果电源电压因某种原因消失，虽然电动机会因此停止，但在电源电压恢复时电动机就将自行起动，这可能造成生产设备的损坏甚至造成人身事故。对电网来说，同时有许多电动机及其他用电设备自行起动也会引起不允许的过电流及瞬间电网电压下降。为了防止电源电压恢复时电动机自行起动的保护叫零电压保护。一般常用电压继电器来实现零电压保护，用按钮代替开关来操作也可实现零电压保护。

2）当电动机正常运转时，电源电压过分地降低将引起一些电器的触头或触点释放，造成控制电路不正常工作，可能产生事故；电源电压过分地降低也会引起电动机转速下降甚至停转。因此需要在电源电压降到一定值时将电源切断，这就是欠电压保护。

一般常用欠电压继电器来实现欠电压保护。

一般常用欠电压继电器来实现零电压和欠电压保护。按吸合电压大小，电压继电器可分为过电压和欠电压继电器。对于过电压继电器，当线圈为额定电压时，衔铁不吸合，只有当线圈电压高于其额定电压时，衔铁才吸合。对于欠电压继电器，当线圈电压低于其额定电压时，衔铁释放，从而实现零电压和欠电压保护。

思考与练习

1-1 常用熔断器的种类有哪些？如何选择熔断器？

1-2 交流线圈通电后，衔铁长时间被卡住不能吸合，会产生什么后果？

1-3 线圈电压为 220V 的交流接触器，误将线圈接入 380V 交流电会产生什么问题？

1-4 常用的灭弧方法有哪几种？

1-5 什么是主令电器？

1-6 在电动机的控制电路中，熔断器和热继电器能否互相替代？为什么？

1-7 接触器的作用是什么？如何根据结构特征区分交、直流接触器？

1-8 电磁式电器主要由哪几部分组成？各部分的作用是什么？

1-9 单相交流电磁机构的短路环断裂或脱落后，在工作中会出现什么现象？造成这种现象的原因是什么？

1-10 额定电压相同的情况下，交流线圈误接入直流电源或直流线圈误接入交流电源会产生什么问题？为什么？

1-11 说明热继电器和熔断器保护功能的不同之处。

1-12 当出现通风不良或环境温度过高而使电动机过热时，能否采用热继电器保护电动机？为什么？

1-13 控制按钮、转换开关、行程开关、接近开关和光电开关在控制电路中各起什么作用？

第 2 章

继电器-接触器基本控制电路——以电动葫芦的电气控制为例

导读

无论哪一种控制电路，都是由一些基本的控制环节组成的。因此，只要掌握控制电路的基本环节以及一些典型电路的工作原理和设计方法，就很容易掌握控制电路的分析方法和设计方法。本章主要介绍基本控制电路的原理及其使用方法。

本章知识点

- 电气控制的基本电路
- 三相异步电动机的起动控制
- 三相异步电动机的制动控制

2.1 任务要求

电动葫芦是一种电力驱动的小型起重机，它通过接触器控制两台电机的运行，从而控制吊钩的上下及左右移动，广泛用于工厂、矿山、建筑、港口、电力等领域。如在白鹤滩水电站（中国第二大水电站）建设过程中，就利用了电动葫芦来起吊运输废弃物料。电动葫芦由电动机、传动机构和卷筒或链轮组成，分为钢丝绳电动葫芦和环链电动葫芦两种。其中钢丝绳电动葫芦分单速提升和双速提升两种。电动葫芦可由操作者使用按钮在地面跟随操纵，也可在司机室内操纵或采用有线（无线）远距离控制。

如图 2-1 所示为某型号的电动葫芦。电动葫芦的主要运动形式为吊钩的上下移动及左右移动。

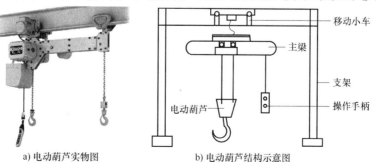

a) 电动葫芦实物图　　b) 电动葫芦结构示意图

图 2-1　电动葫芦

2.2 电气控制的基本电路

电气控制电路通常都是由若干单一功能的基本电路组合而成。人们在长期生产实践中将这些基本电路精炼成控制单元,供电路设计者选用和组合。熟练掌握这些控制单元的组成和工作原理,是进行电气控制电路的阅读分析和设计的基础。

2.2.1 点动与连续运转的控制

在生产实践中,有的生产机械需要点动控制,有的生产机械既需要按常规工作,又需要点动控制。图 2-2 所示为点动控制的几种控制电路。

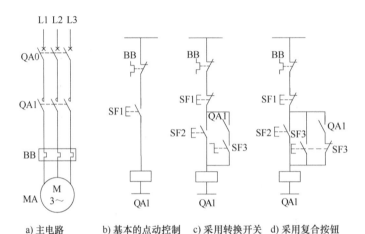

a) 主电路　　b) 基本的点动控制　　c) 采用转换开关　　d) 采用复合按钮

图 2-2　点动控制的几种控制电路

图 2-2b 所示是基本的点动控制。按下 SF1,QA1 线圈通电,电动机起动运行;松开 SF1,QA1 线圈断电释放,电动机停转。

图 2-2c 所示是带转换开关 SF3 的点动与连续控制线路。当需要点动控制时,只要把开关 SF3 断开,由按钮 SF2 来进行点动控制。当需要正常运行时,只要把开关 SF3 合上,将 QA1 的触头接入,即可实现连续控制。

图 2-2d 中增加了一个复合按钮 SF3 来实现点动与连续控制。需要点动控制时,按下点动按钮 SF3,其常闭触头断开,常开触头闭合,接通起动控制电路,QA1 线圈通电,衔铁被吸合,主触头闭合接通三相电源,电动机起动运转;当松开点动按钮 SF3 时,其常开触头断开,常闭触头闭合,QA1 线圈断电释放,主触头断开电源,电动机停止。图中由按钮 SF2 来实现连续控制。

2.2.2 自锁与互锁

自锁与互锁的控制统称为电气的联锁控制,是最基本的控制。图 2-3 所示为三相笼型异步电动机单向全压起动控制线路。起动时,合上断路器 QA0,主电路接入三相电源。按下起动按钮 SF2,接触器 QA1 线圈通电,其常开主触头闭合,电动机接通电源开始全压起动,同时接触器 QA1 的辅助常开触头闭合,使接触器线圈有两条通电路径。当松开起动按钮 SF2 后,接触器线圈仍能通过其辅助触头通电并保持吸合状态。这种依靠接触器本身辅助触头使其线圈保持通电的现象称作自锁，起自锁作用的触头称作自锁触头。

要使电动机停转，按停止按钮SF1，接触器线圈失电，其主触头断开，从而切断电动机三相电源，电动机自动停转；同时接触器自锁触头也断开，控制回路解除自锁。松开停止按钮SF1，控制电路又回到起动前的状态。

各种生产机械常常要求能够进行上下、左右、前后等方向相反的运动，如机床工作台的往复运动，就要求电动机能可逆运行。由电动机原理可知，三相异步电动机的三相电源进线中任意两相对调，电动机即可反向运转。因此，可借助接触器改变定子绕组相序来实现正反向的切换工作，其线路如图2-4所示。

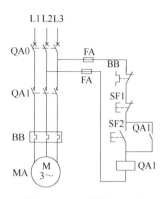

图2-3 电动机单向全压起动控制电路

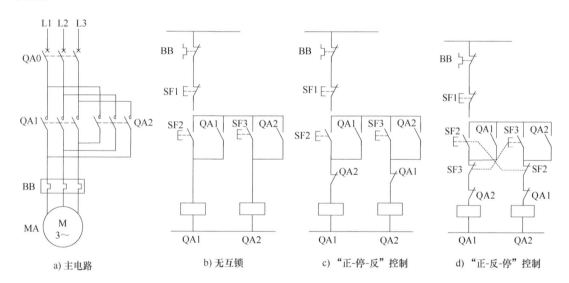

图2-4 电动机正反转控制电路

当出现误操作，即同时按正反向起动按钮SF2和SF3时，若采用图2-4b所示电路将造成短路，因此正反向控制之间需要有一种联锁关系。通常采用图2-4c所示的电路，将其中一个接触器的常闭触头串联入另一个接触器线圈的电路中，则任一接触器线圈先带电后，即使按下相反方向按钮，另一接触器线圈也无法得电。这种联锁通常称为互锁，即两者存在相互制约的关系。工程上通常还使用带有机械互锁的可逆接触器，进一步保证两个接触器线圈不能同时通电，提高可靠性。

图2-4c所示的电路要实现反转运行，必须先停止正转运行，再按反向起动按钮才行；反之亦然。所以这个电路称为"正-停-反"控制。图2-4d所示的电路可以实现不按停止按钮，直接按反向按钮就能使电动机反向工作。所以这个电路称为"正-反-停"控制电路。

2.2.3 顺序控制

生产实践中常要求各种运动部件之间能够按顺序工作。例如车床主轴转动时要求滑油泵先给齿轮箱提供润滑油，即要求保证滑油泵电动机起动后主拖动电动机才允许起动，也就是控制对象对控制电路提出了按顺序工作的联锁要求。如图 2-5 所示，MA1 为滑油泵电动机，MA2 为主拖动电动机。在图 2-5b 中，将控制滑油泵电动机的接触器 QA1 的常开辅助触头串联入控制主拖动电动机的接触器 QA2 线圈的电路中，可以实现按顺序工作的联锁要求。

图 2-5c 所示是采用时间继电器，按时间顺序起动的控制电路。线路要求电动机 MA1 起动 t 秒后，电动机 MA2 自动起动，这可利用时间继电器的延时闭合常开触头来实现。按下起动按钮 SF2，接触器线圈 QA1 通电并自锁，电动机 MA1 起动，同时时间继电器线圈 KF 也通电。定时 t 秒到，时间继电器延时闭合的常开触头 KF 闭合，接触器线圈 QA2 通电并自锁，电动机 MA2 起动，同时接触器 QA2 的常闭触头切断时间继电器 KF 的线圈电源。

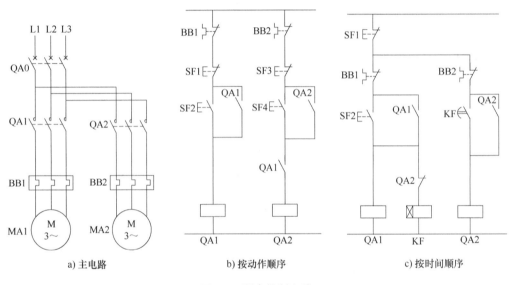

图 2-5 顺序控制电路

2.2.4 自动往复控制

在机床的电气设备中，有些是通过工作台自动往复循环工作的，如龙门刨床的工作台前进、后退等。电动机的正、反转是实现工作台往复循环的基本环节。自动往复循环控制线路如图 2-6 所示。

控制线路按照行程控制原则，利用生产机械运动的行程位置实现控制，通常采用限位开关。工作过程如下：

合上电源开关 QA0，按下起动按钮 SF2，接触器 QA1 通电，电动机正转，工作台向前进到一定位置，压动限位开关 BG1，BG1 常闭触头断开，QA1 断电，电动机停转。BG2 常开触头闭合，QA2 线圈得电，电动机由于电源相序被改变而反转，工作台向后退到一定位置，压动限位开关 BG2，BG2 常闭触头断开，QA2 断电，工作台停止后退，BG2 常开触头闭合，QA1 线圈得电，电动机又正转，工作台又向前如此往复循环工作，直至按下停止按钮 SF1 后电动机停止。

另外，BG3、BG4 分别为正向、反向终端保护限位开关，防止限位开关 BG1 和 BG2 失灵时工作台从龙门刨床上冲出引发事故。

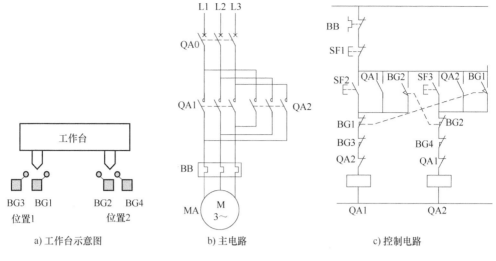

图 2-6 自动往复循环控制电路

2.3 三相异步电动机的起动控制

三相笼型异步电动机的启动有全压起动和减压起动两种。

对于容量不大的电动机,其起动转矩小,一般为额定转矩的 0.8~1.3 倍,适用于空载或轻载下起动,待转速上升后,就可以承担额定负载。此时,虽然起动电流很大,但起动时间很短,在几分之一秒至数秒之间,所以对电动机和电网都不会有太大的影响,可以全压起动。这类需要不大的起动转矩和长期连续运行的电动机拖动系统比较多,如电力拖动的离心泵、通风机等机械设备。全压直接起动电路如 2.2.2 节中的图 2-3 所示。

而较大容量电动机(大于 10kW)直接起动时,电流为其额定电流的 4~8 倍,起动电流较大,会对电网产生巨大冲击,所以一般采用减压起动方式来起动。由于减压起动的目的在于减小起动电流,同时起动转矩也将减小,因此,降压起动仅适用于空载或轻载下起动。三相笼型异步电动机减压起动的方法主要有:定子串联电阻或电抗器、丫-△联结、延边三角形联结、自耦调压器和软起动器起动等。

1. 丫-△减压起动原理及特点

星形-三角形联结(丫-△)减压起动是指电动机起动时,把定子绕组接成丫联结,以降低起动电压,限制起动电流,待电动机起动后,再把定子绕组改接为△联结,使其全压运行。只有正常运转时定子绕组接成△联结的三相笼型异步电动机可以采用这种减压起动方法。

起动时,定子绕组首先接成丫联结,待转速上升到接近额定转速时,将定子绕组的接线由丫联结换接成△联结,电动机便进入全电压正常运行状态。因功率在 4kW 以上的三相笼型异步电动机均为△联结,故都可以采用丫-△起动方法,此法既简便又经济,故使用比较普遍。

三相笼型异步电动机采用丫-△减压起动时,定子绕组丫联结状态下起动电压为△联结直接起动电压的 $1/\sqrt{3}$。起动转矩为△联结直接起动转矩的 1/3,起动电流也为△联结直接起动电流的 1/3。与其他减压起动相比,丫-△减压起动投资少,电路简单,但起动转矩小。这种起动方法适用于电动机空载或轻载状态下起动，同时这种减压起动方法只能用于正常运转时定子绕组接成△联结的异步电动机。

2. 按钮切换丫-△减压起动控制电路

图 2-7 为按钮切换丫-△减压起动控制电路。该电路使用了三个接触器和三个按钮，可分为主电路和控制电路两部分。

在主电路中，接触器 QA1 和 QA2 的主触头闭合时定子绕组为丫联结（起动）；QA1、QA3 主触头闭合时定子绕组为△联结（运行）。由控制电路的按钮 SF2 和 SF3 手动控制实现丫-△切换。

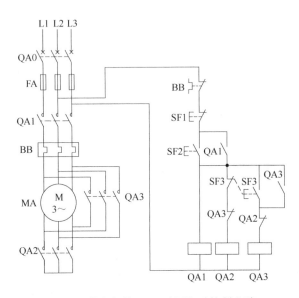

图 2-7　按钮切换丫-△减压起动控制电路

电动机起动：先合上电源开关 QA0，按下 SF2，接触器 QA1 线圈得电，QA1 自锁触头闭合，同时 QA2 线圈得电，QA2 主触头闭合，电动机丫联结起动，此时，QA2 常闭互锁触头断开，使得 QA3 线圈不能得电，实现互锁。

电动机运行：当电动机转速升高到一定值时，按下 SF3，QA2 线圈断电，QA2 主触头断开，电动机暂时失电，QA2 常闭互锁触头恢复闭合，使得 QA3 线圈得电，QA3 自锁触头闭合，同时 QA3 主触头闭合，电动机△联结运行；QA3 常闭互锁触头断开，使得 QA2 线圈不能得电，实现互锁。

这种起动电路由起动到全压运行，需要两次按动按钮，不太方便，而且切换时间也不易掌握。为了克服上述缺点，也可采用时间继电器自动切换控制电路。

2.4　三相异步电动机的制动控制

制动就是给正在运行的电动机加上一个与原转动方向相反的转矩，迫使电动机迅速停转。电动机常用的制动方法有机械制动和电气制动两大类。机械制动利用机械装置使电动机断开电源后迅速停转，常用的方法有电磁制动器制动和电磁离合器制动。电气制动是使电动机产生一个和转子转速方向相反的电磁转矩，让电动机的转速迅速下降。三相交流异步电动机常用的电气制动方法有能耗制动和电源反接制动两种。本节仅对反接制动控制进行讲解。

将电动机的三根电源线的任意两根对调称为反接,若在电动机转子停转前把电动机反接,则其定子旋转磁场便反方向旋转,在转子上产生的电磁转矩亦随之反方向,成为制动转矩,在制动转矩作用下电动机的转速很快降到 0,称为反接制动。必须指出的是,当电动机的转速接近零时,应及时切除反接电源以免电动机反向运转。在控制电路中常用速度继电器来实现这个要求。在电动机转速为 120~3000r/min 时,速度继电器触头动作,接入反接电源,当转速低于 100r/min 时,其触头恢复原位。

1. 单向反接制动控制电路

图 2-8 所示为单向反接制动控制电路。图中 QA1 为单向旋转接触器,QA2 为反接制动接触器,BS 为速度继电器,用于检测电动机的转速,R 为反接制动电阻。

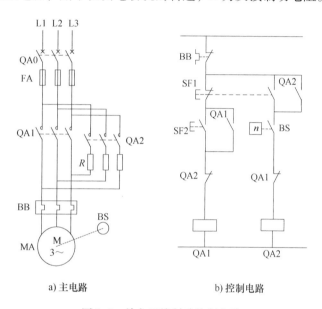

图 2-8 单向反接制动控制电路

工作原理如下:

起动过程:合上电源开关 QA0,按下起动按钮 SF2,QA1 线圈得电,QA1 自锁触头闭合,互锁触头断开,主触头闭合,电动机正转运行,BS 常开触头闭合。

制动过程:按下停止按钮 SF1,QA1 线圈断电,QA1 主触头断开,电动机断电,QA2 线圈得电,QA2 自锁触头闭合,互锁触头断开,主触头闭合,串联入电阻 R 反接制动。当电动机转速低于 BS 动作值时,BS 常开触头断开,QA2 断电,制动结束。

2. 电动机可逆运行反接制动控制电路

(1) 电路结构 图 2-9 所示为可逆运行反接制动控制电路。QA1、QA2 为正、反转接触器,QA3 为制动电阻接触器,KF1~KF3 为中间继电器,BS 为速度继电器,其中 BS1 和 BS2 分别为 BS 的正转和反转常开触头,R 为是反接制动电阻,同时也有限制起动电流的作用。

(2) 工作原理 需要起动时,合上电源开关 QA0,按下正转起动按钮 SF2,接触器 QA1 得电并自锁,QA1 的主触头闭合,电动机 MA 与电阻 R 串联,接入正序电源开始减压起动,当转速升高到一定值时,速度继电器 BS1 的常开触头闭合,接触器 QA3 的线圈得电,QA3 主触头闭合,电阻 R 被短路,定子绕组加额定电压,电动机在全压下运行。

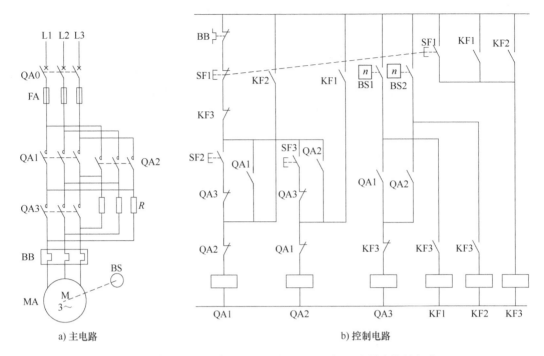

图 2-9　具有反接制动电阻的电动机可逆运行反接制动控制电路

需要停止时,按下停止按钮 SF1, QA1、QA3 相继断电,电动机脱离正序电源并与电阻 R 串联,同时 KF3 得电,其常闭触头又再次分断 QA3 电路,使 QA3 无法得电,保证电阻 R 串联在定子电路中,此时电动机由于惯性仍以很高速度旋转,BS1 仍保持闭合使 KF1 得电,触头 KF1 闭合使 QA2 得电,电动机与电阻串联并接反序电源,实现反接制动;另一触头 KF1 闭合,使 KF3 仍得电,确保 QA3 始终处于断电状态,R 始终与电动机串联。当电动机转速下降到 100r/min 时,KF1 线圈断电,KF3、QA2 也同时断电,反接制动结束,电动机停止。

电动机反向起动和停止反接制动过程与上述工作过程相同,不再赘述,可自行分析。

3. 反接制动的特点

反接制动时,电动机转子与旋转磁场的相对速度接近于两倍的同步转速,所以定子绕组中流过的反接制动电流相当于全电压直接起动电流的两倍,因此反接制动特点就是制动迅速、效果好但冲击力大,通常仅适用于 10kW 以下的小容量电动机。为了减小冲击电流,通常要求在电动机主电路中串联一定阻值的电阻以限制反接制动电流,这个电阻就是反接制动电阻。不过反接制动的制动转矩较大,易损坏传动零件,而且频繁反接制动可能使电动机过热。

2.5　控制系统设计

2.5.1　任务分析

根据 2.1 节的任务要求,对电动葫芦的控制要求分析如下:
1) 拖动系统由两台电动机 MA1 和 MA2 组成,两台电动机均要求可以正反转运行,对起动控制无要求,因此,每台电动机均需要两个接触器,分别控制电动机的正转和反转,因此总计需要选用四个接触器 QA1~QA4,QA1 用于控制 MA1 的正转,QA2 用于控制 MA1 的反转,QA3 用于控制 MA2 的正转,QA4 用于控制 MA2 的反转。参考图 2-4 中的正反转控制电路进行设计。

2) MA1 用于提起和放下重物,MA2 用于使电动葫芦左右移动,要求采用按钮及接触器双重联锁、点动控制,可用 SF1~SF4 四个按钮分别控制电动葫芦的上升、下降、左移、右移。参照图 2-2 中的点动控制线路进行设计。同时,SF1、SF2 两个按钮之间和 QA1、QA2 两个接触器之间要互锁,SF3、SF4 两个按钮之间和 QA3、QA4 两个接触器之间要互锁。

3) 电动葫芦的向上、向左、向右运行均要求有限位保护,所以需要选用三个限位开关 BG1~BG3。

4) 用于升降吊钩的电动机 MA2 可采用电磁制动器制动。因此选用 MB 三相断电型电磁制动器。

5) 电力拖动系统运行过程中还需要有完善的保护电路,所以选用两个热继电器对两台电动机分别进行过载保护,选用熔断器对电路进行短路保护。

2.5.2 电气原理图

根据系统的控制要求,绘制系统的电气原理图,包括主电路和控制电路,如图 2-10 和图 2-11 所示。

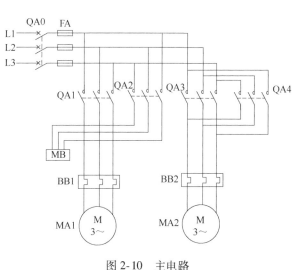

图 2-10 主电路

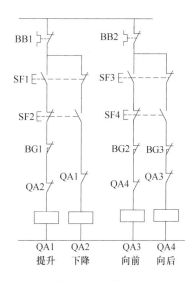

图 2-11 控制电路

1. 主电路

MA1 是提升电动机,接触器 QA1、QA2 控制它的正反转,用于提起和放下重物;MA2 是移动电动机,接触器 QA3、QA4 控制它的正反转,用于使电动葫芦左右移动。MB 是三相断电型电磁制动器,当制动电磁铁线圈通电后,它的闸瓦与制动盘分开,电动机可以转动;当制动电磁铁线圈断电后,在弹簧的作用下,闸瓦与制动盘压紧,实现电动葫芦的制动。

2. 控制电路

物体提升过程:合上电源开关 QA0,按下按钮 SF1,接触器 QA1 线圈得电,QA1 的主触头闭合，电动机 MA1 正转，提起重物；松开按钮 SF1，由于没有采用自锁措施，接触器 QA1 断电，MA1 停止提升。如果在提升物体过程中，物体被提至极限位置而没有及时松开按钮 SF1 时，行程开关 BG1 被压下，BG1 常闭触头断开，QA1 断电，物体不再被提升，实现了电动葫芦的上限保护。

物体下降过程：按下按钮 SF2，接触器 QA2 线圈得电，电动机 MA1 反转，物体被放下；松开按钮 SF2，QA2 断电，MA1 停止，物体停止向下运动。

电动葫芦左右移动控制：按下按钮 SF3 或 SF4，接触器 QA3 或 QA4 得电，便可以实现电动葫芦的左右移动。BG2 和 BG3 为电动葫芦左右移动的限位行程开关，功能与 BG1 相同。

在图 2-11 中，SF1~SF4 为复合按钮，与接触器 QA1~QA4 的常闭触头共同构成控制电路的双重联锁，用以防止接触器 QA1 和 QA2、QA3 和 QA4 同时得电，从而避免主电路短路事故的发生。

2.6 拓展与提高——三相异步电动机的调速控制

1. 三相异步电动机调速原理

在很多领域中，要求三相异步电动机的速度可调，其目的是实现自动控制，完成工艺要求和节能降耗，提高产品的质量和生产效率。

三相异步电动机的转速表达式为

$$n = n_1(1-s) = \frac{60 f_1}{p}(1-s) \tag{2-1}$$

式中，n_1 为电动机同步转速；p 为极对数；s 为转差率；f_1 为供电电源频率（Hz）。

由式 2-1 可知，改变三相交流异步电动机的转速可通过以下三种方法来实现：一是改变电动机的极对数 p 来达到调速的目的，称为变极调速；二是改变电动机供电电源频率 f_1 来达到调速的目的，称为变频调速；三是改变转差率 s 来调速，以达到调速目的，不过这种方法只适用于绕线转子异步电动机的变转差率调速。

改变转差率调速需要电磁转差离合器，其缺点是调速范围小且效率低；改变定子绕组极对数的变极调速非常简单，但不能实现无极调速；变频调速控制最复杂，但性能最好。

变频调速的应用领域非常宽广，它可用于大容量的通风机、泵类、搅拌机、挤压机等，节能效果极其明显；也可用于精密设备如数控机床等加工机械，能极大地提高加工质量和生产效率。变频器种类很多，下面以西门子 MM440 变频器为例，简要说明变频器的使用。

2. MM440 变频器

MM440 是用于控制三相交流电动机调速的变频器。它有多种型号，额定功率范围从 120W 到 200kW（恒转矩控制方式），有些型号也可达到 250kW（变转矩控制方式）。MM440 由微处理器控制，并采用绝缘栅双极晶体管（IGBT）作为功率器件，具有很高的运行可靠性和功能多样性。图 2-12 为 MM440 变频器示意图，该变频器共有 30 个带编号的接线端子，分别为输入控制信号端子、频率信号设定端子、监视信号输出端子和通信端子。

其中，端子 5~8、端子 16 和端子 17 为数字输入端子，一般用于变频器外部控制，其具体功能由相应参数设置决定。例如出厂时设置端子 5 为电动机正转控制、端子 6 为电动机反转控制等。根据实际需要，通过修改参数可改变其功能。通过数字输入端子可以实现对电动

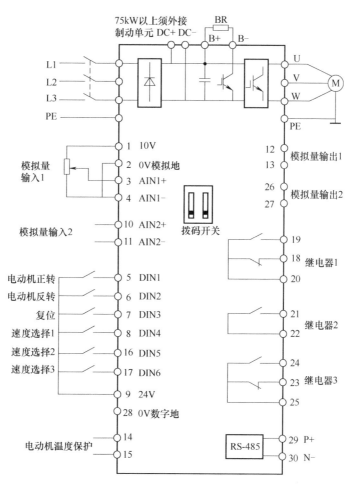

图 2-12 MM440 变频器示意图

机的正反转控制、复位、多级速度设定、自由停车和点动等控制操作。端子 14、15 为 PTC 传感器输入端,用于电动机内置的 PTC 测温保护。

  端子 3~4 和端子 10~11 为两路模拟信号输入端子,分别作为频率给定信号和闭环反馈信号输入,也可作为第 7 和第 8 个数字输入。通过输入 0~10V 电压或 0~20mA 电流对变频器进行频率设定。当用电压或电流设定时,最大电压或电流对应变频器输出频率设定的最大值。

  输出信号的作用是对变频器运行状态的指示或向上位机提供这些信息。端子 12、13 为模拟量输出 1,端子 26、27 为模拟量输出 2,它们均为 0~20mA 模拟量输出信号,有可编程的功能,如可用于输出指示运行频率、电流等。端子 18~25 为三路继电器输出,有可编程的功能,如可用于故障报警、状态提示等。

  P+、N- 为通信接口端子,是一个标准的 RS-485 接口,通过此通信接口,可以实现对变频器的远程控制,包括运行、停止及频率设定控制,也可以与端子控制进行组合完成对变频器的控制。

  可以通过数字操作面板或外接端子对 MM440 变频器进行控制,也可以通过 RS-485 通信接口对其进行远程控制。

3. 应用举例

如图 2-13 所示为使用西门子 MM440 变频器实现电动机的正反转运行、调速和点动功能。根据系统的功能要求，首先要对变频器设置参数。再根据控制要求选择合适的运行方式，如线性 V/F 控制、无传感器矢量控制等，频率设定值信号源选择模拟量输入。然后选择控制端子的功能，将变频器 DIN1、DIN2、DIN3 和 DIN4 端子分别设置为正转运行、反转运行、正向点动和反向点动功能。除此之外，还要设置如斜坡上升时间、斜坡下降时间等参数。对变频器应用更详细的介绍可参见相关变频器的使用手册。

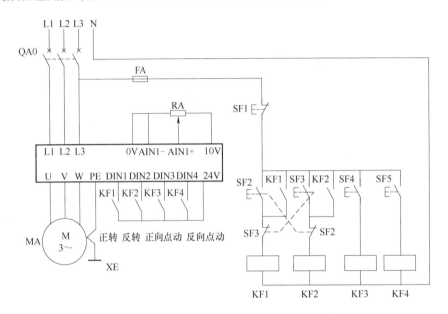

图 2-13 变频器控制的可逆调速系统原理图

在图 2-13 中 SF2、SF3 为正、反向运行控制按钮，运行频率由电位器 RA 给定，SF4、SF5 为正、反向点动运行控制按钮，点动运行频率可由变频器内部设置，SF1 为停止控制按钮。

思考与练习

2-1 自锁和互锁环节怎样组成？它起什么作用？具有什么功能？

2-2 多台电动机顺序控制电路中有哪些规律可循？

2-3 三相异步电动机的调速方式有哪几种？

2-4 某三相笼型异步电动机可正反运转，要求 Y-△ 减压起动。试设计主电路和控制电路，并要求有必要的保护装置。

2-5 三相笼型异步电动机有哪几种电气制动方式？

2-6 三相笼型异步电动机在什么条件下可全压起动？试设计带有短路、过载、失电压保护的三相笼型异步电动机全压起动的主电路和控制电路，对所设计的电路进行简要说明，并指出哪些元器件在电路中完成了哪些保护功能。

2-7 在有自动控制系统的机床上，电动机由于过载而自动停止后，有人立即按起动按钮，但不能起动电动机，试说明可能是什么原因。

2-8 MA1 和 MA2 均为三相笼型异步电动机，可全压起动，按下列要求设计主电路和控制电路：

（1）MA1 先起动，经过一段时间后 MA2 可自行起动；

(2) MA2 起动后，MA1 立即停止；
(3) MA2 能单独停止；
(4) MA1 和 MA2 均能点动。

2-9 设计 3 台笼型异步电动机的起动与停止控制电路，要求：
(1) MA1 起动 10s 后，MA2 自动起动；
(2) MA2 运行 6s 后，MA1 停止，同时 MA3 自动起动；
(3) 再运行 15s 后，MA2 和 MA3 停止。

2-10 设计一小车运行控制电路，小车由异步电动机拖动，其动作过程为：
(1) 小车由原位开始前进，到终点后自动停止；
(2) 在终点停留 2min 后自动原路返回；
(3) 在前进或后退途中任意位置都能停止或起动。

第 3 章

典型生产机械控制电路分析——以CA6140型车床控制电路为例

导读

在现代生产机械设备中,电气控制系统是重要的组成部分。本章以典型生产机械CA6140型车床的控制为例,介绍控制电路的组成、分析方法和基本设计方法等,使读者具备阅读控制电路图的能力,以及具备一定的设计控制电路的能力。

本章知识点

- 控制电路图的概念、绘制原则
- 控制电路的分析方法
- 控制电路的设计方法

3.1 任务要求

要想分析清楚生产设备的控制电路,就必须了解该生产设备的构成、运动方式、部件之间的相互关系、工艺特点和控制要求。下面以 CA6140 型车床为例,通过了解该车床的组成结构、运动控制要求等内容,来学习如何分析控制电路图。

1. CA6140 型车床

车床是一种应用极为广泛的金属切削机床,主要用于加工各种回转表面,还可用于车削螺纹,并可用钻头、铰刀等对工件进行加工。CA6140 型车床是卧式车床的一种,如图 3-1 所示,它的加工范围较广,但自动化程度低,适用于小批量生产及修配车间使用。

CA6140 型车床主要由床身、主

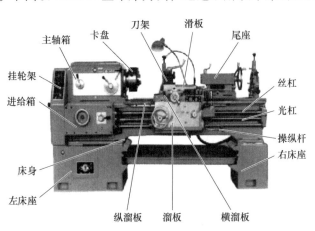

图 3-1 CA6140 型车床组成结构

轴箱、进给箱、溜板、刀架、丝杠、尾座等部分组成，该车床主要有三个运动部分。第一个运动是卡盘带着工件的旋转运动，也就是车床主轴的转动。车床根据工件的材料性质、车刀材料及几何形状、工件直径、加工方式及冷却条件的不同，要求主轴有不同的切削速度。主轴转动是由主轴电动机的转动经传动带传递到主轴箱来带动主轴旋转，主轴箱用于调节主轴的转速。第二个运动是溜板带着刀架的直线运动，称为进给运动。溜板把丝杠或光杠的转动传递给刀架部分，经刀架部分使车刀做纵向或横向进给。第三个运动是刀架的快速移动和工件的夹紧和放松，称为车床的辅助运动。尾座的移动和工件的装卸都是由人力操作，车床工作时，大部分功率消耗在主轴转动上。

2. CA6140型车床的工艺要求

车床的主轴一般只需要单向运转，只有在加工螺纹时由于需要退刀，这才需要主轴反转。根据加工工艺的要求，主轴应能够在相当宽的范围内进行调速，CA6140型车床的主轴正转速度有24种（转速范围是10~1400r/min），反转速度有12种（转速范围是14~1580r/min）。

对CA6140型车床电力拖动及其控制有以下要求：

1）主轴电动机从经济性、可靠性考虑，选用三相笼型异步电动机，不进行电气调速。采用主轴箱进行机械有级调速。为减小振动，主轴电动机通过几条V带将动力传递到主轴箱。

2）为车削螺纹，主轴要求有正、反转功能。其正、反转可由电动机正、反转或采用机械方法来实现。对小型卧式车床，一般采用电动机正、反转控制；对于中型卧式车床，主轴正、反转则一般采用多片摩擦离合器来实现。

3）主轴电动机的起动、停止采用按钮操作，一般卧式车床上的三相异步电动机均采用全压起动，停止采用机械制动。

4）刀架移动和主轴转动有固定的比例关系，以便满足对螺纹的加工需要。这由传动机构实现，对电气方面无任何要求。

5）车削加工时，刀具及工件温度较高，有时需要冷却，因而配有冷却泵电动机，且要求在主轴电动机起动后，冷却泵电动机才能选择起动与否，当主轴电动机停止时，冷却泵应该立即停止。

6）具有必要的电气保护环节，如各电路的短路保护和电动机的过载保护。

7）具有安全的局部照明装置。

在了解上述信息后，还需要明确电气控制系统图的有关规定，如绘制原则、符号含义等。下面会加以说明。

3.2 电气控制系统图的绘制标准及原则

电气控制系统是许多按照一定的要求连接起来，并实现某种特定控制要求的电路。为了表达生产机械电气控制系统的结构、原理等设计意图，同时也为了便于电气系统的安装、调试、使用和维护，需要将电气控制系统中各项组成、布置位置及其连接线路用一定的图形表达出来，这就是电气控制系统图。

电气控制系统图中，图形符号和文字符号必须符合国家标准。基于最新的国家标准，本书附录A中列出了一些常用的电气图形符号和文字符号。

电气控制系统图一般有三种类型：电气原理图、电气布置图、电气安装接线图。在图上用不同的图形符号表示各种电气元件，用不同的文字符号表示电气元件的名称、序号、功能、主要特征等。各种图样有其不同的用途和规定的画法。

1. 电气原理图

电气原理图是电气控制系统设计的核心。电气原理图的目的是便于阅读和分析控制线路，应根据结构简单、层次分明清晰的原则，采用电气元件展开形式绘制。它包括所有电气元件的导电部件和接线端子，但并不按照电气元件的实际布置位置来绘制，也不反映电气元件的实际大小和安装方式。

（1）电气原理图的绘制原则　以图3-2所示的电气原理图为例，电气原理图绘制时应该遵循的主要原则如下：

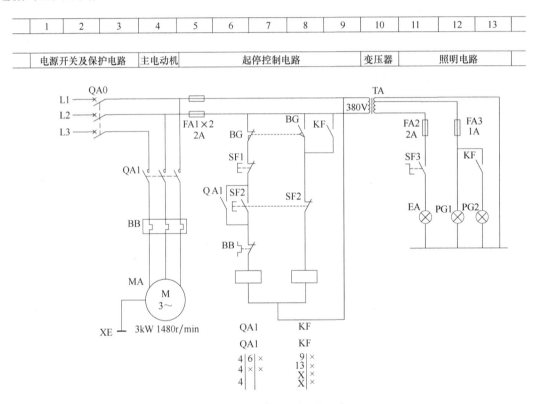

图3-2　某机床的电气原理图

1）电气原理图一般分为主电路和辅助电路两部分。主电路是电气控制系统中有大电流通过的部分，包括从电源到电动机之间相连接的电路。辅助电路是电气控制系统中除主电路外的电路，其流过的电流比较小。辅助电路包括控制电路、照明电路、信号电路和保护电路。

2）电气原理图应采用国标中统一规定的图形文字符号。

3）同一电器的各部件不按实际位置画在一起，而是按其在电路中所起作用分别画在不同电路中，但动作是互相关联的，因此，必须标注相同的文字符号。相同的电气元件可以在文字符号后面加注不同的数字以示区别，如QA1、QA2等。

4）电路图中，各触头或触点位置都按电路未通电或电器未受外力作用时的常态位置画出。

5)电气原理图中,应尽量减少或避免线条交叉。各导线之间有电气联系时,对"T"形连接点,在导线交点处可以画实心圆点,也可以不画;对"+"形连接点,必须画实心圆点。根据布置需要,可以将图形符号旋转绘制,一般为逆时针方向旋转 90°,但文字符号不可以倒置。

6)在原理图的上方将图分成若干图区,从左到右用数字编号,这是为了便于检索电气电路,方便阅读和分析。图区的编号下方的文字表明它对应的下方电气元件或电路的功能,以便理解电路的工作原理。

7)电气原理图的下方附图表示接触器和继电器的线圈与触头或触点的从属关系。在接触器和继电器的线圈的下方给出相应的文字符号,文字符号的下方要标注其触头或触点的位置的索引标号,对未使用的触头或触点用"×"表示。对于接触器,左栏表示主触头所在的图区号,中栏表示辅助常开触头所在的图区号,右栏表示辅助常闭触头所在的图区号。对于继电器,左栏表示辅助常开触头或触点所在的图区号,右栏表示辅助常闭触头或触点所在的图区号。

(2)电气原理图的阅读 在阅读电气原理图以前,必须对控制对象有所了解,尤其对于机、液(或气)、电配合得比较密切的生产机械,只有了解了有关的机械传动和液(气)压传动机构后,才能为搞清全部控制过程打好基础。

阅读电气原理图的步骤:一般先看主电路,再看控制电路,最后看信号及照明等辅助电路。要看主电路有几台电动机,各有什么特点,例如是否有正、反转,采用什么方法起动,有无制动等;看控制电路时,一般从主电路的接触器入手,按动作的先后次序(通常自上而下)一个一个分析,搞清楚它们的动作条件和作用。控制电路一般都由一些基本环节组成,阅读时可以把它们分解出来,便于分析。此外还要看有哪些保护环节。

2. 电气布置图

电气布置图主要用来表明电气设备或系统中所有电气元件的实际位置,为制造、安装、维护提供必要的资料。如图 3-3 所示,在电气元件布置图绘制时,体积大和较重的电气元件应放在安装板的下方,而发热元件应放在安装板的上方。强电、弱电设备应分开,弱电设备应做好电磁屏蔽,防止外界干扰。需要经常维护、检修、调整的电气元件,安装位置不宜过高或过低。电气元件的布置应考虑整齐、美观、对称。外形尺寸与结构类似的电器安装在一起,以利安装和配线。电气元件布置不宜过密,应留有一定间距。如用走线槽,应加大各排电气间距,以利布线和维修。

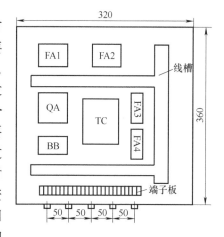

图 3-3 某车床的电气布置图

3. 电气安装接线图

电气安装接线图用于电气元件的安装、配线、维护和检修故障。一般情况下,电气安装接线图与电气原理图需要配合起来使用,图 3-4 为某机床电气安装接线图。

绘制电气安装接线图应遵循以下原则:

1)各电气元件用规定的图形、文字符号绘制,同一电气元件各部件必须画在一起。各电气元件的位置应与实际安装位置一致。

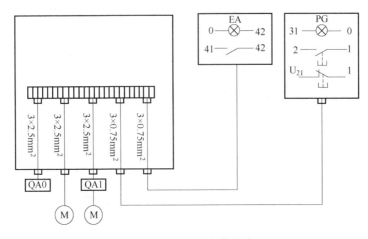

图 3-4　某机床电气安装接线图

2）不在同一控制柜或配电屏上的电气元件的电气连接必须通过端子板进行。各电气元件的文字符号及端子板的编号应与电气原理图一致，并按电气原理图的接线进行连接

3）走向相同的多根导线可用单线表示。

4）画连接线时，应标明导线的规格、型号、根数和穿线管的尺寸。

3.3　CA6140 型车床的控制电路分析

3.1 节已经介绍了 CA6140 型车床的构成、运动形式等基本情况，下面对其电气原理图进行分析。图 3-5 所示为 CA6140 型车床的电气原理图。对其分析的基本原则是：化整为零、顺藤摸瓜、先主后辅、集零为整、安全保护、全面检查。

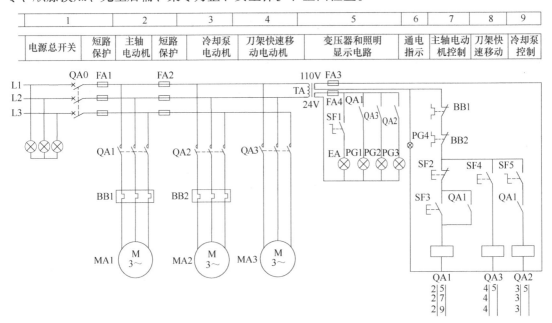

图 3-5　CA6140 型车床电气原理图

最常用的方法是查线分析法。即采用化整为零的原则以某一电动机或电器（如接触器线圈）为对象，从电源开始，自上而下，自左而右，逐一分析其闭合与断开的关系（逻辑条件），并区分出主令信号、联锁条件和保护要求。

1. 主电路分析

在图 3-5 中，主电路中共有三台电动机，MA1 为主轴电动机，带动主轴旋转和刀架的进给运动；MA2 为冷却泵电动机；MA3 为刀架快速移动电动机。

三相交流电源通过漏电保护断路器 QA0 引入，总熔断器 FA1 由用户提供。从主电路的构成并运用第 1、2 章介绍的知识，可以确定各电动机的类型、工作方式（有无过载保护）、起动形式、转向、制动方式、控制要求和保护要求等。

三台电动机均为全压起动，单向运转，分别由交流接触器 QA1、QA2、QA3 控制运行。热继电器 BB1、BB2 分别作为 MA1、MA2 的过载保护，由于 MA3 是短期工作，故未设过载保护，QA1、QA2、QA3 分别对电动机 MA1、MA2、MA3 进行欠电压和零电压保护。

2. 控制电路分析

控制电路的电源由变压器 TA 二次绕组提供，输出电压为 110V，由熔断器 FA3 作短路保护。该车床的电气控制盘装在床身左下部后方的壁龛内，在起动机床时，应先用锁匙向右旋转 SF1，再合上 QA0 接通电源，然后就可以打开照明灯及按动电动机控制按钮。

（1）主轴电动机的控制　按下起动按钮 SF3，接触器 QA1 得电动作，其主触头闭合，主轴电动机起动运行。同时，QA1 一组常开触头闭合，起自锁作用；另一组常开触头闭合，为冷却泵电动机起动做准备。停止时，按下停止按钮 SF2，QA1 线圈断电，MA1 停止；SF2 在按下后会自行锁住，要复位需要向右旋转。

（2）冷却泵电动机控制　若车削时需要冷却，则先合上选择开关 SF5，在 MA1 运转情况下，QA2 线圈得电，其 QA2 主触头闭合，冷却泵电动机运行。当 MA1 停止时，MA2 也自动停止。

（3）刀架快速移动电动机的控制　MA3 的起动是由安装在进给操纵手柄顶端的按钮 SF4 来控制，与 QA3 组成点动控制环节。将操纵杆扳到所需方向，按下 SF4，QA3 得电，MA3 起动，刀架就向指定方向快速移动。

3. 照明与信号指示电路分析

控制变压器 TA 的二次绕组输出 24V 电压，作为低压照明灯和运行指示灯电源，由 FA4 作短路保护。其中 EA 为机床低压照明灯，由开关 SF1 控制，PG1~PG3 分别为三台电动机的运行指示灯。

此外，PG4 为通电指示灯，与控制电路共用 110V 电源，用来显示控制电路的通电状态。

3.4　拓展与提高——控制电路的设计方法和步骤

1. 控制电路的设计方法

控制电路的设计方法有两种，即经验设计法（又称一般设计法）和逻辑设计法。

经验设计法是根据生产工艺的要求，按照电动机的控制方法，选择适当的基本控制电路，或将比较成熟的电路按各部分的联锁条件组合起来并加以补充和修改，综合成满足控制要求的完整电路。这种方法比较简单，但想设计比较复杂的电路，设计人员必须具有丰富的工作经验，需绘制大量的电路图并经多次修改后才能得到符合要求的控制电路。

逻辑设计法是根据生产工艺要求，利用逻辑代数来分析、化简、设计电路的方法，这种设计方法能够确定实现一个开关量自动控制电路的逻辑功能所必须且最少的中间继电器数目，以达到使控制电路最简的目的。逻辑设计法是把控制电路中的接触器、继电器等电器线圈的通电和断电、触头与触点的闭合和断开看成是逻辑变量，线圈的通电状态和触头与触点的闭合状态设定为"1"；线圈的断电状态和触头与触点的断开状态设定为"0"。根据工艺要求将这些逻辑变量的关系表示为逻辑函数的关系式，再运用逻辑函数基本公式和运算规律，对逻辑函数进行化简；然后由简化的逻辑函数式画出相应的电气原理图；最后再进一步检查、完善，得到既满足工艺要求，又经济合理、安全可靠的控制电路。该方法较为科学，设计的电路也必将简化、合理。但是当设计的电路比较复杂时，工作量会比较大，设计也十分烦琐，容易出错，因此一般适用于简单的系统设计。

2. 电气控制原理图设计的一般步骤

电气控制原理图设计的一般步骤如下：

1）根据选定的方案和控制方式设计系统的电气原理图，拟定出各部分的主要技术要求和主要技术参数。

2）根据各部分的要求，设计出电气原理图中各个部分的具体电路。在进行具体电路的设计时，一般应先设计主电路，然后设计控制电路、辅助电路、联锁与保护环节等。

3）绘制电气原理图。初步设计完成后，应仔细检查，看电路是否符合设计要求，并反复修改，尽可能使之完善和简化。

4）合理选择电气原理图中每一个电器，并制订出电器目录清单。

3. 设计控制电路时应注意的问题

（1）尽量减少连接导线　设计控制电路时，应考虑各电器的实际位置，尽可能地减少配线时的导线连接。如图3-6a是不合理的。因为按钮一般是装在操作台上，而接触器则是装在电器柜内，这样接线就需要由电器柜二次引出连接线到操作台上，所以一般都将起动按钮和停止按钮直接连接，就可以减少一次引出线，如图3-6b所示。

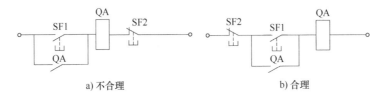

a) 不合理　　　　　　　　　　b) 合理

图3-6　电气原理图

（2）正确连接电器的线圈　电压线圈通常不能串联，如图3-7a所示。由于它们各自的阻抗不尽相同，串联使用会造成两个线圈上的电压分配不等。即使外加电压是同型号线圈电压的额定电压之和也不允许。因为电器动作总有先后，当一个接触器先动作时，其线圈阻抗增大，该线圈上的电压降增大，这会使另一个接触器不能吸合，严重时将使线圈烧毁。

电感量相差悬殊的两个电器线圈也不能并联。图3-7b中直流电磁铁MB与继电器KF并联，在接通电源时可正常工作，但在断开电源时，由于电磁铁线圈的电感比继电器线圈的电感大得多，所以断电时，继电器衔铁虽然很快释放，但电磁铁线圈产生的自感电动势可能使继电器衔铁又吸合一段时间,从而造成继电器的误动作。解决方法为各用一个接触器的触头来控制,如图3-7c所示。

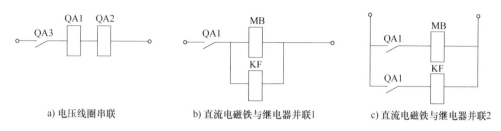

a) 电压线圈串联　　b) 直流电磁铁与继电器并联1　　c) 直流电磁铁与继电器并联2

图3-7　电磁线圈的串并联

（3）尽可能减少电器数量、采用标准件和相同型号的电器　减少不必要的电器以简化电路,可提高电路可靠性。图3-8a电路改成图3-8b后可减少一个触头。当控制电路的支路数较多,而触头数目不够时,可采用中间继电器增加可控制电路支路的数量。

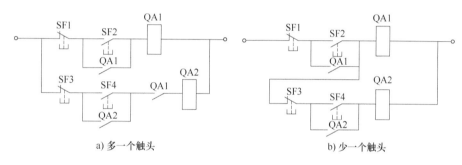

a) 多一个触头　　　　　　　b) 少一个触头

图3-8　简化电路

（4）多个电器的依次动作问题　在电路设计中应尽量避免许多电器依次动作才能接通另一个电器的情况。

（5）可逆电路的联锁　在频繁操作的可逆电路中,正反向接触器之间不仅要有电气联锁,而且要有机械联锁。

（6）要有完善的保护措施　在电气控制电路中,为保证操作人员、电气设备及生产机械的安全,一定要有完善的保护措施。常用的保护环节有漏电流、短路、过载、过电流、过电压、零电压或欠电压等保护环节,有时还应设有合闸、断开、事故、安全等必需的警告信号。

思考与练习

3-1　设计控制电路时应注意什么问题?

3-2　简述分析电气原理图的一般步骤。

3-3　简述绘制安装接线图的基本原则。

3-4　简述CA6140型车床主电路采取的保护措施。

3-5　某机床主轴由一台三相笼型异步电动机拖动,滑油泵由另一台三相笼型异步电动机拖动,均采用全压起动,工艺要求是:

（1）主轴必须在滑油泵起动后,才能起动;

（2）主轴为正向运转,为调试方便,要求能正、反向点动;

（3）主轴停止后,才允许滑油泵停止;

（4）具有必要的电气保护。

试设计主电路和控制电路，并对设计的电路进行简单说明。

3-6 某机床有主轴电动机 MA1、液压泵电动机 MA2，均采用全压起动。生产工艺要求：主轴电动机 MA1 必须在液压泵电动机 MA2 起动后方可起动；主轴电动机 M1 要求正、反转，为调试方便，也要求能实现正反转点动；主轴电动机 MA1 停止后，才允许液压泵电动机 MA2 停止；电路要求有短路、过载、零电压保护。试设计控制电路。

第 4 章

西门子S7系列PLC概述——以带式输送机的PLC控制为例

导读

可编程序控制器（PLC）的种类很多，但它们在结构组成、工作原理和编程方法等许多方面是基本相同的。本章主要介绍 PLC 的工作原理、寻址方式、编程语言以及梯形图的编程规则。

本章知识点

- PLC 的组成及工作原理
- PLC 的寻址方式
- 编程软件的使用

4.1 PLC 的产生与定义

1. PLC 的产生

传统的继电器控制系统结构简单、易于掌握、价格便宜，能满足大部分场合电气顺序逻辑控制的要求，因而在工业电气控制领域中一直占据着主导地位。但是继电器控制系统具有明显的缺点：设备体积大、可靠性差、动作速度慢、功能弱且难于实现较复杂的控制。而且它是靠硬连线逻辑构成的系统，接线工作复杂烦琐，当生产工艺或对象需要改变时，原有的接线和控制柜也要更换，所以通用性和灵活性较差。

1969 年美国数字设备公司（DEC）研制出世界上第一台可编程序控制器。早期开发这一设备的主要目的是用来取代继电器控制系统，其功能也仅限于执行继电器逻辑、计时、计数等功能。所以，人们把它称为可编程序逻辑控制器（Programmable Logic Controller，PLC）。随着微电子技术的发展，20 世纪 70 年代中期出现了微处理器，人们将微机技术应用到 PLC 中，使其增加了运算、数据传送和处理等功能，真正成为一种电子计算机工业控制设备。

我国在 1974 年研制出第一台国产 PLC，1977 年开始在工业上应用。随着中国工业的快速发展，出现了很多国产品牌的 PLC，如汇川、信捷、和利时等。

2. PLC 的定义

国际电工委员会（IEC）在 2003 年发布（1992 年发布第 1 稿）的可编程序控制器国际标准 IEC 61131-1（通用信息）中对 PLC 有一个标准定义：

"PLC 是一种数字运算操作的电子系统，专为工业环境而设计。它采用了可编程序的存储器，用来在其内部存储逻辑运算、顺序控制、定时、计数和算术运算等操作的基于用户的指令，并通过数字式和模拟式的输入和输出，控制各种类型的机器或过程。PLC 及其相关的外围设备，都应按易于与工业控制系统集成，易于实现其预期功能的原则设计。"

4.2 PLC 的组成结构与工作原理

4.2.1 PLC 的基本结构

PLC 是以微处理器为核心，用作工业控制的专用计算机，不同型号的 PLC 结构和工作原理都大致相同，硬件结构与微机相似。其基本结构如图 4-1 所示。

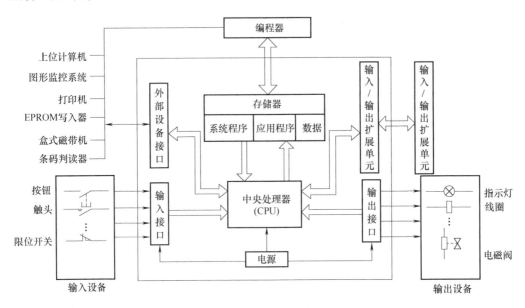

图 4-1 PLC 的基本结构

由图 4-1 可以看出，PLC 采用了典型的计算机结构，主要包括中央处理器（CPU）、存储器、输入/输出接口电路、编程器、电源、输入/输出扩展单元、外部设备接口等。其内部采用总线结构进行数据和指令的传输。PLC 系统由输入变量、PLC 和输出变量组成。外部的各种开关信号、模拟信号以及传感器检测的各种信号均作为 PLC 的输入变量，它们从 PLC 外部输入端子输入到内部寄存器中，再经 PLC 内部逻辑运算或其他运算处理后送到输出端子，作为 PLC 的输出变量对外围设备进行各种控制。

1. 中央处理器（CPU）

CPU 主要由运算器、控制器、寄存器及实现它们之间联系的数据、控制及状态总线构成，此外还包括外围芯片、总线接口及有关电路。CPU 是 PLC 的运算和控制中心。它不断地采集输入信号，执行用户程序，刷新系统输出。PLC 的 CPU 主要采用通用微处理器、单片机或双极型位片式微处理器。不同型号 PLC 的 CPU 也不同，CPU 速度和存储器容量是 PLC 的重要参数，决定 PLC 的工作速度、输入/输出接口数量及软件容量等。

2. 存储器

PLC 配有系统程序存储器和用户程序存储器。系统程序存储器用来存储监控程序、模块化应用功能子程序和各种系统参数等；用户程序存储器用来存放用户编制的梯形图等程序，存储器一般使用 RAM，若程序不经常修改，也可写入到 EPROM 中；存储器的容量以字节为单位。系统程序存储器的内容不能由用户直接存取。

3. 输入/输出接口

PLC 通过输入接口电路将各种主令电器、检测器件输出的开关量或模拟量通过滤波、光电隔离、电平转换等处理转换成 CPU 能接收和处理的信号。输出接口电路将 CPU 送出的弱电控制信号通过光电隔离、功率放大等处理转换成执行器需要的信号输出，以驱动电磁阀、接触器、指示灯等被控设备的执行器。

根据输入量和输出量信号类型不同，可分为数字量输入（DI）、数字量输出（DO）、模拟量输入（AI）、模拟量输出（AO）。下面介绍数字量输入/输出接口电路。

（1）输入接口电路 输入接口电路是将现场输入设备的控制信号转换成 CPU 能够处理的标准数字信号。其输入端采用光电耦合电路，可以大大减少电磁干扰。通常 PLC 的输入类型可以是直流、交流或交直流，使用最多的是直流信号输入的 PLC，如图 4-2 所示为直流开关量输入接口电路原理图。

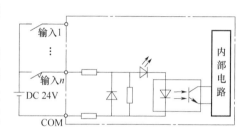

图 4-2 直流开关量输入接口电路原理图（直流输入）

从图中可以看出，PLC 中的输入继电器就是由一些电子元器件电路组成的有记忆功能的寄存器，若在外部给它一个输入信号，其状态就为"1"，原理和传统的继电器一样。

（2）输出接口电路 输出接口电路通常有继电器输出型、晶体管输出型和晶闸管输出型三种类型。PLC 的开关量输出接口电路原理如图 4-3 所示。每种输出电路都有电气隔离，电源都由外部供电，输出电流通常为 0.5~2A，可以直接驱动一个常见的接触器或电磁阀。

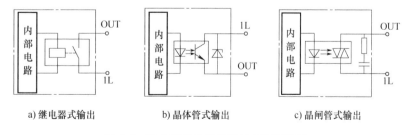

a）继电器式输出　　b）晶体管式输出　　c）晶闸管式输出

图 4-3 PLC 开关量输出接口电路原理图

从图中可以看出，PLC 的输出继电器就是由一些电子元器件电路组成的有记忆功能的寄存器，并在外部提供了一对物理触头。当输出继电器为"1"状态时，这一对物理触头闭合；当输出继电器为"0"状态时，这一对物理触头断开，使用这一对触头就能够控制外部电路的通断。

4. 电源

PLC 一般使用 AC 220V 或 DC 24V 的外部电源，其内部的直流电源为 PLC 中的 CPU、存储器等电路提供所需的直流电。许多 PLC 的直流电源采用直流开关式稳压电源，不仅可以提供多路独立的电压供内部电路使用，还可为输入设备（如传感器）提供标准电源。为避免电源干扰，输入、输出接口电路的电源回路彼此独立。

5. 编程设备

PLC 的编程设备一般是编程器，而现在的 PLC 厂家一般会直接给用户提供能在计算机上运行的编程软件，使用编程软件可以直接编辑梯形图或指令表程序，并且可以实现不同编程语言之间的相互转换。程序被编译后下载到 PLC 后即可使用，也可以将 PLC 中的程序上传到计算机。

4.2.2 PLC 的工作原理

1. 与继电器控制系统的比较

继电器控制系统是一种硬连线逻辑系统，如图 4-4a 所示，它的三条支路是并行工作的，当按下按钮 SF1 时，中间继电器得电，KF 的两个常开触头闭合，接触器 QA1、QA2 同时得电并产生动作，所以继电器控制系统采用的是并行工作方式。

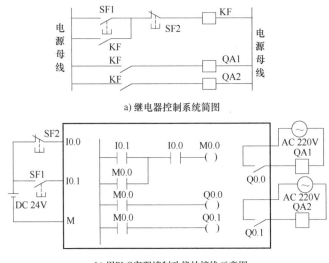

a) 继电器控制系统简图

b) 用PLC实现控制功能的接线示意图

图 4-4 PLC 控制系统与继电器控制系统的比较

PLC 的工作原理与计算机控制系统的工作原理基本相同，即通过执行反映控制要求的用户程序来实现控制，但工作方式与计算机差别很大，编程语言和工作原理与计算机也有所不同。PLC 采用周期循环扫描的工作方式，CPU 在执行用户程序时，是从第一条程序开始，在无中断或跳转控制的情况下，按程序存储顺序的先后，逐条执行用户程序，直到程序结束。然后再从头开始扫描执行，周而复始重复运行。

PLC 控制系统与继电器控制系统的工作原理明显不同，如图 4-4b 所示。如果某个继电器的线圈得电或断电，那么该继电器的所有常开和常闭触头不论处在控制线路的哪个位置上，都会立即同时动作；而如果 PLC 的某个软继电器的线圈得电或断电，其所有的触头不会立即动作，必须等扫描到该指令时触头才会动作。但由于 PLC 的扫描速度快，通常 PLC

与继电器控制装置在输入/输出的处理效果上并没有多大差别。

2. PLC 的工作过程

PLC 在扫描工作过程中除了执行用户程序外,还要完成内部处理、通信服务等工作。整个过程扫描执行一遍所需的时间称为一个扫描周期,扫描周期与 CPU 运行速度、PLC 硬件配置及用户程序长短有关,典型值为 1~100ms。当 PLC 扫描到的指令被执行后,其结果会被后面将要扫描到的指令利用,而且还可通过 CPU 内部设置的监视定时器来监视每次扫描是否超过规定时间,避免由于 CPU 内部故障使程序执行进入死循环。

PLC 执行程序分为三个阶段,即输入采样阶段、程序执行阶段和输出刷新阶段。PLC 执行程序的过程如图 4-5 所示。

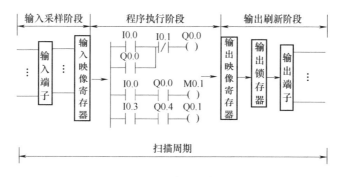

图 4-5 PLC 执行程序过程

(1) 输入采样阶段 在输入采样阶段,PLC 以扫描的方式按顺序对所有输入端的输入状态进行采样,并存入输入映像寄存器中,此时输入映像寄存器被刷新。接着进入程序处理阶段,在程序执行阶段或其他阶段,即使输入状态发生变化,输入映像寄存器的内容也不会改变,输入状态的变化只有在下一个扫描周期的输入采样阶段才能被采样到。

因此,PLC 在一个扫描周期内,对输入状态的采样只在输入采样阶段进行。当 PLC 进入程序执行阶段后输入端将被封锁,直到下一个扫描周期的输入采样阶段才对输入状态进行重新采样。这种方式称为集中采样,即在一个扫描周期内,集中在一段时间对输入状态采样。

(2) 程序执行阶段 在程序执行阶段,PLC 对程序按顺序进行扫描执行。若程序用梯形图来表示,则总是按先上后下、先左后右的顺序进行。当遇到程序跳转指令时,则根据跳转条件是否满足来决定程序是否跳转。当指令中涉及输入、输出状态时,PLC 从输入映像寄存器和输出映像寄存器中读出状态,根据用户程序进行运算,运算的结果再存入输出映像寄存器中。对于输出映像寄存器来说,其内容会随程序执行的过程而变化。

(3) 输出刷新阶段 当所有程序执行完成后,进入输出刷新阶段。在这一阶段里,PLC 将输出映像寄存器中与输出有关的状态(输出继电器状态)转存到输出锁存器中,并通过一定方式输出,驱动外部负载。在输出刷新阶段结束后,CPU 进入下一个扫描周期,重新执行输入采样,周而复始。

用户在程序中如果对输出结果多次赋值,则只有最后一次有效。在一个扫描周期内,只在输出刷新阶段才将输出状态从输出映像寄存器中输出,对输出接口进行刷新。在其他阶段里输出状态一直保存在输出映像寄存器中,这种方式称为集中输出。

4.3 西门子 S7 系列 PLC 简介

4.3.1 S7-200 系列 PLC

S7-200 系列 PLC 属于小型 PLC,其主机采用整体式结构,将一个 CPU、电源和一定数量的数字量输入/输出端子集成封装在一个独立、紧凑的设备中。一个设备就是一个系统。它还可以进行灵活的扩展,最多可以扩展 32 个模块。本机自带 RS-485 通信接口,可用于编程或通信,不需增加硬件就可以与别的 S7-200、S7-300/400 系列 PLC、变频器和计算机通信。

1. 硬件系统基本构成

一个完整的 PLC 控制系统如图 4-6 所示。

(1) 主机单元 又称基本单元或 CPU 模块。它由 CPU、存储器、基本输入/输出端子和电源灯组成,是 PLC 的主要部分。

(2) 扩展单元 也称扩展模块,当主机输入/输出端子数不能满足控制系

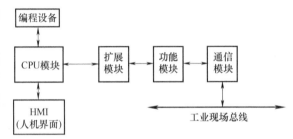

图 4-6 S7-200 系列 PLC 系统组成

统的要求时,用户可以根据需要扩展各种输入/输出模块。根据输入/输出端子数的不同、性质不同(如 DI、DO、AI、AO 等)、供电电压不同等,输入/输出扩展模块有多种类型。

(3) 功能模块 当完成某些特殊功能的控制任务时,需要扩展功能模块。它们是完成某种特殊控制任务的一些装置,如位置控制模块 EM253、称重模块 SIWAREX MS。

(4) 通信模块 S7-200 系列 PLC 在完成某些通信任务时,需要使用通信模块,如 PROFIBUS-DP 模块 EM277、以太网模块 CP243-1 等。

(5) 相关设备 是为充分和方便利用系统的硬件和软件资源而开发的、使用的一些设备,主要有编程设备、人机界面和网络设备等。

(6) 软件 是为管理和使用这些设备而开发的与之相配套的程序,S7-200 PLC 配套的软件主要有编程软件 STEP7-Micro/WIN (新版本 V4.0) 和 HMI 人机界面的组态软件 WinCC。

2. CPU 模块

S7-200 系列 PLC 大致经历了两代产品,目前市场上的第二代产品使用的 CPU 模块为 CPU 22X,它是在 21 世纪初投放市场的,具有速度快、通信能力强等特点。它有五种不同配置的 CPU 单元,每种里又分出两个类型,一类是 DC 24V 供电/晶体管式输出、一类是 AC 220V 供电/继电器式输出,再加上后增的 CPU 224XPsi,所以一共有 11 种 CPU 模块。不同型号的 CPU 模块外形略有不同,但基本结构相同或相似,CPU 22X 的外形如图 4-7 所示。

图 4-7 中,输入端子和输出端子是连接输入/输出设备及电源用的。用于通信的 RS-

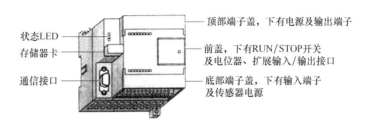

图 4-7　CPU 22X 系列 CPU 模块外形

485 通信接口在机身的左下部，前盖下有用于连接扩展模块的扩展输入/输出接口以及模式选择开关，具有 RUN、STOP 及 TERM（暂态模式）三种状态，并由 CPU 模块前面板上的状态 LED 显示当前的工作模式。在 RUN 状态下 CPU 执行完整的程序；在 STOP 模式下 CPU 不执行程序，此时可与装载编程软件的计算机通信，以便下载或上传应用程序。TERM 状态是一种暂态，可以用程序将 TERM 转换为 RUN 或 STOP 状态，在调试程序时很有用处。

S7-200 系列 PLC 的 CPU 模块均集成有一定数量的输入端子，输入端子内部带有双向光电耦合输入电路。同时，还集成有一定数量的输出端子，当 CPU 模块为 DC 电源输入时，输出采用晶体管式；当 CPU 模块为 AC 电源输入时，输出采用继电器式；输出均带有公共端，但端子数不同。S7-200 PLC 的 CPU 模块主要技术参数见表 4-1。

表 4-1　S7-200 系列 PLC CPU 模块主要技术参数

	CPU 221	CPU 222	CPU 224	CPU 224XP/CPU 224XPsi	CPU 226
数据存储器容量	2KB	2KB	8KB	10KB	10KB
本机数字量输入/输出端子数	6入/4出	8入/6出	14入/10出	14入/10出	24入/16出
本机模拟量输入/输出端子数	无	无	无	2入/1出	无
扩展模块数	无	2	7	7	7
高速计数器数	4	4	6	6	6
单相高速计数器数	4路30kHz	4路30kHz	6路30kHz	4路30kHz或2路200kHz	6路30kHz
两相高速计数器数	2路20kHz	2路20kHz	4路20kHz	3路20kHz或1路200kHz	4路20kHz
高速脉冲输出（DC）	2路20kHz	2路20kHz	2路20kHz	2路100kHz	2路20kHz
RS-485 通信接口数	1	1	1	2	2
支持的通信协议	PPI/MPI/自由口			PPI/MPI/自由口/PROFIBUS-DP	
模拟电位器数	1	1	2	2	2

3. 输入/输出扩展及功能扩展模块

当 CPU 模块的输入/输出端子数不够用或需要进行特殊功能的控制时，就要进行系统扩展。系统拓展包括输入/输出端子数的扩展模块和特殊功能的扩展模块。

（1）输入/输出扩展模块　S7-200 系列 PLC 具有数字量扩展模块和模拟量扩展模块，用于对输入/输出端子数进行扩充。数字量扩展模块见表 4-2，模拟量扩展模块见表 4-3。

表 4-2 S7-200 PLC 数字量扩展模块

型号名称	主要参数
输入扩展模块 EM221	8 点，DC 24V 输入；8 点，AC 220V 输入
	16 点，DC 24V 输入
输出扩展模块 EM222	8 点，DC 24V/0.75A 输出；8 点，2A 继电器输出；8 点，AC 220V 输出
	4 点，DC 24V/5A 输出；4 点，10A 继电器输出
输入/输出混合扩展模块 EM223	4 点输入/4 点输出，DC 24V；4 点 DC 24V 输入/4 点继电器输出
	8 点输入/8 点输出，DC 24V；8 点 DC 24V 输入/8 点继电器输出
	16 点输入/16 点输出，DC 24V；16 点 DC 24V 输入/16 点继电器输出

表 4-3 S7-200 PLC 模拟量扩展模块

型号名称	主要参数
模拟量输入扩展模块 EM231	4 点，DC 0~10V/0~20mA 输入，12 位
	2 点，热电阻输入，16 位
	4 点，热电偶输入，16 位
模拟量输出扩展模块 EM232	2 路，DC-10~10V/0~20mA 输出，12 位
模拟量输入/输出混合扩展模块 EM235	4 路输入 1 路输出：DC 0~10V/0~20mA 输入、DC -10~10V/0~20mA 输出

（2）特殊功能扩展模块 常见特殊功能模块的有通信模块、位置控制模块、热敏电阻和热电偶扩展模块等。

1）通信模块：S7-200 PLC 集成了 1~2 个 RS-485 通信接口，为了扩展其接口的数量和联网能力，各 PLC 还可以接入通信模块。常见的通信模块有 PROFIBUS-DP 从站模块 EM277、调制解调器模块 EM241、工业以太网模块和 AS-i 接口模块。

2）位置控制模块：又称定位模块，常见的如控制步进电动机或伺服电动机速度的模块 EM253。

3）热敏电阻和热电偶扩展模块：它们是模拟量扩展模块的特殊形式，可直接连接热电偶和热敏电阻测量温度，用户可以访问相应的模拟量通道，直接读取温度值。常见的热敏电阻和热电偶扩展模块有 EM231 热电偶模块和 EM231 RLD 热敏电阻模块。

4.3.2 S7-200 SMART PLC

S7-200 SMART PLC 属于小型 PLC，其基本结构也是整体式。它是 S7-200 的升级换代产品，指令与 S7-200 基本相同。S7-200 SMART 增加了以太网接口和信号板，保留了 RS-485 接口，增加了 CPU 模块的输入/输出端子数。编程软件 STEP 7-Micro/WIN SMART 的界面友好，编程高效，融入了更多的人性化设计。

1. CPU 模块

S7-200 SMART PLC 的 CPU 模块的外形如图 4-8 所示。它增加了安装在 CPU 模块内的信号板，使配置更为灵活；CPU 模块集成了以太网接口和强大的以太网通信功能，用 RJ-45 接口和双绞线就可以实现程序的下载和监控，以太网传输速率为 10~100Mbit/s；CPU 模块还集成了 Micro SD 卡插口，使用市面上通用的 Micro SD 卡就可以实现程序的更新和 PLC 固件升级。

图 4-8 S7-200 SMART PLC 的 CPU 模块外形图

S7-200 SMART 的 CPU 模块主要有两大类：紧凑型和标准型。

紧凑型输出为继电器式，有 CR20（12 点数字量输入、8 点数字量输出）、CR30（18 点数字量输入、12 点数字量输出）、CR40（24 点数字量输入、16 点数字量输出）和 CR60（36 点数字量输入、24 点数字量输出）四种。紧凑型 CPU 模块的价格便宜，但不可以进行模块的扩展，不支持以太网接口和信号板，不支持模拟量处理功能，用户程序存储量不大，高速计数器个数少，所以总体功能偏弱，只能在特定的简单应用场合使用。

标准型输出有继电器式（R）和晶体管式（T）两种的产品，分别是 SR20/ST20（12 点数字量输入、8 点数字量输出）、SR30/ST30（18 点数字量输入、12 点数字量输出）、SR40/SR40（24 点数字量输入、16 点数字量输出）和 SR60/SR60（36 点数字量输入、24 点数字量输出）。可以进行模块的扩展，也支持模拟量处理功能。

2. 扩展模块

根据输入/输出端子数的数量不同（如 8 点、16 点等）、性质不同（如 DI、DO、AI、AO 等）或供电电压不同（如 DC 24V、AC 220V 等），输入/输出扩展模块有多种类型。S7-200 SMART 的输入/输出扩展模块有：

（1）输入扩展模块　EM DE08（8 点 DC 输入）和 EM DE16（16 点 DC 输入）。

（2）输出扩展模块　EM DT08（8 点 DC 输出）和 EM DR08（8 点继电器式输出）；EM QT16（16 点 DC 输出）和 EM QR16（16 点继电器式输出）。

（3）输入/输出混合扩展模块　EM DT16（8 点 DC 输入、8 点 DC 输出）和 EM DR16（8 点 DC 输入、8 点继电器式输出）；EM DT32（16 点 DC 输入、16 点 DC 输出）和 EM DR32（16 点 DC 输入、16 点继电器式输出）。

（4）模拟量输入扩展模块　EM AE04（4 路模拟量输入）和 EM AE08（8 路模拟量输入）。

（5）模拟量输出扩展模块　EM AQ02（2 路模拟量输出）和 EM AQ04（4 路模拟量输出）。

（6）模拟量输入/输出混合扩展模块　EM AM03（2 路模拟量输入/1 路模拟量输出）和 EM AM06（4 路模拟量输入/2 路模拟量输出）。

3. 特殊功能模块

常见特殊功能模块的有热电阻输入模块、热电偶输入模块、PROFIBUS-DP 模块、信号板 SB 等。

（1）热电阻输入模块　EM AR02（2 路输入）和 EM AR04（4 路输入）。

(2) 热电偶输入模块 EM AT04（4 路输入）。

(3) PROFIBUS-DP 模块 EM DP01，可以使 S7-200 SMART PLC 作为从站接入 PROFI-BUS 网络中。

(4) 信号板 SB 通过面板上的接口，可以接入数种扩展功能信号板，实现相应的功能。其中信号板 SB CM01 可提供 RS485/RS232 通信接口；SB DT04 可提供 2 点数字量输入/输出端子；SB AE01 可提供 1 路模拟量输入端子；SB AQ01 可提供 1 路模拟量输出端子；SB BA01 则支持 CR1025 的纽扣电池连接。

4.3.3 S7-300/400 系列 PLC

S7-300 和 S7-400 PLC 也属于西门子 S7 系列 PLC，其主要功能、输入/输出端子数及扩展性能较 S7-200 PLC 有了很大提高。S7-300 是针对低性能要求的模块化中小型 PLC，最多可以扩展 32 个模块；S7-400 是用于中高级性能要求的大型 PLC，可以扩展 300 多个模块。

1. S7-300 系列 PLC

S7-300 的外形如图 4-9 所示，以在导轨上安装各种模块的形式组成系统。主要模块有：CPU 模块、信号模块（SM）、通信处理模块（CP）、功能模块（FM）；辅助模块有：电源模块（PS）、接口模块（IM）；特殊模块有：占位模块（DM370）、仿真模块（SM374）等。用户可以根据应用系统的具体情况选择合适的模块，并由系统自行分配各个模块的地址。同样名称的模块又有不同的规格，在 PLC 的硬件组态中，以订单具体要求为准。

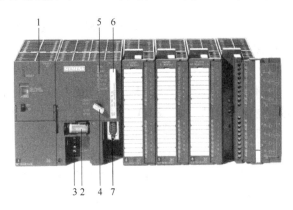

图 4-9 S7-300 PLC 组成结构图
1—负载电源（选项） 2—后背电池（CPU 313 以上） 3—DC 24V 连接 4—模式开关
5—状态和故障指示灯 6—存储器卡（CPU 313 以上） 7—MPI 多点接口

与 S7-200 相比，S7-300 具备更高的运行速度（0.6~0.1μs/指令）及浮点运算能力。智能化诊断系统可连续监控系统的功能是否正常。S7-300 具有多种不同的通信接口，可通过多种通信处理器连接 AS-i 总线接口和工业以太网。

(1) 各种模块简介 S7-300 PLC 的各模块如下：

1) 导轨：是安装 S7-300 模块的机架，导轨用螺钉紧固安装在支撑物上。

2) 电源模块：用来将 AC 220V 电压转换为 DC 24V 工作电压，为 CPU 模块和负载电路（信号模块、传感器等）提供电源。S7-300 的电源模块有四种：PS305（2A）、PS307（2A）、PS307（5A）和 PS307（10A）。

3) CPU模块：主要用来执行用户程序，同时还为S7-300背板总成提供5V电源。在MPI（多点接口）网络中，通过MPI还能与其他MPI网络结点进行通信，更为专业的CPU模块还有其他一些功能。

4) 信号模块：用于信号输入或输出的模块。信号模块使不同级的过程信号电平和S7-300的内部信号电平匹配。信号模块有数字量输入模块SM321、数字量输出模块SM322、数字量输入/输出模块SM323/SM327、模拟量输入模块SM331、模拟量输出模块SM332、模拟量输入/输出模块SM334等。

5) 功能模块：用于时间要求苛刻、存储器容量要求较大的过程信号处理任务，如定位或闭环控制。常用的功能模块有计数器模块、位置控制与位置检测模块、闭环控制模块等。

6) 通信模块：用来扩展CPU模块的通信任务，可以将PLC接入PROFIBUS-DP、AS-i和工业以太网，或用于实现点对点通信等。常用的通信模块有CP340、CP341、CP342-2、CP342-5FO、CP343-1 IT、CP343-1 PN和CP343-5等。

7) 接口模块：用于连接各个导轨，其附件为连接电缆。接口模块有IM360、IM361等。

8) 仿真模块：用于在启动和运行时调试程序。仿真模块上有16个开关，可用于传感器信号的仿真；16个LED指示灯，可用于指示输出信号的状态。

9) 占位模块：用于为尚未参数化的信号模块保留槽位。当占位模块被信号模块替换时，整体的地址分配均保持不变。

(2) CPU模块的分类　CPU模块可分为如下几类：

1) 紧凑型：如各CPU 31×C，均有计数、频率测量和脉冲宽度调制功能，有的有定位功能。这类CPU模块高速计数通道有2~4个，此外CPU 314C有定位通道1个。

2) 标准型：如CPU 312、CPU 314、CPU 315-2DP、CPU 315-2PN/DP、CPU 317-2DP、CPU 317-2PN/DP和CPU 319-3PN/DP。

3) 技术功能型：这类CPU模块具有智能技术和运动控制功能，如CPU 315T-2DP、CPU 317T-2DP。

4) SIPLUS户外型：这类CPU模块可适应-25℃到+70℃环境。

5) 故障安全型：如CPU 315F-2DP、CPU 315F-2PN/DP、CPU 317F-2DP和CPU 317F-2PN/DP。

2. S7-400系列PLC

S7-400是具有中高档性能的PLC，采用无风扇设计，适用于对可靠性要求极高的大型复杂的控制系统。S7-400也为模块化结构，与S7-300相比，模块的体积更大，尤其表现在高度上，所以每个信号模块的端子数就更多。

S7-400 PLC的CPU模块种类有CPU 412-1、CPU 413-1/413-2DP、CPU 414-1/414-2DP和CPU 416-1等。CPU 412-1适用于中等性能的中小型项目；CPU 413-1和CPU 413-2DP适用于中等性能的大型系统；CPU 414-1和CPU 414-2DP适用于中等性能，对程序规模、指令处理速度及通信要求较高的场合；CPU 416-1适用于高性能要求的复杂场合，具有DP集成接口的CPU模块可作为PROFIBUS-DP的主站。

S7-400与S7-300一样，使用STEP 7编程软件（如STEP7 V5.5）编程，编程语言与编程方法完全相同，也可以使用基于TIA博途的STEP 7来编程。TIA博途是西门子公司的全新工程设计软件平台，它将所有自动化软件工具集成在统一的开发环境中。

4.3.4 S7-1200 系列 PLC

S7-1200 是西门子公司的新一代小型 PLC，融入了 HMI 精简系列面板技术，使 S7-1200 PLC、人机界面和工程组态软件无缝整合协调，满足了小型独立离散自动化系统对结构紧凑、能处理复杂任务的要求。

1. CPU 模块

S7-1200 的 CPU 模块将微处理器、电源、数字量输入/输出电路、模拟量输入/输出电路、PROFINET 以太网接口、高速运动控制功能组合到一个设计紧凑的外壳中。如图 4-10 所示。每个 CPU 模块内可以安装一块信号板，安装以后不会改变 CPU 模块的外形和体积。

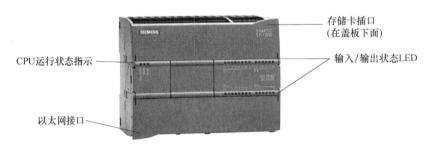

图 4-10 S7-1200 PLC 的 CPU 模块

S7-1200 集成的 PROFINET 以太网接口用于与编程计算机、HMI、其他 PLC 或其他设备通信。此外它还可以通过开放的以太网协议支持与第三方设备的通信。

S7-1200 现在有五种型号的 CPU 模块，见表 4-4。此外还有故障安全型 CPU 模块。CPU 除可以扩展一块信号板外，左侧还可以扩展三个通信模块。

表 4-4 S7-1200 PLC CPU 模块技术参数

特 性	CPU 1211C	CPU 1212C	CPU 1214C	CPU 1215C	CPU 1217C
本机数字量输入/输出端子数	6入/4出	8入/6出	14入/10出	14入/10出	14入/10出
本机模拟量输入/输出端子数	2入	2入	2入	2入/2出	2入/2出
工作存储器/装载存储器	50KB/1MB	75KB/2MB	100KB/4MB	125KB/4MB	150KB/4MB
信号模块扩展数	无	2	8	8	8
最大本地数字量输入/输出端子数	14	82	284	284	284
最大本地模拟量输入/输出端子数	13	19	67	69	69
高速计数器	最多可以组态 6 个使用任意内置或信号板输入的高速计数器				
数据存储器容量	2KB	2KB	8KB	10KB	10KB
本机数字量输入/输出端子数	6入/4出	8入/6出	14入/10出	14入/10出	24入/16出
本机模拟量输入/输出端子数	无	无	无	2入/1出	无
扩展模块数	无	2	7	7	7
脉冲输出（最多4点）	100kHz	100kHz 或 30kHz	100kHz 或 30kHz		1MHz 或 100kHz
上升沿/下降沿中断点数	6/6	8/8	12/12		
脉冲捕获输入点数	6	8	14		
传感器电流输出/mA	300	300	400		

2. 信号板与信号模块

（1）信号板　S7-1200所有的CPU模块在安装信号板时首先应取下端子盖，然后把信号板直接插入CPU正面的插口内。有下列信号板可供选择：

1）SB 1221数字量输入信号板，4点输入的最高计数频率为200kHz。数字量输入、数字量输出信号板的额定电压有DC 24V和DC 5V两种。

2）SB 1222数字量输出信号板，4点固态MOSFET输出的最高计数频率为200kHz。

3）SB 1223数字量输入/输出信号板，2点输入和2点输出的最高频率均为200kHz。

4）SB 1231热电偶信号板和RTD（热敏电阻）信号板，它们可选多种量程的传感器。

5）SB 1231模拟量输入信号板，有一路12位的输入，可测量电压和电流。

6）SB 1232模拟量输出信号板，一路输出，可输出分辨率为12位的电压和11位的电流。

7）CB 1241 RS-485信号板，提供一个RS-485接口。

（2）数字量输入/输出模块　数字量输入/数字量输出（DI/DO）模块和模拟量输入/模拟量输出（AI/AO）模块统称为信号模块。可选用8点、16点和32点的数字量输入/输出模块来满足不同的控制要求，见表4-5。

表4-5　数字量输入/输出模块

型　号	型　号
SM 1221，8点输入DC 24V	SM 1222，8点继电器式输出（双态），2A
SM 1221，16点输入DC 24V	SM 1223，8点输入DC 24V /8点继电器式输出，2A
SM 1222，8点继电器式输出，2A	SM 1223，16点输入DC 24V /16点继电器式输出，2A
SM 1222，16点继电器式输出，2A	SM 1223，8点输入DC 24V /8点输出DC 24V，0.5A
SM 1222，8点输出DC 24V，0.5A	SM 1223，16点输入DC 24V /16点输出DC 24V，0.5A
SM 1222，16点输出DC 24V，0.5A	SM 1223，8点输入AC 230V /8点继电器式输出，2A

（3）模拟量输入/输出模块　模拟量输入/输出模块有如下几种：

1）SM 1231模拟量输入模块：有4路、8路的13位模块和4路的16位模块。模拟量输入可选±10V、±5V和0~20mA、4~20mA等多种量程。双极性模拟量满量程转换后对应的数字为-27648~27648，单极性模拟量为0~27648。

2）SM 1231热电偶和热敏电阻模拟量输入模块：有4路、8路的热电偶（TC）模块和有4路、8路的热敏电阻（RTD）模块。可选多种量程的传感器。

3）SM 1232模拟量输出模块：为2路或4路的模拟量输出模块，-10~10V的电压输出为14位。0~20mA和4~20mA电流输出为13位。-27648~27648对应满量程电压，0~27648对应满量程电流。

4）SM 1234模拟量输入/输出模块：有4路模拟量输入和2路模拟量输出通道，相当于SM 1231 AI 4×13bit模块和SM 1232 AQ 2×14bit模块的组合。

4.3.5　S7-1500系列PLC

S7-1500 PLC也为模块化设计，主要组成有电源模块（PM/PS）、CPU模块、导轨、信号模块（SM）、通信模块（CP/CM）和工艺模块（TM）等。如图4-11所示。

S7-1500有标准型CPU（如CPU 1511-1PN）、紧凑型CPU（如CPU 1512C-1PN）、分布

式 CPU（如 CPU 1510SP-1PN）、工艺型 CPU（如 CPU 1511T-1PN）、故障安全型 CPU（CPU 1511F-1PN）以及基于 PC 的软控制器，且 CPU 模块带有显示屏。

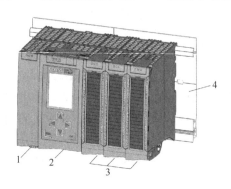

图 4-11　S7-1500 PLC 组成结构图
1—系统电源　2—CPU 模块　3—输入/输出模块　4—带有集成 DIN 导轨的安装导轨

　　S7-1500 的 CPU 模块均有 PROFINET 以太网接口，通过该接口可以与计算机、人机操作界面、PROFINET 输入/输出设备和其他 PLC 通信，支持多种通信协议，还可以实现 PROFI-BUS-DP 通信。S7-1500 与 S7-1200 具有很多相同的通信功能，其组态和编程方法相同，S7-1500 的通信功能更强大一些。S7-1500 不是通过扩展导轨，而是通过分布式输入/输出接口进行扩展。

　　常用的信号模块主要有 SM521（数字量输入）、SM522（数字量输出）、SM523（混合模块）、SM531（模拟量输入）、SM532（模拟量输出）和 SM534（混合模块）。

　　S7-1200 的指令和软件与 S7-1500 兼容，用基于西门子公司的软件平台 TIA 博途的 STEP 7 编程。

　　S7-1200/1500 与 S7-300/400 的程序结构相同，用户程序由代码块和数据块组成。代码块包括组织块、函数和函数块，数据块包括全局数据块和背景数据块。S7-1200/1500 使用的编程语言有梯形图（LAD）、功能块图（FBD）和结构化控制语言（SCL）。S7-1500 还可以使用语句表（STL）和顺序功能图 S7-Graph。S7-300/400 也可以使用上述编程语言。

　　S7-1200/1500 与 S7-300/400、S7-200 的指令有较大的区别。S7-1200/1500 的指令包含了 S7-300/400 的库中的某些函数、函数块、系统函数和系统函数块，S7-1200 的指令集是 S7-1500 指令集的子集。S7-1200/1500 的指令集的功能比 S7-300/400 的更强，表达方式也更为简洁。

4.4　西门子 S7-200 PLC 的编程元件及寻址方式

4.4.1　数据类型

　　数据类型用来描述数据的长度（即二进制数的位数）和属性。在 S7-200 PLC 的编程语言中，大多数指令要同具有一定大小的数据对象一起操作。不同的数据对象具有不同的数据类型，不同的数据类型具有不同的数据和格式选择。S7-200 PLC 的基本数据类型、长度及表示范围见表 4-6。

在编程中经常会使用常数，常数的数据长度可分为字节、字和双字。虽然在机器内部都以二进制存储，但常数的书写可以使用二进制、十进制、十六进制、ASCII码或浮点数（实数）等多种形式。

表 4-6 数据类型、长度及表示范围

数据格式	含义	数据长度（位）	数据类型	表示范围
Bool	位	1	布尔型	0、1
Byte	字节	8	无符号整数	0~255
Word	字	16	无符号整数	0~65535
DWord	双字	32	无符号整数	0~4294967295
Int	整数	16	有符号整数	-32768~32767
DInt	双整数	32	有符号整数	-2147483648~2147483647
Real	实数	32	IEEE32位浮点数	-3.402823E-38~ -1.175495 E+38（负数） +1.175495 E-38~ +3.402823E+38（正数）

4.4.2 软元件

用户使用的 PLC 中的每一个输入/输出接口、存储器单元、定时器和计数器等都称做软元件或软继电器。各种软元件有其不同的功能，但都有固定的地址。软元件是 PLC 内部具有一定功能的部分，这些部分实际上是由电子电路和寄存器及存储器单元等组成。例如，输入继电器是由输入电路和输入映像寄存器构成；定时器和计数器是由特定功能的寄存器构成。它们具有继电器的特性，但没有继电器的机械性触头。为了把这种部分和传统的电气控制电路中的继电器区别开来，人们把它们称作软元件或软继电器。

PLC 软元件的种类和数量因厂家不同、系列不同和规格不同而不同。软元件的数量决定了 PLC 的规模和数据处理能力，软元件的种类及数量越多，PLC 功能就越强。

1. 输入继电器（I）

输入继电器位于 PLC 存储器的输入映像寄存器区。每个输入继电器都与 PLC 的一个输入端子对应，它用于接收外部信号。当外部信号闭合，输入继电器的线圈得电，在程序中其常开触头闭合，常闭触头断开。在编程时这些触头可以任意使用且使用次数不受限制。输入继电器可采用位、字节、字或双字长度来存取数据。输入继电器存取的地址编号范围为 I0.0~I15.7。在每个扫描周期的输入采样阶段，PLC 对各输入端子的状态采样，并把采样值送到输入映像寄存器。PLC 在接下来的本周期各阶段不再改变输入映像寄存器中的值，直到下一个扫描周期的输入采样阶段。

2. 输出继电器（Q）

输出继电器位于 PLC 存储器的输出映像寄存器区。每个输出继电器都与 PLC 上的一个输出端子对应，而且仅有一个实在的物理上的常开触头用来接通负载。输出继电器是以字节为单位的继电器。输出继电器的状态可以由输入继电器的触头、其他软元件的触头以及它自己的触头来驱动，即它完全是由编程的方式来决定其状态的。输出继电器可采用位、字节、字或双字长度来存取。输出继电器位存取的地址编号范围为 Q0.0~Q15.7。

3. 通用辅助继电器（M）

通用辅助继电器（中间继电器）位于 PLC 存储器的位存储区，其作用如同传统继电器控制系统中的中间继电器，在 PLC 中没有输入输出端与之对应，因此通用辅助继电器的"线圈"不直接受输入信号的控制，其触头也不能驱动外部负载。它主要用来在程序设计中处理逻辑控制任务。通用辅助继电器可采用位、字节、字或双字长度来存取。通用辅助继电器位存取的地址编号范围为 M0.0~M31.7。

4. 特殊继电器（SM）

有些辅助继电器具有特殊功能，如存储系统的状态变量、有关的控制参数和信息等，因此称之为特殊继电器。用户可以通过特殊标志来沟通 PLC 与被控对象之间的信息，如可以读取程序运行过程中的设备状态和运算结果并根据这些信息用程序实现一定的控制动作，也可通过直接设置特殊继电器位来使设备实现某种功能。例如：

SM0.1：首次扫描为 1，以后为 0，常用来对程序进行初始化，属于只读型。

SM0.2：当机器执行数学运算的结果为负时，该位被置 1，属于只读型。

特殊继电器可采用位、字节、字或双字长度来存取。常用特殊继电器 SMB0 和 SMB1 的位信息参见附录 B。

5. 变量存储器（V）

变量存储器用来存储变量的值，它可以存放程序执行过程中由控制逻辑操作产生的中间结果，也可以保存与工序或任务相关的其他数据。变量存储器可采用位、字节、字或双字长度来存取，其位存取的地址编号范围因 CPU 模块型号不同而有所不同。例如 CPU 224/226 的编号范围为 V0.0~V10239.7。

6. 局部变量存储器（L）

局部变量存储器用来存储局部变量。局部变量与变量存储器存储的全局变量相似，主要区别是局部变量只在局部有效的，而全局变量是全局有效的。局部有效只和特定的程序相关联，而全局有效是指同一个变量可以被任何程序（包括主程序、子程序和中断程序）访问。

S7-200 提供大小为 64B 的局部变量存储器，其中 60B 可以作为暂时存储器或给子程序传递参数用。不同程序的局部变量存储器不能互相访问。机器在运行时，可根据需要动态地分配局部变量存储器，在执行主程序时，不分配给子程序或中断程序的局部变量存储器，当调用子程序或出现中断时，需要为之分配局部变量存储器，新的局部变量存储器可以是曾经分配给其他程序块的同一个局部变量存储器。变量存储器可采用位、字节、字或双字长度来存取，其位存取的地址编号范围为 L0.0~L63.7。

7. 顺序控制继电器（S）

顺序控制继电器用在顺序控制和步进控制中，如果未被使用在顺序控制中也可以作为一般的通用辅助继电器使用。顺序控制继电器的地址编号范围为 S0.0~S31.7。

8. 定时器（T）

定时器是 PLC 中重要的软元件，用于累计时间增量。大部分自动控制领域都需要定时器进行延时控制，灵活地使用定时器可以编制出复杂的控制程序。

定时器的工作过程和传统继电器控制系统中的时间继电器基本相同。使用时要提前输入时间预置值。当定时器的输入条件满足且开始计时，其当前值即从 0 开始按规定的时间单位增加；当定时器的当前值达到预置值时，定时器动作，此时它的常开触头闭合，常闭触头断开。利用定时器的触头就可以得到控制所需的延时时间。

定时器有定时器号，定时器号包含两方面信息：定时器当前值和定时器状态位。定时器当前值表示在定时器当前值寄存器中储存的当前已经积累的时间，用 16 位有符号整数表示。

定时器状态位在当定时器的当前值达到设定值时，即为"ON"用以表征状态。每个定时器都有一个16位的当前值寄存器和一个定时器状态位。

9. 计数器（C）

计数器用来累计输入脉冲的次数。它是应用非常广泛的软元件，经常用于计数或用于特定功能的编程。使用时要提前输入它的设定值（计数的个数）。当输入触发条件满足时，计数器开始累计它的输入端脉冲上升沿（正跳变）的次数。当计数器计数达到预定的设定值时，其常开触头闭合，常闭触头断开。

计数器也有计数器号，计数器号包含两部分内容：计数器当前值和计数器状态位。计数器当前值表示在计数器当前值寄存器中存储的当前所累计的脉冲个数，用16位有符号整数表示。计数器状态位在当计数器的当前值达到设定值时，即为"ON"，同样用以表征状态。

10. 模拟量输入映像寄存器（AI）、模拟量输出映像寄存器（AQ）

模拟量输入电路用以实现模拟量/数字量（A/D）之间的转换，而模拟量输出电路用以实现数字量/模拟量（D/A）之间的转换，因为PLC只会处理数字量，所以要有相应转换。模拟量输入/输出映像寄存器的编址内容包括软元件名称、数据长度和起始字节的地址，其中，数据长度为1字长，且从偶数号字节进行编址来存取转换过程的模拟量，如0、2、4、6、8等。如模拟输入寄存器AIW6、模拟输出寄存器AQW12，其中的AI、AQ表示元件名称；W表示数据长度；6、12表示起始地址。

PLC对模拟量输入映像寄存器和模拟量输出映像寄存器的存取方式的不同之处是模拟量输入映像寄存器只能做读取操作；模拟量输出映像寄存器只能做输出操作。

11. 高速计数器（HC）

高速计数器的工作原理与普通计数器基本相同，它用来累计比主机扫描速度更快的高速脉冲。高速计数器的当前值为双字长（32位）的整数，且为只读值。高速计数器的数量很少，编址时只用软元件名称HC和地址编号，如HC2，2表示地址编号。高速计数器的地址编号范围根据CPU模块的型号不同而有所不同，例如CPU 224/226各有6个高速计数器，编号为HC0~HC5。

12. 累加器（AC）

S7-200提供四个32位累加器，分别为AC0、AC1、AC2和AC3。累加器是暂存数据的寄存器，它可以用来存放如运算数据、中间数据和结果数据之类的数据，也可用来向子程序传递参数或从子程序返回参数。

累加器可用数据长度为32位，但实际应用时，数据长度取决于进出累加器的数据类型，数据长度可分为字节、字和双字三种。编址时只用累加器名称AC和地址编号，如AC0，0表示地址编号。累加器可进行读、写两种操作，在使用时只出现地址编号。

4.4.3 寻址方式

S7-200 PLC将信息存放于不同的存储器单元，每个存储器单元都有唯一确定的地址。根据存储器单元中信息存取形式的不同，对编程软元件的寻址可分为直接寻址和间接寻址两种。

1. 直接寻址

直接寻址是在指令中直接使用存储器或寄存器的软元件名称（区域标识）和地址编号，

直接到指定的区域读取或写入数据。根据数据类型，直接寻址方式又分为位寻址、字节寻址、字寻址和双字寻址四种寻址方式，如图 4-12 和图 4-13 所示。

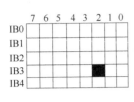

图 4-12 位寻址

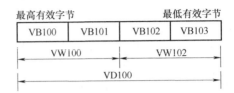

图 4-13 字节、字和双字寻址比较

（1）位寻址格式　格式为：（区域标志符）字节号.位号，如 I3.2。

（2）字节寻址格式　格式为：（区域标志符）B（字节号），如 VB100。

（3）字寻址格式　格式为：（区域标志符）W（起始字节号），且最高有效字节为起始字节。如 VW100 表示由 VB100~VB101 这 2 个字节组成的字。

（4）双字寻址格式　格式为：（区域标志符）D（起始字节号），且最高有效字节为起始字节。如 VD100 表示由 VB100~VB103 这 4 个字节组成的双字。

2. 间接寻址

间接寻址是指数据存放在存储器或寄存器中，在指令中只出现所需数据所在单元的内存地址。存储单元地址的地址又称为地址指针。这种间接寻址方式与计算机的间接寻址方式相同。间接寻址在处理地址连续的数据时非常方便，而且可以缩短程序生成的代码长度，使编程更加灵活。

可以用地址指针进行间接寻址的存储器有：输入继电器（I）、输出继电器（Q）、通用辅助继电器（M）、变量存储器（V）、顺序控制继电器（S）、定时器（T）和计数器（C）。其中，对定时器和计数器的当前值可以进行间接寻址，而对独立的位值和模拟量不能进行间接寻址。

使用间接寻址方式存取数据方法与 C 语言中的应用相似，其过程如下：

（1）建立地址指针　使用间接寻址对某个存储器单元读、写时，首先要建立地址指针。地址指针为双字长度，是所要访问的存储器单元的 32 位的物理地址。可作为地址指针存储区的有：变量存储器（V）、局部变量存储器（L）和累加器（AC1、AC2、AC3）。必须采用双字传送指令（MOVD）将存储器所要访问存储器单元的地址装入用来作为地址指针的存储器单元或寄存器。注意，这里装入的是地址而不是数据本身，例如：

MOVD　&VB100,　VD204

MOVD　&VB10,　　AC2

MOVD　&C2,　　　LD16

其中"&"，为地址符号，它与单元编号结合表示所对应单元的 32 位物理地址，VB100、VB10、C2 只是直接地址编号，并不是物理地址；指令中的第二个地址数据长度必须是双字长，如 VD、AC 和 LD。

（2）间接存取　在操作数的前面加"*"表示该操作数为一个指针。如图 4-14 所示，AC1 为指针，用来存放要访问的操作数的地址。通过指针 AC1 将存于 VB200、VB201 中的数据传送到 AC0 中去，而不是直接将 AC1 中的内容传送到 AC0。

（3）修改指针　处理连续数据时，通过修改指针可以很容易地存取连续数据。简单的

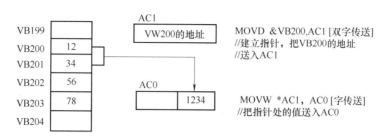

图 4-14　建立和使用指针的间接寻址过程

数学运算指令如加法、减法、自增和自减等可用来修改指针。在修改指针时，要记住访问的数据长度：在存取字节时，指针加 1；在存取字时，指针加 2；在存取双字时，指针加 4。图 4-15 给出了修改指针和存取数据的过程。

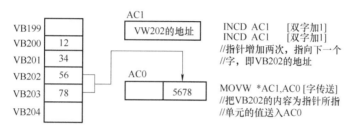

图 4-15　修改指针和存取数据的过程

4.5　西门子 S7-200 PLC 的编程语言

西门子公司不同系列的 PLC 支持的编程语言不同，S7-200 PLC 提供的编程语言有梯形图（LAD）、语句表（STL）、功能块图（FBD），还提供顺序功能图（SFC）的编程功能。

1. 梯形图

梯形图是最早使用的一种 PLC 的编程语言，它是从继电器-接触器控制系统电气原理图的基础上演变而来的，它继承了继电器-接触器控制系统中基本工作原理和电气逻辑关系的表示方法，梯形图与继电器-接触器控制系统梯形图的基本思想是一致的，只是在使用符号和表达方式上有一定区别，所以在逻辑顺序控制系统中得到了广泛的使用。它的最大特点就是直观、清晰。梯形图一直是最基本、最常用的编程语言。在后面的介绍过程中，主要以梯形图为主介绍 PLC 的编程。

图 4-16 是典型的梯形图示意图。左右两条垂直的线称为母线。母线之间是触头的逻辑连接和线圈的输出。梯形图的一个关键概念是"能流"（PowerFlow），这只是概念上的"能流"而非实际能量流动。图 4-16 中，把左边的母线假想为电源相线，而把右边的母线（虚线所示）假想为电源中性线，如果有"能流"从左至右流向线圈，则线圈被激励。如没有"能流"，则线圈不被激励。

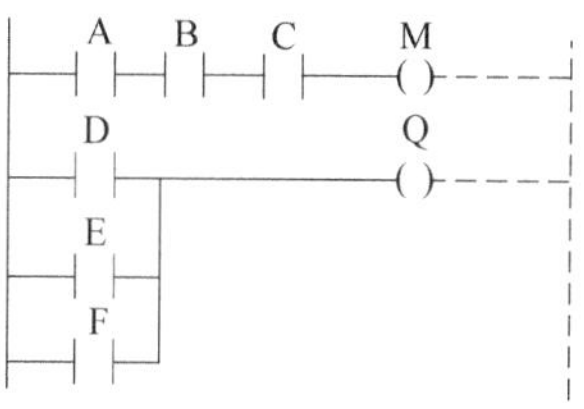

图 4-16　梯形图举例

"能流"可以通过被激励（ON）的常开触头和未被激励（OFF）的常闭触头自左向右流。"能流"在任何时候都不会通过触头自右向左流。在图 4-16 中，当 A、B、C 触头都接通后，线圈 M 才能接通（被激励），只要其中一个触头不接通，线圈就不会接通；而 D、E、F 触头中任何一个接通，线圈 Q 就被激励。要强调指出的是，引入"能流"的概念，仅仅是为了和继电器-接触器控制系统相比较来对梯形图有一个深入的认识，其实"能流"在梯形图中是不真实存在的。有的 PLC 的梯形图有两根母线，但大部分 PLC 的梯形图现在只保留左边的母线了。在梯形图中，触头代表逻辑"输入"条件，如开关、按钮和内部条件等；线圈通常代表逻辑"输出"结果，如电灯、电动机接触器和中间继电器等。梯形图语言简单明了，易于理解，是所有编程语言的首选。

2. 语句表

语句表也是 S7-200 PLC 中常用的编程语言之一，但语句表不直观的缺陷比较突出，所以一般情况下在存在繁杂的计算、中断等的场合才会使用语句表。作为一种基本训练，本书配合梯形图来讲解语句表编程语言。

图 4-17 是一个简单的 PLC 程序，其中图 4-17a 是梯形图程序，图 4-17b 是相应的语句表。对它们的特点大家可进行一下比较。

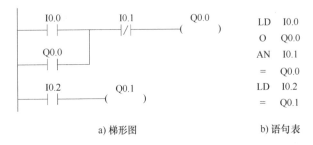

a) 梯形图　　　　　　　　b) 语句表

图 4-17　梯形图和语句表编程语言比较

3. 功能块图

功能块图是一种基于门电路逻辑运算形式的编程语言，利用功能块图可以查看到像普通逻辑门图形一样的逻辑盒指令。它没有梯形图编程器中的触头和线圈，但有与之等价的指令，这些指令是作为盒指令出现的，程序逻辑由这些盒指令之间的连接决定。也就是说，一个指令（例如 AND 盒）的输出可以用来允许另一条指令（例如定时器），这样就可以建立所需要的控制逻辑。且这样的连接思想可以解决范围广泛的逻辑问题。功能块图编程语言有利于程序流的跟踪，但在我国较少使用，因此本书不做进一步的介绍。图 4-18 为功能块图的一个简单使用例子。

图 4-18　功能块图简单举例

4. 顺序功能图

它是一种典型的图形编程语言，也是日后极有可能使用最多的编程语言之一，它在复杂逻辑顺序任务的程序设计中得到了广泛应用。S7-200 PLC 并不直接提供顺序功能图这种编程语言，而只是提供了几条指令，使用这些指令可以完成顺序功能图的编程功能。

4.6 STEP 7-Micro/WIN 编程软件的使用

STEP 7-Micro/WIN 是西门子公司专为 S7-200 PLC 研发的编程软件,它提供梯形图程序编辑器、语句表和逻辑功能图,在软件中三者可以方便地进行相互转化。

本书讲述的内容是建立在 STEP 7-Micro/WIN V4.0 SP9 版本的中文环境基础上。

1. STEP 7-Micro/WIN 窗口介绍

编程软件首次启动时,界面与菜单是英文的。中文菜单设置步骤如下:选择工具菜单"Tools"→"Options"命令;在弹出的对话框选中"General",在"Language"中选择"Chinese";最后单击"OK",退出程序后重新打开软件,则界面与菜单均变为中文状态。

STEP 7-Micro/WIN 的主界面如图 4-19 所示,一般可以分为以下几个部分:状态图、浏览条、指令树、程序编程器、输出窗口和状态栏。

图 4-19 STEP 7-Micro/WIN 窗口主界面

2. 建立通信连接

用于 S7-200 PLC 的编程电缆有 COM 接口和 USB 接口两种规格可以选择,编程电缆将 PLC 的编程接口与计算机的 COM 接口或 USB 接口相连。硬件设置好后,要按下面的步骤设置软件的通信参数等:

(1) 通信参数设置 通信参数设置方法如下:

1) 打开编程软件后,单击浏览条中的"通信"图标,弹出"通信"对话框,单击"设置 PG/PC 接口",弹出"设置 PG/PC 接口"对话框,如图 4-20 所示。

2) 在图 4-20 中,选中"PC/PPI cable",单击"属性"按钮,在弹出的接口属性对话框中,检查各参数的属性是否正确,可使用默认的通信参数。默认地址为 2,波特率为 9.6kbit/s,如图 4-21 所示。单击"本地连接"标签,选中所需的 COM 接口或 USB 接口。

图 4-20 "设置 PG/PC 接口"对话框

图 4-21 接口属性对话框

（2）建立在线连接　建立在线连接方法如下：

1）在编程软件中，打开通信对话框，该对话框中将显示是否连接 CPU。

2）双击对话框中的"双击刷新"图标开始搜索，编程软件将自动检查连接的所有 S7-200 CPU 模块，并在对画框中显示已建立起连接的每个模块的 CPU 图标、CPU 模块型号和地址。双击要进行通信的模块，在通信建立对话框中可以显示所选的通信参数。计算机与 PLC 建立起在线连接后，即可利用软件检查、设置和修改 PLC 的通信参数。

3. 程序编写及下载运行

要打开编译软件，可以双击桌面上的 STEP 7-Micro/WIN 图标，也可以在"命令"菜单中选择"开始"→"SIMATIC"→"STEP 7 Micro WIN 32 V4.0"。打开后进入 STEP 7-Micro/WIN 的主界面，可以按下面步骤建立一个新项目。

（1）新建项目　选择"文件"（File）→"新建"（New）菜单命令。

（2）项目的保存　在菜单栏中单击"保存"图标，在弹出的对话框中选择保存路径、编辑文件名。

（3）设置与读取 PLC 型号　编程前需要确定 PLC 的型号，如果计算机和 PLC 之间已建立连接，执行菜单命令"PLC"→"类型"，或在指令树中单击"项目名称"→"类型"→"读取 PLC"图标，在弹出的对话框中单击，可获得 PLC 的类型和 CPU 模块版本，否则就要从列表中选取相应的 PLC 型号，如图 4-22 所示。

（4）编写程序　下面通过一个简单的例子来介绍编写程序的方法。用按钮 SF1、SF2 来控制指示灯 PG1 的亮灭。假定 SF1、SF2 分别接 PLC 的输入端子 I0.0、I0.1；指示灯 PG1 接 PLC 的输出端子 Q0.0。

可以从指令树中拖曳或者从指令输入栏上找到需要的指令，编制如下程序，如图 4-23 所示。为了使程序的可读性增强，可以在符号表中定义和编辑符号名，以便在程序中用符号地址访问变量。单击图 4-23 中左侧窗口中的符号表即出现图 4-24 所示内容，在此可以编辑所用的变量。也可以在"程序注

图 4-22 设置与读取 PLC 型号

解"或"网络注解"中为程序和网络添加注释。

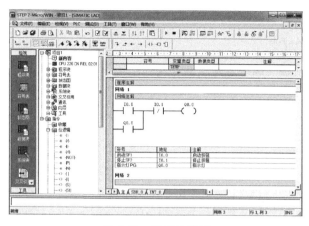

图 4-23 程序的编写

			符号	地址	注解
1			启动SF1	I0.0	启动按钮
2			停止SF2	I0.1	停止按钮
3			指示灯PG	Q0.0	指示灯
4					

图 4-24 符号表的编辑

（5）程序的编译 单击工具栏上方的"编译"图标，进行全部编译。如果程序在编译层面上没有语法错误，将会在输出窗口显示"已编译的块有 0 个错误，0 个警告，总错误数目：0"。如果出现错误的话，输出窗口也会有出错提示，此时要修改完错误后才能下载。

（6）程序的下载 编译无误后，就可以进行程序的下载。单击工具栏上方的"下载"图标，或执行菜单命令"文件"→"下载"，出现下载对话框，单击"确定"按钮，将 PLC 设为 STOP 模式，开始下载程序。如果下载成功，会弹出一个确认框显示下载成功。

如果编程软件中选用的 PLC 类型与实际使用的 PLC 不匹配，会显示警告信息，此时应重新纠正 PLC 类型选项。如果 PLC 未与计算机建立通信，则显示通信错误信息，此时应单击"通信"按钮进行通信设置，直到通信正确。

（7）程序运行 待下载完成后将 PLC 设为 RUN 模式，单击"确定"按钮。

至此 PLC 的编译下载已经完成，接下来就可以进行 PLC 程序的调试监控等操作。单击"程序状态监控"图标，进入程序调试状态，可观察触头及线圈等的实时状态，便于程序的纠错和完善。

4.7 带式输送机 PLC 控制系统设计

4.7.1 任务要求

若某输送系统由三级带式输送机组成，控制要求如下：
1）三级带式输送机按顺序依次起动，停止时逆序停止；
2）起动顺序：按下起动按钮 SF12，带式输送机 1 首先起动，在带式输送机 1 起动后，带式输送机 2 才允许起动，在带式输送机 2 起动后，带式输送机 3 才允许起动。

3）停止顺序：如果要求停止带式输送机，只有停止带式输送机 3 才能停止带式输送机 2，停止带式输送机 2 后才能停止带式输送机 1。

4.7.2 输入/输出分配

根据系统的控制要求，确定系统的输入/输出端子与其对应的 PLC 地址，见表 4-7。

表 4-7 带式输送机 PLC 控制的输入/输出分配表

输入设备			输出设备		
元件	功能	地址	元件	功能	地址
BB1	带式输送机 1 电动机的热继电器	I1.1	QA1	带式输送机 1 电动机的接触器线圈	Q0.1
BB2	带式输送机 2 电动机的热继电器	I1.2	QA2	带式输送机 2 电动机的接触器线圈	Q0.2
BB3	带式输送机 3 电动机的热继电器	I1.3	QA3	带式输送机 3 电动机的接触器线圈	Q0.3
SF11	带式输送机 1 的停止按钮	I0.1			
SF12	带式输送机 1 的起动按钮	I0.2			
SF21	带式输送机 2 的停止按钮	I0.3			
SF22	带式输送机 2 的起动按钮	I0.4			
SF31	带式输送机 3 的停止按钮	I0.5			
SF32	带式输送机 3 的起动按钮	I0.6			

4.7.3 PLC 接线图设计

根据表 4-7 所示的输入/输出分配表，系统有 9 点输入端子、3 点输出端子，所以 PLC 选择 CPU 224（AC/DC/继电器型）就能够满足系统使用。结合系统的控制要求，可画出 PLC 的输入/输出接线图，如图 4-25 所示。

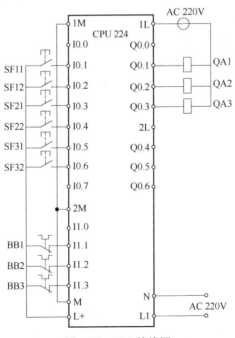

图 4-25 PLC 接线图

4.7.4 梯形图设计

控制系统的梯形图程序如图 4-26 所示，程序说明如下。

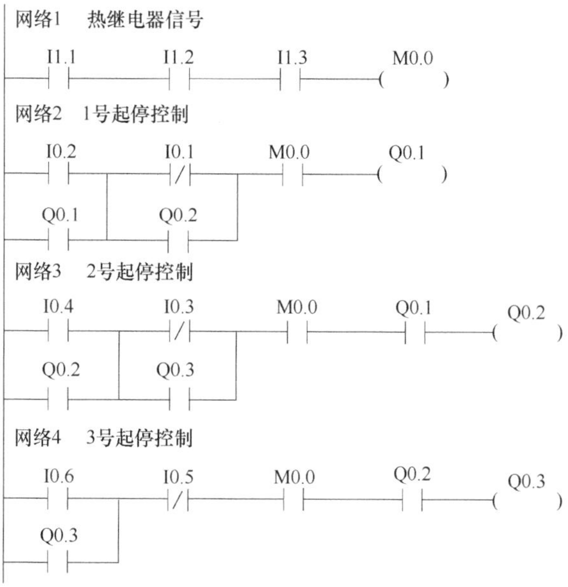

```
网络1    热继电器信号
    I1.1    I1.2    I1.3           M0.0
    ─┤├────┤├────┤├─────────────( )

网络2    1号起停控制
    I0.2    I0.1    M0.0           Q0.1
    ─┤├──┬──┤/├────┤├─────────────( )
         │
    Q0.1 │ Q0.2
    ─┤├──┴──┤├─

网络3    2号起停控制
    I0.4    I0.3    M0.0    Q0.1    Q0.2
    ─┤├──┬──┤/├────┤├──────┤├─────( )
         │
    Q0.2 │ Q0.3
    ─┤├──┴──┤/├─

网络4    3号起停控制
    I0.6    I0.5    M0.0    Q0.2    Q0.3
    ─┤├──┬──┤/├────┤├──────┤├─────( )
         │
    Q0.3 │
    ─┤├──┘
```

图 4-26 三级带式输送机控制的 PLC 梯形图

（1）起动过程 初始工作时，三个热继电器的输入继电器 I1.1~I1.3 为闭合状态，中间继电器 M0.0 得电，按下起动按钮 SF12，输入继电器 I0.2 闭合，由网络 2 可知，Q0.1 得电自锁，带式输送机 1 开始运行，为带式输送机 2 起动做准备。

按下带式输送机 2 起动按钮 SF22，输入继电器 I0.4 闭合，由网络 3 可知，Q0.2 得电自锁，带式输送机 2 开始运行，为带式输送机 3 起动做准备，网络 2 中 Q0.2 得电，作为 Q0.1 断电的约束条件。

按下起动按钮 SF32，输入继电器 I0.6 闭合，由网络 4 可知，Q0.3 得电自锁，在网络 3 中 Q0.3 得电，作为 Q0.2 的断电约束条件。

（2）停止过程 在带式输送机 3 停止前，按下 SF11、SF21 均不能使 Q0.1、Q0.2 断电，即不能使带式输送机 1、2 停止运行。

按下带式输送机 3 的停止按钮 SF31，Q0.3 断电，带式输送机 3 停止，网络 3 中 Q0.3 断电，为 Q0.2 断电做准备。同理先后按下 SF21、SF11 后带式输送机 2、1 依次断电停止运行。

4.8 拓展与提高——梯形图的编程规则

梯形图编程的基本规则如下：
1）PLC 内部软元件触头的使用次数是无限制的。
2）梯形图按照从上到下、从左到右的顺序编制，每一行都是从左边母线开始，然后是各种触头的逻辑连接，最后以线圈或指令盒结束。触头不能放在线圈的右边，如图 4-27 所示。但如果是以有能量传递的指令盒结束时,可以使用 AENO 指令在其后面连接指令盒(较少使用)。

3) 线圈和指令盒一般不能直接连接在左边的母线上,如需要的话可通过特殊继电器 SM0.0(常 ON 特殊继电器)完成,如图 4-28 所示。

a) 错误　　　　　　　b) 正确　　　　　　a) 错误　　　　　　b) 正确

图 4-27　梯形图画法示例 1　　　　　图 4-28　梯形图画法示例 2

4) 应把串联触头多的电路块尽量放在最上边,把并联触头多的电路块尽量放在最左边,这样一是节省指令,程序循环周期短,二是美观,如图 4-29 所示。

a) 把串联触头多的电路块放在最上边　　b) 把并联触头多的电路块放在最左边

图 4-29　梯形图画法示例 3

5) 梯形图程序每行中的触头数没有限制,但如果太多,受屏幕显示的限制看起来会不舒服,另外打印出的梯形图程序也不美观。所以,在使用时,如果一行的触头数太多,则可以采取一些中间过渡的措施,如图 4-30 所示。

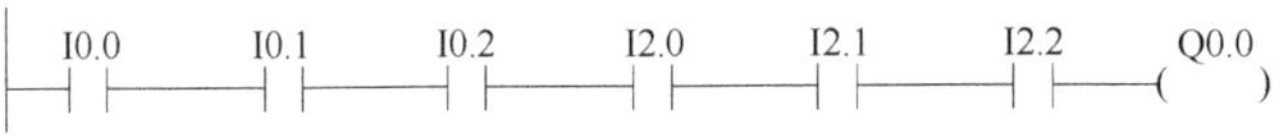

```
    I0.0  I0.1  I0.2  I2.0  I2.1  I2.2   Q0.0
  ──┤├──┤├──┤├──┤├──┤├──┤├──( )
```

a) 过长的梯形图程序

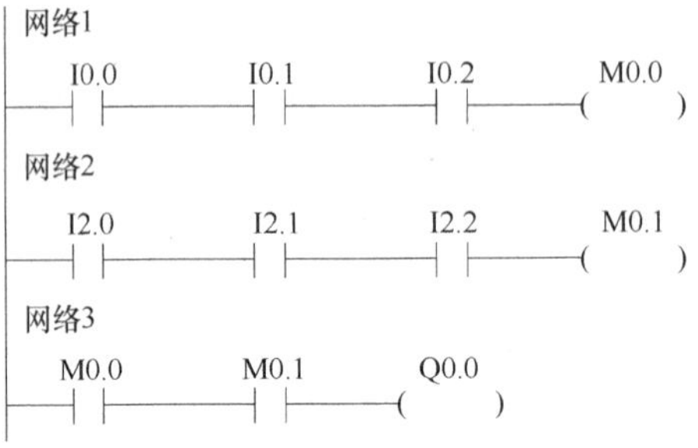

```
网络1
    I0.0  I0.1  I0.2   M0.0
  ──┤├──┤├──┤├──( )
网络2
    I2.0  I2.1  I2.2   M0.1
  ──┤├──┤├──┤├──( )
网络3
    M0.0  M0.1   Q0.0
  ──┤├──┤├──( )
```

b) 改造后的梯形图程序

图 4-30　梯形图程序的改造

6) 图 4-31 所示为梯形图的推荐画法。

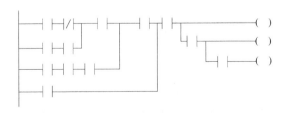

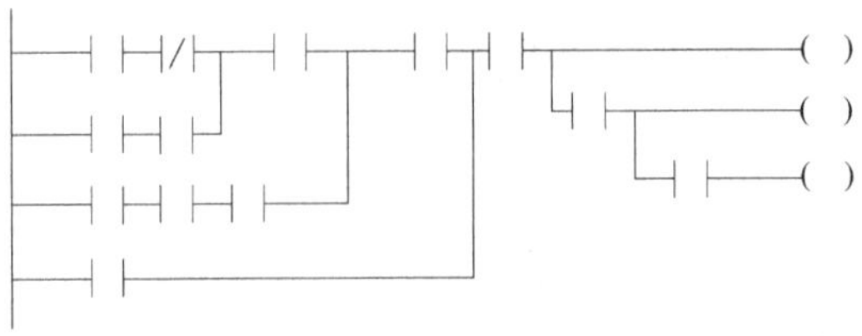

图 4-31　梯形图的推荐画法

思考与练习

4-1 简述 PLC 的扫描工作过程。

4-2 PLC 与继电器-接触器控制系统相比有哪些优点？

4-3 构成 PLC 的主要部分有哪些？各部分的主要作用是什么？

4-4 PLC 内部编程资源为什么被称为软元件？软元件的主要特点是什么？

4-5 PLC 的编程语言有哪几种？各有什么特点？

4-6 简述使用 STEP 7-Micro/WIN 编程软件的步骤。

4-7 PLC 中有哪些软元件？主要特点是什么？

4-8 什么是寻址方式？一般的寻址方式有几种？

4-9 间接寻址包括几个步骤？请举例说明。

4-10 VW20 由哪两个字节组成？哪个是高字节？

第 5 章

S7-200 PLC常用位逻辑指令及应用——以CA6140型车床的PLC改造为例

导读

　　S7-200 PLC 的指令包括最基本的逻辑指令和完成特殊任务的功能指令。本章用举例的形式讲解 PLC 的基本逻辑指令系统及其使用方法，并通过车床控制电路的 PLC 改造引出梯形图的继电器-接触器控制电路转换法。

本章知识点

- S7-200 PLC 的基本逻辑指令
- 典型电路的 PLC 编程
- 梯形图的继电器-接触器控制电路转换法

5.1　任务要求

　　随着工业制造领域全面迎来数字化、智能化升级，PLC 在工控领域的重要性越发突出，对"推进新型工业化、加快建设制造强国"具有重要作用。由于 PLC 具有可靠性高、维护方便等优点，很多企业将 PLC 控制技术引入到机床的电控系统中，对采用传统继电器控制的老旧机床进行数字化改造，提高了机床加工能力，提升了产品精度。

　　针对传统的继电器存在的问题，本章对第 3 章所述的 CA6140 型车床的电气控制系统进行技术改造，采用 PLC 代替原有的继电器，设计 PLC 控制系统的硬件组成及其控制程序，使车床能够稳定运行，降低故障率，提高使用效率。

5.2　常用位逻辑指令

　　位逻辑指令主要是位操作与运算指令，也是 PLC 常用的基本指令。梯形图中有触头和线圈两大类位逻辑指令，触头又分常开触头和常闭触头两种形式。

5.2.1 逻辑取（装载）与线圈驱动指令

1. 逻辑取与线圈驱动指令

逻辑取与线圈驱动指令为 LD、LDN、=。

LD（Load）：装载指令（逻辑取指令）。用于网络块逻辑运算开始的常开触头与母线的连接。

LDN（Load Not）：取反指令。用于网络块逻辑运算开始的常闭触头与母线的连接。

=（Out）：输出指令，对应梯形图则为线圈驱动。

指令说明：

1）LD、LDN 指令不只是用于网络块逻辑计算开始时与母线相连的常开和常闭触头，在分支电路块的开始也要使用 LD、LDN 指令。

2）在同一程序中不能使用双线圈输出，即同一个软元件只使用一次=指令。

3）LD、LDN、=指令的操作数为：I、Q、M、SM、T、C、V、S 和 L。

图 5-1 所示为上述三条指令的用法。

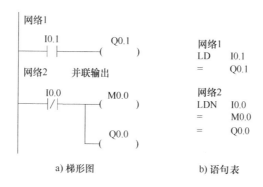

图 5-1 LD、LDN、=指令使用举例

2. 取反指令 NOT

NOT：取反指令，用于将该指令左端的逻辑运算结果取反。该指令无操作数。NOT 指令使用举例如图 5-2 所示，若 I0.1 和 I0.2 同时接通，则 Q0.0 不能接通。

图 5-2 NOT 指令使用举例

5.2.2 触头串联与并联指令

触头串联指令为 A、AN；触头并联指令为 O、ON。

A（And）：与指令。用于单个常开触头的串联。

AN（And Not）：与反指令。用于单个常闭触头的串联。

O（Or）：或指令。用于单个常开触头的并联。

ON（Or Not）：或反指令。用于单个常闭触头的并联。

使用说明：

1）单个触头的串联、并联指令，可连续使用。

2）若要将两个以上的触头的串联电路和其他电路并联，或者将两个以上的触头的并联电路和其他电路串联，须采用 5.2.7 节学习的 ALD 和 OLD 指令。

3）指令的操作数为：I、Q、M、SM、T、C、V、S 或 L。

图 5-3 所示为该类指令的用法。

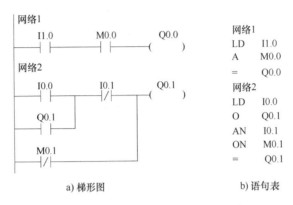

图 5-3 触头的串、并联指令使用举例

5.2.3 置位/复位指令

置位（Set）/复位（Reset）指令的梯形图和词句表形式以及功能见表 5-1。

表 5-1 置位/复位指令及功能

指 令	梯 形 图	语 句 表	指 令 功 能
置位指令	bit —(S) N	S bit, N	从 bit 开始的连续的 N 个软元件置 1 并保持
复位指令	bit —(R) N	R bit, N	从 bit 开始的连续的 N 个软元件清零并保持

图 5-4 所示为置位/复位指令的用法。

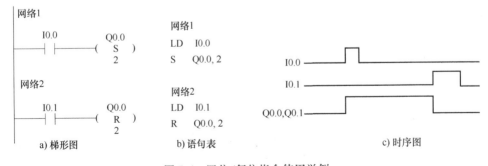

图 5-4 置位/复位指令使用举例

使用说明：

1）对软元件来说，一旦被置位，就保持在得电状态，除非对它复位；而一旦被复位就保持在断电状态。

2）置位/复位指令可以互换次序使用，但由于 PLC 采用扫描工作的方式，所以写在后面的指令具有优先权。在图 5-4 中，若 I0.0 和 I0.1 同时为 1，则 Q0.0、Q0.1 为 0，处于复位状态。

3）如果对计数器和定时器复位，则计数器和定时器的当前值被清零。

4）N 一般情况下使用常数，常数范围为 1~255。

5）置位/复位指令的操作数为：I、Q、M、SM、T、C、V、S 或 L。

5.2.4　RS 触发器指令

SR（Set Dominant Bistable）：置位优先触发器指令。当置位信号（S1）和复位信号（R）都为真时，输出为真。

RS（Reset Dominant Bistable）：复位优先触发器指令。当置位信号（S）和复位信号（R1）都为真时，输出为假。

RS 触发器指令的梯形图形式如图 5-5 所示。图 5-5a 为 SR 指令，图 5-5b 为 RS 指令。bit 参数用于指定被置位或者被复位的 BOOL 参数。RS 触发器指令没有语句表形式。

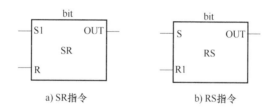

图 5-5　RS 触发器指令

RS 触发器指令的输入/输出操作数为：I、Q、V、M、SM、S、T 或 C。bit 的操作数为：I、Q、V、M 或 S。这些操作数的数据类型均为 BOOL 型。

RS 触发器指令的使用举例如图 5-6 所示。

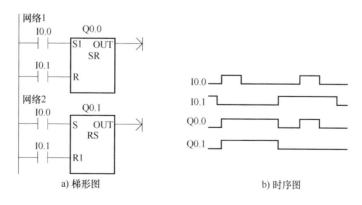

图 5-6　RS 触发器指令使用举例

5.2.5 边沿脉冲指令

边沿脉冲指令分为上升沿脉冲指令 EU（Edge Up）和下降沿脉冲指令 ED（Edge Down），其指令格式和功能见表 5-2。

表 5-2 边沿脉冲指令及功能

指令名称	梯 形 图	语 句 表	功 能	说 明
上升沿脉冲	—|P|—	EU	在上升沿产生脉冲	无操作数
下降沿脉冲	—|N|—	ED	在下降沿产生脉冲	

边沿脉冲指令 EU/ED 用法如图 5-7 所示。EU 指令对其之前的逻辑运算结果的上升沿产生一个宽度为一个扫描周期的脉冲，如图 5-7c 中的 M0.0。ED 指令对逻辑运算结果的下降沿产生一个宽度为一个扫描周期的脉冲，如图 5-7c 中的 M0.1。边沿脉冲指令常用于启动及关断条件的判定以及配合功能指令完成一些逻辑控制任务。

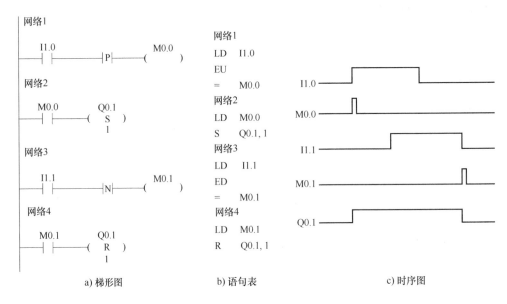

图 5-7 边沿脉冲指令 EU/ED 使用举例

5.2.6 立即指令

立即指令是为了提高 PLC 对输入/输出的响应速度而设置的，它不受 PLC 循环扫描工作方式的影响，允许对输入和输出端子状态进行快速直接存取。

立即指令的形式和使用说明见表 5-3，用法如图 5-8 所示。该例子的功能是：

网络 1：I0.0 接通后，接通 Q0.0，立即执行接通 Q0.1，立即对 Q0.2 置位。

网络 2：Q0.3 在 I0.0 输出刷新阶段接通。

表 5-3 立即指令的形式及使用说明

指令名称	梯形图	语句表	使用说明
立即取		LDI bit	
立即取反	bit —| I |—	LDNI bit	bit 只能为输入 I
立即或		OI bit	程序执行立即取指令时，只是立即读取输入端
立即或反	bit —| /I |—	ONI bit	子的值，而不改变输入映像寄存器的值
立即与		AI bit	
立即与反		ANI bit	
立即输出	bit —(I)—	=I	bit 只能为输出 Q
立即置位	bit —(SI)— N	SI bit, N	bit 只能为输出 Q 将从指定的位开始的最多 128 个输出端子同时
立即复位	bit —(RI)— N	RI bit, N	置 1（或清零），并且刷新输出映像寄存器的内容

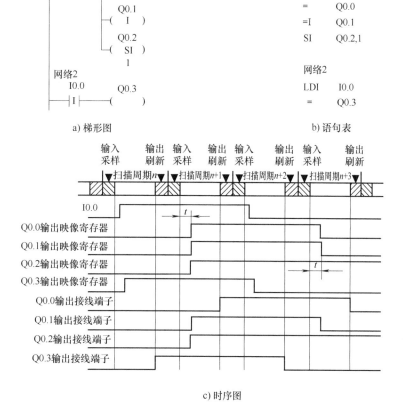

图 5-8 立即指令的使用举例

5.2.7 逻辑堆栈指令

S7-200 PLC 使用一个 9 层堆栈来处理所有逻辑操作。堆栈是一组能够存储和取出数据的暂存单元，其特点是"先进先出"。每一次进行入栈操作，新值放栈顶，栈底值丢失；每一次进行出栈操作，栈顶值弹出，栈底值补进随机数。

1. 指令功能

逻辑堆栈指令主要用来完成对触头进行复杂的连接，这些指令有与块指令 ALD、或指令 OLD、逻辑入栈指令 LPS、逻辑读栈指令 LRD、逻辑出栈指令 LPP 和装入堆栈指令 LDS。这些指令没有梯形图形式。

ALD（And Load）：与块指令，用于并联电路块的串联。两条以上支路并联形成的电路叫并联电路块。

OLD（Or Load）：或块指令，用于串联电路块的并联。两条以上支路串联形成的电路叫串联电路块。

LPS（Logic Push）：逻辑入栈指令（支路开始指令）。LPS 指令把栈顶值复制后压入堆栈，栈中原来数据从第一层开始依次下压一层，栈底值丢失。

LRD（Logic Read）：逻辑读栈指令。LRD 指令把堆栈第二层的值复制到栈顶，2-9 层数据不变，堆栈没有压入和弹出。但原栈顶值丢失。

LPP（Logic Pop）：逻辑出栈指令（支路结束指令）。LPP 指令把堆栈弹出一级，原第二级的值变为新的栈顶值，原栈顶值从栈内丢失。

LDS（Load Statck）：装入堆栈指令。执行该指令时，复制堆栈的第 n 级（0~8）的值到栈顶，原堆栈中各级栈值依次下压一级，栈底值丢失。

2. 指令使用说明

1）除在开始使用 LD 或 LDN 指令外，在电路块的开始也要使用 LD 和 LDN 指令。

2）在每完成一次电路块的串联后要写上 ALD 指令。如果有多个并联电路块串联，顺次使用 ALD 指令与前面支路连接，支路数量没有限制。

3）如需将多个支路并联，从第二条支路开始，在每一条支路后面加 OLD 指令，用这种方法编程，对并联支路数量没有限制。

4）LPS 和 LPP 指令必须成对使用，它们之间可以使用 LRD 指令。

5）逻辑堆栈指令可以嵌套使用，最多可以嵌套 9 层。

3. 应用举例

图 5-9 所示为 ALD、OLD 指令的使用举例。

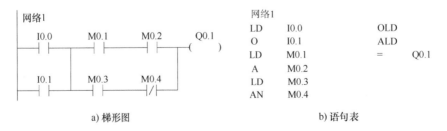

图 5-9 ALD、OLD 指令使用举例

图 5-10 所示为 LPS、LRD、LPP 指令的使用举例。LPS 指令用于支路的开始，LPP 用于支路的结束，LRD 用于支路开始和支路结束之间的逻辑块编程。注意 LPS 和 LPP 必须配对使用。

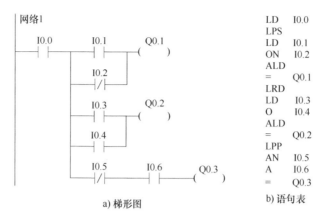

图 5-10　LPS、LRD、LPP 指令使用举例

5.3　CA6140 型车床 PLC 控制系统改造

5.3.1　任务分析

根据图 3-5 所示车床控制电路，PLC 控制系统应实现的功能如下：按下 SF3，主轴电动机 MA1 起动，持续运转；转动选择开关 SF5，冷却泵电动机 MA2 起动，开始提供冷却液；按下 SF4（不能松开），快速移动电动机 MA3 运转，松开 SF4，MA3 会即刻停止；按下 SF2，MA1 停止，由于 MA1 与 MA2 存在联锁，当 MA1 处在运行的状态下时，电机 MA2 才能起动，否则，合上 SF5，MA2 仍然无法起动，当 MA1 停止时，MA2 也停止。

CA6140 车床电气控制系统的控制电路和显示电路共有 6 个输入信号、6 个输出信号，所需的 I/O 点总数较少，所以 PLC 系统可以选用 CPU224 AC/DC/继电器型。CPU224 具有 14DI/10DO，可满足系统要求。

5.3.2　输入/输出分配

根据系统的控制要求，确定系统的输入/输出端子与其对应的 PLC 地址，见表 5-4。

表 5-4　CA6104 型车床 PLC 控制的输入/输出分配表

输入设备			输出设备		
元件	功　能	地址	元件	功　能	地址
SF3	MA1 起动按钮	I0.0	QA1	MA1 接触器	Q0.0
SF2	MA1 停止按钮	I0.1	QA2	MA2 接触器	Q0.1
BB1	MA1 热继电器	I0.2	QA3	MA3 接触器	Q0.2
BB2	MA2 热继电器	I0.3	PG1	主轴指示灯	Q0.4
SF5	MA2 起动按钮	I0.4	PG2	刀架快速移动指示灯	Q0.5
SF4	MA3 点动按钮	I0.5	PG3	冷却泵指示灯	Q0.6

5.3.3 PLC 接线图设计

根据表 5-4 所示的输入/输出分配表,并结合系统的控制要求,可画出 PLC 的输入/输出接线图,如图 5-11 所示。

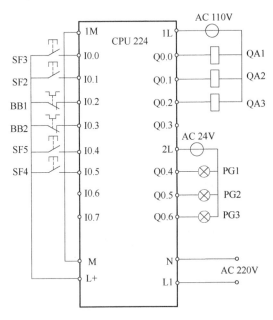

图 5-11 PLC 输入/输出接线图

图中输入信号使用 PLC 提供的 DC 24V 内部电源;负载使用 AC 110V 外部电源,PLC 的电源为 AC 220V,指示灯照明为 AC 24V。

要说明的是:机床低压照明灯 EA 的控制不变,仍由选择开关 SF1 单独控制,电源信号灯 PG4 可以取消。

5.3.4 梯形图设计

将图 3-5 中的 CA6140 型车床电气原理图中的控制电路部分逆时针旋转 90°,得到图 5-12;将照明部分的控制电路逆时针旋转 90°,得到图 5-13。

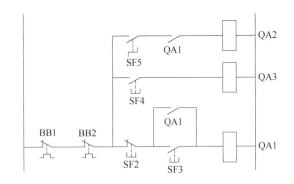

图 5-12 旋转后的控制电路部分

图 5-13 旋转后的照明控制电路部分

然后,根据表 5-4 中的输入/输出分配地址,用 PLC 的输入、输出地址分别替换图中的低压电器，再按照梯形图编程的基本规则进行适当整理，得到 CA6140 型车床的 PLC 控制系统梯形图，如图 5-14 所示。

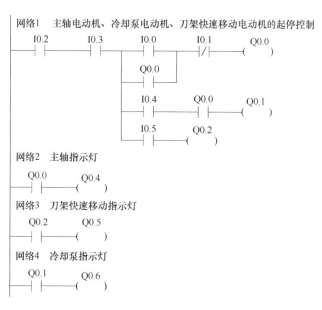

图 5-14 CA6140 型车床的 PLC 控制系统梯形图

（1）主轴电动机 MA1 控制 按下起动按钮 SF3，I0.0 的常开触点闭合，输出继电器 Q0.0 得电并自锁，主轴电动机 MA1 全压起动并运行，同时 Q0.4 得电，主轴指示灯 PG1 点亮，冷却泵电机 MA2 允许工作。

按下停止按钮 SF2，I0.1 的常闭触点断开，输出继电器 Q0.0 失电，主轴电机 MA1 停止运行，同时 Q0.4 断电，主轴指示灯 PG1 熄灭。

（2）冷却泵电机 MA2 控制 在主轴电机运行情况下，按下按钮 SF5，I0.4 的常开触点闭合，Q0.1 得电，冷却泵电机 MA2 全压起动并运行，同时 Q0.6 得电，冷却泵指示灯 PG3 点亮。松开按钮 SF5，则输出继电器 Q0.1 断电，冷却泵电机 MA2 停止运行，同时 Q0.6 断电，PG3 熄灭。

（3）刀架快速移动电动机 MA3 控制 按下起动按钮 SF4，输出继电器 Q0.2 得电，快速移动电动机 MA3 点动运行，同时 Q0.5 得电，刀架快速移动指示灯 PG2 点亮。松开按钮 SF4，Q0.2 和 Q0.5 断电，MA3 停止运行，PG2 熄灭。

（4）过载保护 热继电器 BB1、BB2 分别对电动机 MA1、MA2 进行过载保护，MA3 为短时工作制，不需要过载保护。当发生过载或断相时，I0.2 或 I0.3 断开，Q0.0 断电，电动机 MA1 和 MA2 停止。

5.4 拓展与提高——梯形图的继电器-接触器控制电路转换法

使用 PLC 改造继电器-接触器控制系统时，因为原有控制系统经过长期使用和考验，已被证明能够完成系统要求的控制功能，而且控制电路图和梯形图在表示方法和分析方法上有很多相似之处，因此可以根据控制电路图设计梯形图，即将控制电路图转换为具有相同功能的 PLC 接线图和梯形图。此设计方法一般不需要改动控制面板，保持了系统的原有特性，操作人员不用改变长期形成的操作习惯,因而成为一种实用方便的设计方法。

1. 控制电路转换法的步骤

将控制电路图转换为功能相同的 PLC 接线图和梯形图的步骤如下:

1) 了解和熟悉被控设备的工艺过程和机械的动作情况,根据控制电路图分析和掌握控制系统的工作原理,这样才能做到在设计和调试控制系统时心中有数。

2) 确定 PLC 的输入信号和输出负载。如控制电路图中的交流接触器和电磁阀等执行机构,如果用 PLC 来控制,则它们的线圈在 PLC 的输出端。按钮、转换开关和行程开关、接近开关等则在输入端提供 PLC 的输入信号,控制电路中的中间继电器和时间继电器的功能用 PLC 内部的存储器和定时器来完成,它们与 PLC 的输入、输出无关。

3) 确定 PLC 各数字量输入信号与输出负载对应的输入和输出的地址,列出输入/输出分配表,画出 PLC 接线图。各输入和输出在梯形图中的地址取决于它们的起始地址和接线端子号。

4) 确定与控制电路图的中间继电器、时间继电器对应的梯形图中通用辅助继电器和定时器与计数器的地址。

5) 根据上述对应关系画出梯形图。

2. 注意事项

1) 设计梯形图的基本原则:设计梯形图时,应力求电路结构清晰,易于理解。梯形图是一种编程语言,是 PLC 程序,编程时如果多用一些梯形图中的软元件(如通用辅助继电器、定时器、计数器)和触头,不会增加硬件成本,对系统的运行速度几乎没有影响,唯一的代价是输入程序时要花费一些时间。

2) 中间单元的设置:在梯形图中,若多个线圈都受如某一触头串并联电路之类的复杂电路的控制,为了简化电路,在梯形图中可以设置用该电路控制的辅助继电器。

3) 复杂电路的等效:设计梯形图时以线圈为单位,用叠加法考虑转换电路图中每个线圈分别受到哪些触头和电路的控制,然后将控制同一线圈的各条电路并联起来,从而画出等效的梯形图电路。

4) 尽量减少 PLC 的输入信号和输出信号:PLC 的价格与输入/输出端子的点数有关,减少输入/输出信号的点数是降低硬件费用的主要措施。一般只需要一个输入继电器的一个常开触头或常闭触头给 PLC 提供输入信号即可,在梯形图中,可以多次使用同一输入继电器的常开触头和常闭触头。

5) 软件互锁与硬件互锁:除了在梯形图中设置对应的软件互锁外,还必须在 PLC 的输出电路设置硬件互锁。

6) 热继电器触点的处理:若是手动复位的热继电器的常闭触点,可以不需要占用 PLC 的一个输入端子,直接与接触器的线圈串联;若是自动复位的热继电器的常闭触点,必须占用 PLC 的一个输入端子,通过梯形图软件实现电动机的过载保护,以防过载保护后电动机自动起动。

思考与练习

5-1 试设计三相笼型异步电动机全压起动控制电路图的 PLC 控制程序。

5-2 试设计第 3 章题 3-6 中机床的 PLC 控制程序,并和所设计的电气原理图进行比较。

5-3 试设计第 3 章题 3-8 中机床的 PLC 控制程序,并和所设计的电气原理图进行比较。

5-4 根据题 5-4 图中的梯形图，画出题 5-4 图中 M0.0、M0.1、Q0.0 的时序图。

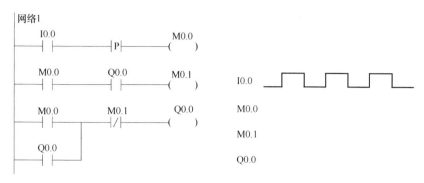

题 5-4 图 梯形图和时序图

5-5 如题 5-5 图所示，小车开始停在左边限位开关处，限位开关 I0.0 为 ON 状态。按下起动按钮后，小车向右运行，运行到右侧限位开关处，然后小车自动改变运行方向，返回并停在左侧限位开关 I0.0 处，试编写相应的梯形图程序。

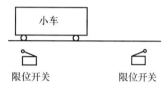

题 5-5 图 小车运行示意图

5-6 用置位、复位指令设计一台电动机的起、停控制程序。

5-7 根据下列控制要求，用=指令和 SET、RST 指令两种方式编写梯形图程序：

（1）当 I0.0、I0.1 同时动作时 Q0.0 得电并自锁，当 I0.2、I0.3 中有一个动作时 Q0.0 断电；

（2）当 I0.0 动作时 Q0.1、Q0.2 和 Q0.3 同时得电并自锁，当 I0.1 动作时全部断电。

5-8 试设计有一个抢答器电路程序。出题人提出问题，三个答题人按下按钮，仅最早按的人面前的信号灯亮，然后出题人按动复位按钮后，引出下一个问题。

第 6 章

S7-200 PLC定时器与计数器指令及应用——以物料运送车的PLC控制为例

导读

定时器和计数器是PLC中常用的软元件，本章以物料运送车的PLC控制为例，介绍西门子 S7-200 PLC 的定时器、计数器指令及其使用方法，以及 S7-200 PLC 仿真软件的使用。

本章知识点

- 定时器指令
- 计数器指令

6.1 任务要求

图 6-1 为一套物料运送车系统的组成结构示意图，该系统主要包括一个带式输送机、一个推板机和一辆运送车，带式输送机用于传送工件，推板机用于将工件推送到运送车上。

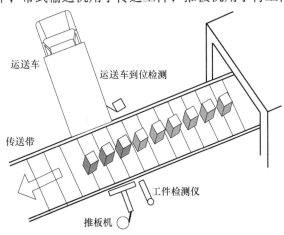

图 6-1 物料运送车系统的组成结构示意图

控制过程如下:运送车到位后,按下起动按钮,带式输送机开始输送工件。当工件检测仪累计检测到三个工件并由计数器计数后,推板机准备工作,此时带式输送机停止输送;当推板机推动三个工件送到运送车后,推板机返回,带式输送机又开始输送,推板机推工件时间为30s,返回时间为10s。如此往复,按下停止按钮时,系统停止运行。

6.2 定时器指令

定时器是由集成电路构成,是PLC重要的软元件之一。定时器指令在编程时首先要输入时间设定值,以确定定时时间。在程序运行过程中,当定时器的输入条件满足时即开始计时,定时器不断累计时间。当累计的时间与设定时间相等时,定时器动作,以实现各种定时逻辑控制。

6.2.1 指令格式

1. 定时器类别

S7-200系列PLC定时器按工作方式分为三大类,包括:接通延时定时器(TON)、有记忆接通延时定时器(TONR)和断开延时定时器(TOF)。其指令格式及说明见表6-1。

表6-1 定时器指令格式及说明

名称	接通延时定时器	有记忆接通延时定时器	断开延时定时器
梯形图	???? IN TON PT ???ms	???? IN TONR PT ???ms	???? IN TOF PT ???ms
语句表	TON Txxx, PT	TONR Txxx, PT	TOF Txxx, PT
说明	IN是使能输入端;定时器的编号(Txxx)的范围为T0~T255;PT是设定值输入端,数据类型为INT,最大设定值为32767;PT操作数有:IW、QW、MW、SMW、T、C、VW、SW、AC和常数		

2. 指令说明

定时器编号是由定时器名称和常数组成的,定时器编号包括定时器的当前值和定时器位两个变量信息。定时器的当前值用于储存定时器当前所累计的时间,它是一个16位的寄存器,存储16位二进制带符号的整数,最大计数值为32767(十进制)。定时器位是指当定时器的当前值达到预置值PT时,定时器的触头动作。

(1)时基和定时范围 定时器的时基(也称分辨率)决定了每个时间间隔的长短,它是定时器能够区分的最小时间增量。当定时器的使能输入有效后,当前值对PLC内部的时基脉冲进行增1计数,当计数值大于或等于定时器的预置值PT后,定时器位置1。从定时器使能输入有效到定时器位输出为1,经过的时间就是定时时间,即:**定时时间=预置值×时基**。

按时基脉冲的长短来分,定时器有1ms、10ms、100ms三种时基。不同时基的定时器可设定时间的范围不同。对于使用CPU模块为CPU 22X系列的PLC,它们的256个定时器分属TON、TOF和TONR三种类型以及三种时基标准,具体内容可见表6-2。

表 6-2 定时器的时基、定时范围及编号范围

工作方式	时基/ms	最大定时范围/s	定时器号
TONR	1	32.767	T0, T64
	10	327.67	T1~T4, T65~T68
	100	3276.7	T5~T31, T69~T95
TON/TOF	1	32.767	T32, T96
	10	327.67	T33~T36, T97~T100
	100	3276.7	T37~T63, T101~T255

（2）定时器的刷新方式　S7-200 PLC 三种分辨率的定时器的刷新方式各不相同。

1ms 定时器每隔 1ms 即刷新一次，与扫描周期和程序处理无关，即采用中断刷新方式。因此当扫描周期较长时，在一个周期内定时器可能被多次刷新，其当前值在一个扫描周期内不一定保持一致。

10ms 定时器由系统在每个扫描周期开始时自动刷新。由于每个扫描周期内只刷新一次，故而每次程序处理期间其当前值为常数。

100ms 定时器在该定时器指令执行时刷新。下一条执行的指令即可使用刷新后的结果。但应当注意的是，如果该定时器的指令不是每个周期都执行，定时器就不能及时刷新，可能导致出错。

6.2.2 指令工作原理分析

1. 接通延时定时器（TON）指令工作原理

接通延时定时器用于单一间隔的定时。如图 6-2 所示，当 I0.1 闭合，即使能端（IN）为 1，输入有效时，驱动 T33 开始计时，当前值从 0 开始递增，计时到设定值 PT 时，T33 状态位为 1，即有效，其常开触头闭合，Q0.0 有输出，其后当前值仍增加，但不影响状态位。当 I0.1 断开时，使能端无效，则 T33 复位，当前值清零，状态位也清零，即恢复原始状态。若 I0.1 闭合时间短，且计时小于设定值，T33 会立即复位，Q0.0 不会有输出。

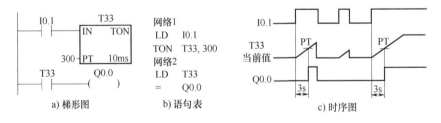

图 6-2 接通延时定时器工作程序及时序图

2. 有记忆接通延时定时器（TONR）指令工作原理

有记忆接通延时定时器用于累计许多时间间隔。当使能端输入有效时（闭合），定时器开始计时，当前值递增，当前值等于或大于设定值时，输出状态位为 1。使能端输入无效（断开）时，当前值保持（记忆），使能端输入再次有效时，定时器在保持值的基础上递增计时。

图 6-3 所示为 TONR 指令的用法。当 IN 为 1 时，定时器 T3 开始计时；当 IN 为 0 时，其当前值保持且不复位；当 IN 再为 1 时，T3 当前值从保持值开始往上增加，并将当前值与设定值 PT 比较，当前值等于或大于设定值时，T3 状态位为 1，Q0.0 有输出，之后即使 IN 再为 0 也不会使 T3 复位，要使 T3 复位必须使用复位指令。复位之后，定时器当前值清零，输出状态位为 0。

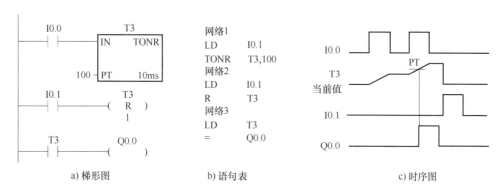

图 6-3 有记忆接通延时定时器工作程序及时序图

3. 断开延时定时器（TOF）指令工作原理

断开延时定时器用于断电后的单一间隔时间计时，当输入信号断开时，延时一段时间后才断开输出。当使能端输入有效时，定时器输出状态位立即为 1，当前值复位为 0。使能端输入无效时，定时器开始计时，当前值从 0 递增，当前值达到设定值时，定时器状态位复位为 0，并停止计时，当前值保持。

如果输入无效的时间小于预定时间，则定时器仍保持输出。使能端再接通时，定时器当前值仍为 0。断开延时定时器的应用程序及时序分析如图 6-4 所示。

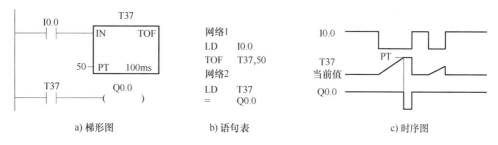

图 6-4 断开延时定时器工作程序及时序图

以上介绍的三种定时器具有不同的功能，不过不能把一个定时器同时用作断开延时定时器和接通延时定时器。例如不能在同一程序中既有 TON/T32，又有 TOF/T32。

6.3 计数器指令

定时器对时间的计量是通过对 PLC 内部时钟脉冲的计数实现的。计数器的运行原理和定时器基本相同，只是计数器是对外部或内部由程序产生的计数脉冲进行计数。它利用输入脉冲的上升沿累计脉冲个数。其主要由一个 16 位的设定值寄存器、一个 16 位的当前值寄存器和一位状态位组成。当前值寄存器用以存储累计的脉冲个数,若计数器当前值大于或等于设定值时,状态位为1。

6.3.1 指令格式

S7-200 系列 PLC 有三类计数器:增计数器(CTU)、增/减计数器(CTUD)、减计数器(CTD),三类计数器总共有 256 个。计数器指令格式及说明见表 6-3。

表 6-3 计数器指令格式及说明

指 令	指令格式		说 明
	梯形图	语句表	
增计数器 (CTU)	C xxx —CU CTU —R —PV	CTU Cxxx PV	1) 梯形图指令符号中: CU 为增计数器脉冲输入端 CD 为减计数器脉冲输入端 LD 为减计数复位端 PV 为设定值 2) C xxx 为计数器的编号,范围为:C0~C255 3) PV 为设定值最大值:32767 PV 的数据类型:INT PV 的操作数为:VW、T、C、IW、QW、MW、SMW、AC、AIW 和 K 4) CTU/CTUD/CD/指令使用要点: STL 形式中 CU、CD、R 和 LD 的顺序不能错 CU、CD、R 和 LD 信号可为复杂逻辑关系
增/减计数器 (CTUD)	C xxx —CU CTUD —CD —R —PV	CTUD Cxxx PV	
减计数器 (CTD)	C xxx —CD CTD —LD —PV	CTD Cxxx PV	

计数器编号由计数器名称和常数组成,同一程序中,同一个计数器编号只能出现一次。计数器编号包括两个变量信息:计数器的当前值和计数器位。

计数器的当前值寄存器用于存储计数器当前所累计的脉冲数。它是一个 16 位的存储器,存储 16 位带符号的整数,最大计数器值为 32767(十进制)。

6.3.2 指令工作原理分析

1. 增计数器(CTU)指令工作原理

当复位端(R)为 0 时,计数脉冲有效;当增计数器脉冲输入端(CU)有上升沿输入时,计数器当前值加 1。当计数器当前值等于或大于设定值 PV 时,该计数器的状态位为 1,即其常开触头闭合。计数器仍计数,但不影响计数器的状态位,直至计数达到最大值(32767)。当 R 端为 1 时,计数器复位,即当前值清零,状态位也清零。增计数器计数范围:0~32767。

应用程序及时序分析如图 6-5 所示,当 I0.0 第五次闭合时,计数器位置位,Q0.0 得电;当 I0.1 闭合时,计数器位复位,Q0.0 断电。

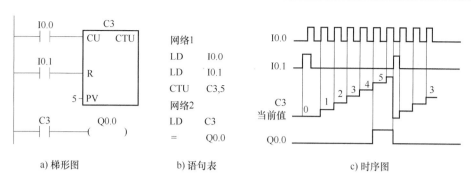

图 6-5 增计数器工作程序及时序图

2. 增/减计数器（CTUD）指令工作原理

当 R 端为 0 时，计数脉冲有效；当 CU 端（或 CD 端）有上升沿输入时，计数器当前值加 1（减 1）。当计数器当前值等于或大于设定值时，计数器输出状态位为 1，即其常开触头闭合。当 R 端为 1 时，计数器复位，即当前值清零，计数器输出状态位也清零。增/减计数器计数范围为 -32768 ~ 32767。

增/减计数器应用程序及时序分析如图 6-6 所示。利用增/减计数器输入端的通断情况可分析 Q0.0 的状态。当 I0.0 闭合四次时（即四个脉冲上升沿）C10 常开触头闭合，Q0.0 得电；当 I0.0 闭合五次时，C10 的计数为 5；接着当 I0.1 闭合两次，此时 C10 的计数为 3，C10 常开触头断开，Q0.0 断电；接着当 I0.0 再闭合两次，此时 C10 的计数为 5，C10 的计数大于 4，C10 常开触头闭合，Q0.0 得电；当 I0.2 闭合时，计数器复位，C10 的计数为 0，C10 常开触头断开，Q0.0 断电。

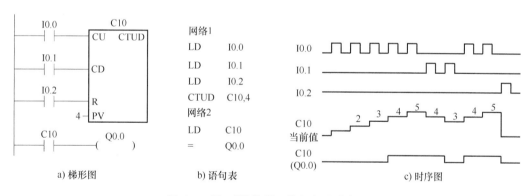

图 6-6 增/减计数器工作程序及时序图

3. 减计数器（CTD）指令工作原理

当 LD 端为 1，即复位脉冲有效时，计数器把设定值（PV）装入当前值寄存器，计数器状态位复位为 0。当 LD 端为 0，即计数脉冲有效时，减计数器即从设定值开始计数，减计数器脉冲输入端（CD）每出现输入脉冲上升沿，减计数的当前值即减 1，当前值等于 0 时，计数器状态位置 1，计数停止。

减计数器指令应用的程序运行时序如图 6-7 所示。利用减计数器输入端的通断情况，分析 Q0.0 的状态。当 I2.0 闭合时，计数器状态位复位，设定值 3 装入当前值寄存器；当 I1.0 闭合 3 次时，当前值为 0，Q0.0 得电；在当前值为 0 时，即使 I1.0 再次闭合，当前值仍然为 0。若在 I2.0 闭合期间 I1.0 闭合，则当前值依然不变。

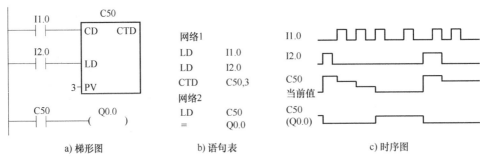

图 6-7 减计数器工作程序及时序图

6.4 典型电路分析

1. 闪烁电路的设计

闪烁电路也称振荡电路，该电路可用在报警、灯光控制等场合。闪烁电路实际上就是一个时钟电路，用两个接通延时定时器即可实现。它可以等间隔地通断，也可以不等间隔地通断。图 6-8 所示为一个典型闪烁电路的程序。当 I0.0 闭合时，T37 就会产生一个接通 5s 再断开 5s 的闪烁信号。

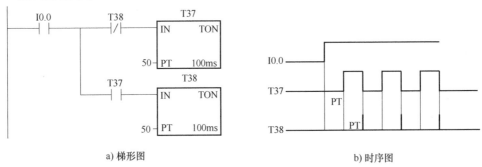

图 6-8 闪烁电路工作程序及时序图

2. 计数器扩展电路的设计

S7-200 系列 PLC 计数器最大的计数范围是 0~32767，若需更大的计数范围则需进行扩展，如图 6-9 所示为计数器扩展电路。图中两个计数器形成了一个组合电路，其中计数器 C1 是一个设定值为 200 次的自复位计数器。C1 对 I0.0 的闭合次数进行计数，I0.0 的触头每闭合 200 次，C1 自复位重新开始计数，同时连接到计数器 C2 的 CU 端的 C1 常开触头闭合，使 C2 计数 1 次，当 C2 计数到 1500 次时，I0.0 共闭合 200×1500=300000 次，随后 C2 的常开触头闭合，Q0.0 得电。该电路的计数值为两个计数器设定值的乘积，即 $C_{总}=C1×C2$。

3. 定时器扩展电路的设计

S7-200 的定时器的最长定时时间为 3276.7s，如果需要更长的定时时间，可使用图 6-10 所示的电路。接通延时定时器 T37 的设定值为 600，即每 60s 产生一个脉冲，所以是分钟定时器。当 I0.0 闭合时，T37 开始计时，60s 后 T37 设定时间到，其常开触头闭合，常闭触头断开，下一个扫描周期 T37 复位，其当前值变为 0，常闭触头接通，使它自己的线圈重新得电，又开始计时，T37 将这样周而复始地工作，直到 I0.0 断开。T37 每计时 1min，计数器 C1 计数一次，当计数器 C1 计数到 1200 时，C1 闭合，Q0.0 得电，此时计时 1200min。

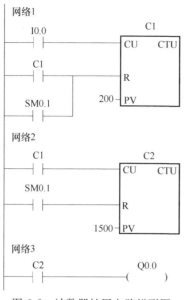

图 6-9 计数器扩展电路梯形图

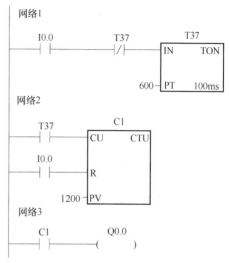

图 6-10 定时器扩展电路梯形图

6.5 控制系统设计

6.5.1 任务分析

在 6.1 节的任务中，按下起动按钮，且运送车停在指定位置，则带式输送机开始工作。当有工件时，工件检测仪产生信号，其上升沿使计数器 C1 当前值加 1，当计数器当前值累计到 3 时，推板机正转，且 C1 当前值清零，带式输送机停止。推板机用 30s 的时间将工件推到运货车上，30s 后，推板机正转结束，开始反转，10s 后时间推板机返回原位，同时带式输送机恢复运行，等待新工件的到来。从任务中可以看出，该系统共使用 2 个按钮、2 个传感器和 3 个接触器，需要 4 个输入信号和 3 个输出信号。系统所需的 I/O 点总数较少，因此可以选用 CPU224 AC/DC/继电器型。

6.5.2 输入/输出分配

根据系统的控制要求，确定系统的输入/输出端子与其对应的 PLC 地址，见表 6-4。

表 6-4 物料运送车 PLC 控制的输入/输出分配表

输入设备			输出设备		
元件	功能	地址	元件	功能	地址
SF1	起动按钮	I0.0	QA1	带式输送机工作	Q0.0
SF2	停止按钮	I0.1	QA2	推板机正转	Q0.1
KF	工件检测	I0.2	QA3	推板机反转	Q0.2
BG	运送车到位	I0.3			

6.5.3 PLC 接线图设计

根据输入/输出分配表，并结合系统的控制要求，可画出 PLC 接线图，如图 6-11 所示。

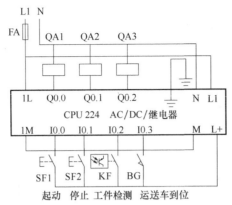

图 6-11 物料运送车的 PLC 接线图

6.5.4 梯形图设计

控制系统的梯形图程序如图 6-12 所示。

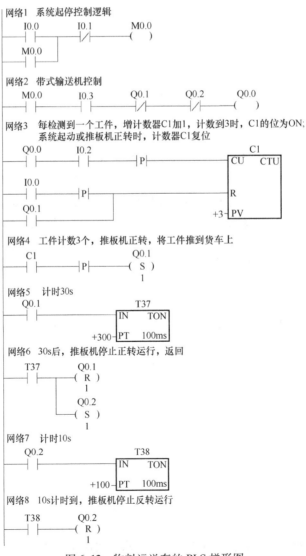

图 6-12 物料运送车的 PLC 梯形图

6.6 拓展与提高——S7-200 PLC 仿真软件使用

工业实际中应用的 S7-200 PLC 仿真软件是非官方软件，其 V3.0 版本可以对编程软件 STEP 7-Micro/WIN V4.0 SP9 编写的程序仿真。仿真软件可以仿真绝大部分的 S7-200 指令，提供数字信号输入开关、两个模拟电位器和输入/输出指示灯，同时还支持对 TD-200 文本显示器的仿真。

该软件不需要安装，执行其中的 S7-200.exe 文件就可以直接运行。单击屏幕中间出现的画面，在密码输入对话框中输入相应密码即进入仿真软件。

S7-200 PLC 仿真软件的界面友好，使用简单，下面通过一个如图 6-13 所示的简单程序的仿真来介绍软件的使用。

1）导出文件。在 STEP 7-Micro/WIN 软件中编写如图 6-13 所示的程序，然后单击菜单栏中的"文件"→"导出"命令，并将导出的文件保存，文件的扩展名为默认的".awl"，以 123.awl 为例。

图 6-13 一个简单程序

2）打开 S7-200 仿真软件，单击菜单栏中的"配置"→"CPU 型号"命令，弹出 CPU 型号对话框，选定所需的 CPU，如图 6-14 所示，再单击"确定"按钮即可。

3）装载程序。单击菜单栏中的"程序"→"装入 CPU"命令，弹出"装入 CPU"对话框，设置如图 6-15 所示，再单击"确定"按钮，弹出"打开"对话框，选中要装载的程序"123.awl"，最后单击"打开"按钮即可。此时，程序已经装载完成。

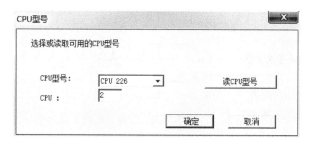

图 6-14 CPU 型号选择

图 6-15 装入 CPU 对话框

4）开始仿真。单击工具栏上的"运行"按钮，运行指示灯亮，如图 6-16 所示，单击左下方第一个拨动开关 0，开关 0 向上闭合，表示 PLC 的仿真输入端子 I0.0 有输入，其对应的输入指示灯点亮，执行程序后，输出端子 Q0.0 输出，其对应的输出指示灯亮。再次单击拨动开关 0，开关 0 向下断开，输入端子 I0.0 变为 OFF，其对应的输入指示灯灭。执行程序后，输出端子 Q0.0 也为 OFF，其对应的输出指示灯也灭。此外，还可以利用工具栏中的"状态表"窗口监控程序的执行情况。

与 PLC 实物相比，S7-200 仿真软件有节省成本、方便等优势，但仿真软件毕竟不是真正的 PLC，它只具备 PLC 的部分功能，不能实现全部指令的仿真。

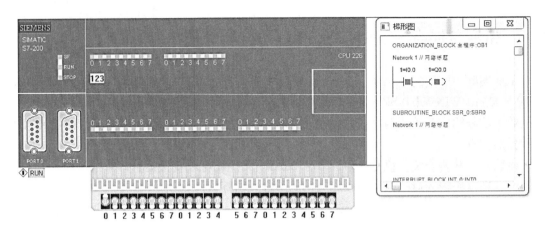

图 6-16　S7-200 PLC 仿真软件仿真界面

思考与练习

6-1　定时器有几种类型？每种定时器各有什么特点？与定时器相关的变量有哪些？在梯形图中如何表示这些变量？

6-2　不同时基的定时器的当前值是如何刷新的？

6-3　计数器有几种类型？各有什么特点？与计数器相关的变量有哪些？在梯形图中如何表示这些变量？

6-4　试设计一个计数范围为 0~60000 的计数器。

6-5　试设计一个 60 小时 40 分钟的长延时电路程序。

6-6　试设计一个照明灯的控制程序。当接在 I0.1 上的声控开关接收到声音信号后，接在 Q0.1 上的照明灯可发光 30s。如果在这段时间内声控开关又接收到声音信号，则计时再次从头开始，以确保在最后一次接收到声音信号后，灯光可维持 30s 的照明。

6-7　设计如题 6-7 图所示二分频电路的梯形图。

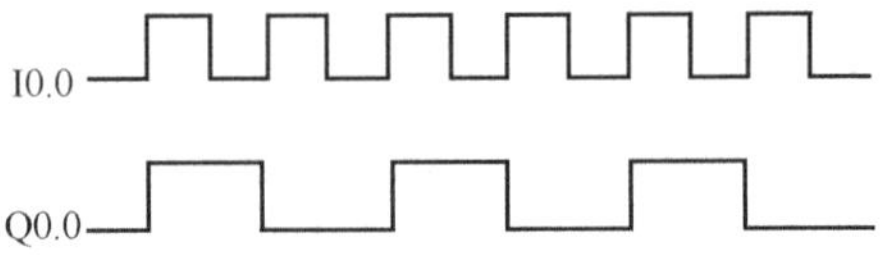

6-8　试设计一个对锅炉鼓风机和引风机控制的梯形图，要求：

(1) 开机时首先起动引风机，15s 后自动起动鼓风机；

(2) 停止时，立即关闭鼓风机，经 25s 后自动关闭引风机。

题 6-7 图　二分频电路的时序图

6-9　用定时器设计一个周期为 5s，脉冲宽度为一个扫描周期的脉冲串信号。

6-10　两台电动机 MA1、MA2，要求：起动时按下起动按钮 SF1，MA1 起动 20 秒后 MA2 起动；停止时按下停止按钮 SF2，MA2 停止 10s 后 MA1 停止；每台电动机都有过载保护，当任一台电动机过载时，两台电动机同时停车。试设计：

(1) 电气原理图；

(2) PLC 控制程序。

6-11　试用 PLC 的置位、复位指令实现彩灯的自动控制。要求为：按下起动按钮，第一组花样绿灯亮，10s 后第二组花样蓝灯亮；20s 后第三组花样红灯亮，30s 后返回第一组花样绿灯亮，如此循环，并且仅在第三组花样红灯亮后才能停止循环。

第 7 章

S7-200 PLC数据处理指令及其应用——以波浪式喷泉的PLC控制为例

导读

PLC 的数据处理指令主要用于完成工业生产中的数据采集、分析和处理等任务。本章以波浪式喷泉的 PLC 控制为例，介绍西门子 S7-200 PLC 的数据处理指令及其使用方法。详细介绍传送指令、移位和循环移位指令、比较指令及转换指令等，以及梯形图的经验设计法。

本章知识点

- 传送指令
- 移位和循环移位指令
- 比较指令
- 转换指令

7.1 任务要求

喷泉是一种将水或其他液体经过一定压力通过喷头喷洒出来并形成特定形状的装置，提供压力的一般为水泵。喷泉的种类繁多，有波浪式喷泉、音乐喷泉、程控喷泉、拍动喷泉、跑动喷泉、光亮喷泉和游乐喷泉等。其中波浪式喷泉可用在湖面上，从远处看给人的感觉像是水面上掀起了波浪。喷泉水形是由喷头的种类、组合方式及俯仰角等几个方面因素共同造成的。要形成波浪式的水形，就要布置好喷头的位置。某波浪式喷泉位置组别示意图如图 7-1 所示。

对这一系统的控制要求是：按下起动按钮后，喷泉开始工作，共有三个波峰，一个波峰为一组，一组有五个喷头。这样总共有 15 个喷头。某一时刻只有一组在工作，按一、二、三顺序排队，形成移动的波浪，而每组在工作时也要按一定的规律有先有后。组内的五个喷头每隔 3s 起动一个，到第四个起动时同步关闭第一个，到第五个起动时同步关闭第二个，3s 后下一组开始工作，前面一组全部关闭。如此，三组按顺序循环工作，直到按下停止按钮，全部喷头都停止工作。调节各喷头电磁阀的工作状态，使各喷头的喷射高度不同，再加上各喷头依次起动,就形成波浪式前进的喷泉。

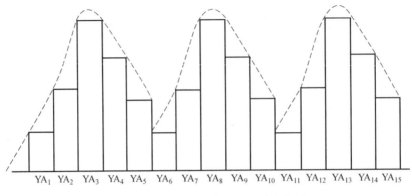

图 7-1 某波浪式喷泉位置组别示意图

7.2 数据处理指令

数据处理指令包括数据传送指令、移位指令、比较指令和转换指令。

7.2.1 传送指令

数据传送指令有字节、字、双字和实数的单个数据传送指令,还有以字节、字、双字为单位的数据块的传送指令,用来实现数据在各存储器单元之间的传送和复制。

1. 单个数据传送指令

单个传送指令可分为周期性传送指令和立即传送指令两种,下面分别介绍这两种指令。

(1) 周期性传送指令　周期性数据传送指令的梯形图形式由传送符 MOV、数据类型 B/W/DW/R、传送启动信号 EN、源操作数 IN 和目标操作数 OUT 构成。语句表形式由操作码 MOV、数据类型 B/W/D/R、操作数 IN 和目标操作数 OUT 构成。其格式及功能见表 7-1。

表 7-1 单个数据传送指令格式及功能

	字节传送指令	字传送指令	双字传送指令	实数传送指令
梯形图	MOV_B EN ENO IN OUT	MOV_W EN ENO IN OUT	MOV_DW EN ENO IN OUT	MOV_R EN ENO IN OUT
语句表	MOVB IN, OUT	MOVW IN, OUT	MOVD IN, OUT	MOVR IN, OUT
操作数	IN:VB、IB、QB、MB、SB、SMB、LB、AC 和常量	IN:VM、IW、QW、MW、SW、SMW、LW、T、C、AIW、AC 和常量	IN:VD、ID、QD、MD、SD、SMD、LD、HC、AC 和常量	IN:VD、ID、QD、MD、SD、SMD、LD、AC 和常量
	OUT:VB、IB、QB、MB、SB、SMB、LB 和 AC	OUT:VM、T、C、IW、QW、SW、MW、SMW、LW、AC 和 AQW	OUT:VD、ID、QD、SD、MD、SMD、LD 和 AC	OUT:VD、ID、QD、SD、MD、SMD、LD 和 AC
功能	使能输入有效时,即 EN=1 将一个输入 IN 的字节、字/整数、双字/双整数或实数放入 OUT 指定的存储器输出,在传送过程中不改变数据的大小。传送后,输入存储器 IN 中的内容不变			

(2) 立即传送指令 立即传送指令分为字节立即读传送指令（BIR）和字节立即写传送指令（BIW）两种。

立即传送指令的格式及功能见表 7-2。

表 7-2 立即传送指令格式及功能

	字节立即读传送指令	字节立即写传送指令
梯形图	MOV_BIR EN ENO IN OUT	MOV_BIW EN ENO IN OUT
语句表	BIR IN, OUT	BIW IN, OUT
操作数	IN：IB	IN：VB、IB、QB、MB、SB、SMB、LB、AC 和常量
	OUT：VB、IB、QB、MB、SB、SMB、LB 和 AC	OUT：QB
功能	读取实际输入端 IN 给出的 1 个字节的数值，并将结果写入 OUT 所指定的存储单元，但输入映像寄存器未更新	从输入端 IN 所指定的存储单元中读取 1 个字节的数值，并写入实际输出 OUT 端的输出端子，同时刷新输出映像寄存器

例 7-1 将变量存储器 VW2 单元中内容送到 VW20 中。程序如图 7-2 所示。

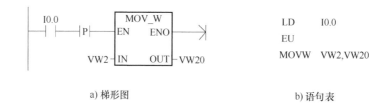

a) 梯形图   b) 语句表

图 7-2 单个数据传送指令用法

2. 数据块传送指令

数据块传送指令的梯形图形式由数据块传送符 BLKMOV、数据类型 B/W/D、传送启动信号 EN、源数据起始地址 IN、源数据数目 N 和目标操作数 OUT 构成，见表 7-3。

表 7-3 数据块传送指令格式及功能

	字节块传送指令	字块传送指令	双字块传送指令
梯形图	BLKMOV_B EN ENO IN OUT N	BLKMOV_W EN ENO IN OUT N	BLKMOV_D EN ENO IN OUT N
语句表	BMB IN, OUT	BMW IN, OUT	BMD IN, OUT

(续)

	字节块传送指令	字块传送指令	双字块传送指令
操作数及数据类型	IN：VB、IB、QB、MB、SB、SMB 和 LB OUT：VB、IB、QB、MB、SB、SMB 和 LB 数据类型：字节	IN：VM、IW、QW、MW、SW、SMW、LW、T、C 和 AIW OUT：VM、T、C、IW、QW、SW、MW、SMW、LW、AC 和 AQW 数据类型：字	IN/OUT：VD、ID、QD、MD、SD、SMD 和 LD 数据类型：双字
	N：VB、IB、QB、MB、SB、SMB、LB、AC 和常量；数据类型：字节；数据范围：1~255		
功能	使能输入有效，即 EN=1 时，把从输入 IN 开始的 N 个字节（字、双字）传送到以输出 OUT 开始的 N 个字节（字、双字）中。N 的范围为 1~255，N 的数据类型为字节		

使用数据块传送指令时，应该注意数据类型和数据地址的连续性。

例 7-2 使用数据块传送指令，把 VB0~VB3 四个单元中的内容传送到 VB100~VB103 单元中，启动信号为 I0.0。这时 IN 数据应为 VB0，$N=4$，OUT 数据应为 VB100，如图 7-3 所示。

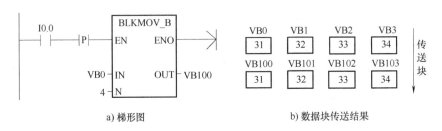

a) 梯形图　　　　　　　　b) 数据块传送结果

图 7-3　数据块传送指令用法

3. 字节交换指令

交换字节指令的梯形图形式由交换字标识符 SWAP、交换启动信号 EN 和交换数据字地址 IN 构成。语句表形式由交换字节操作码 SWAP 和交换数据字地址 IN 构成，见表 7-4。

表 7-4　字节交换指令格式及功能

梯 形 图	语 句 表	功能及说明
SWAP EN　ENO IN	SWAP IN	功能：使能输入 EN 有效时，将输入字 IN 的高字节与低字节交换，结果放在 IN 中。ENO 为传送状态位 IN：VM、IW、QW、MW、SW、SMW、T、C、LW 和 AC 数据类型：字

例 7-3 将十六进制数 12EF 进行字节交换，如图 7-4 所示。

1) 在 I0.0 闭合的第一个扫描周期，首先执行 MOVW 指令，将十六进制数 12EF 传送到 AC0 中，接着执行字节交换指令 SWAP，将 AC0 中的值变为十六进制数 EF12。

2) SWAP 指令使用时，若不使用正跳变指令，则 PLC 会在 I0.0 闭合的每一个扫描周期执行一次字节交换，这不能保证结果正确。

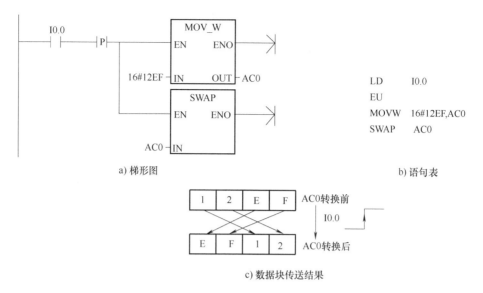

图 7-4 字节交换指令的指令用法

7.2.2 移位指令

移位指令包括左/右移位指令、循环左/右移位指令和寄存器移位指令三大类。前两类移位指令按移位数据的长度又分为字节型、字型及双字型 3 种，移位指令最大移位位数 N 为字节型数据，它等于或小于数据类型（B、W、DW）对应的位数，若 N 大于数据长度，则执行移位的次数等于实际数据长度的位数。

1. 左/右移位指令

左/右移位数据存储单元与溢出存储位 SM1.1 相连，移出位被放到 SM1.1，而移位数据存储单元的另一端补 0。移位指令格式见表 7-5。

（1）左移位指令（SHL） 当使能输入有效时，将输入 IN 的无符号数字节、字或双字中的各位向左移 N 位后（右端补 0），将结果输出到 OUT 所指定的存储单元中，如果移位次数大于 0，最后一次的移出位保存在 SM1.1。如果移位结果为 0，零标志位 SM1.0 置 1。

（2）右移位指令（SHR） 使能输入有效时，将输入 IN 的无符号数字节、字或双字中的各位向右移 N 位后，将结果输出到 OUT 所指定的存储单元中，左端补 0，最后一次的移出位保存在 SM1.1。如果移位结果为 0，SM1.0 置 1。

说明：在语句表指令中，若 IN 和 OUT 指定的存储器不同，则须首先使用数据传送指令 MOV 将 IN 中的数据送入 OUT 所指定的存储单元。如：MOVB IN，OUT；SLB OUT，N。

2. 循环左、右移位指令

循环移位将移位数据存储单元的首尾相连，同时又与溢出存储位 SM1.1 相连。指令格式见表 7-6。

（1）循环左移位指令（ROL） 使能输入有效时，将 IN 输入无符号数（字节、字或双字）循环左移 N 位后，将结果输出到 OUT 所指定的存储单元中，移出的最后一位的数值送 SM1.1。当需要移位的数值是 0 时，SM1.0 为 1。

表 7-5 移位指令格式及功能

	字节左移位指令	字左移位指令	双字左移位指令
梯形图	SHL_B EN ENO IN OUT N	SHL_W EN ENO IN OUT N	SHL_DW EN ENO IN OUT N
语句表	SLB OUT, N	SLW OUT, N	SLD OUT, N
功能	使能输入 EN 有效（EN=1）时，将字节型（字型、双字型）输入数据左移 N 位，右端补 0，然后送到 OUT 指定的字节型（字型、双字型）存储单元中		
	字节右移位指令	字右移位指令	双字右移位指令
梯形图	SHR_B EN ENO IN OUT N	SHR_W EN ENO IN OUT N	SHR_DW EN ENO IN OUT N
语句表	SRB OUT, N	SRW OUT, N	SRD OUT, N
功能	使能输入 EN 有效（EN=1）时，将字节型（字型、双字型）输入数据右移 N 位，左端补 0，然后送到 OUT 指定的字节型（字型、双字型）存储单元中		
操作数及数据类型	IN：VB、IB、QB、MB、SB、SMB、LB、AC 和常量 OUT：VB、IB、QB、MB、SB、SMB、LB 和 AC 数据类型：字节	IN：VM、IW、QW、MW、SW、SMW、LW、T、C、AIW、AC 和常量 OUT：VM、IW、QW、SW、MW、SMW、LW、T、C 和 AC 数据类型：字	IN：VD、ID、QD、MD、SD、SMD、LD、AC、HC 和常量 OUT：VD、ID、QD、MD、SD、SMD、LD 和 AC 数据类型：双字
	N：VB、IB、QB、MB、SB、SMB、LB、AC 和常量；数据类型：字节；数据范围：$N \leq$ 数据类型（B、W、D）对应的位数		

（2）循环右移位指令（ROR） 使能输入有效时，将 IN 输入无符号数（字节、字或双字）循环右移 N 位后，将结果输出到 OUT 所指定的存储单元中，移出的最后一位的数值送 SM1.1。当需要移位的数值是 0 时，SM1.0 为 1。

（3）移位次数 $N \geq$ 主数据类型（B、W、D）时移位位数的处理 若操作数是字节，当移位次数 $N \geq 8$ 时，则在执行循环移位前，先对 N 进行模 8 操作（N 除以 8 后取余数），其结果 0~7 为实际移动位数。

若操作数是字，当移位次数 $N \geq 16$ 时，则在执行循环移位前，先对 N 进行模 16 操作（N 除以 16 后取余数），其结果 0~15 为实际移动位数。

若操作数是双字，当移位次数 $N \geq 32$ 时，则在执行循环移位前，先对 N 进行模 32 操作（N 除以 32 后取余数），其结果 0~31 为实际移动位数。

说明：在语句表指令中，若 IN 和 OUT 指定的存储器不同，则须首先使用数据传送指令 MOV 将 IN 中的数据送入 OUT 所指定的存储单元。如：

```
LD      I0.0
MOVB    VB0,MB0
RLB     MB0,4
```

表 7-6 循环移位指令格式及功能

	字节循环左移指令	字循环左移指令	双字循环左移指令
梯形图	ROL_B EN ENO IN OUT N	ROL_W EN ENO IN OUT N	ROL_DW EN ENO IN OUT N
语句表	RLB OUT, N	RLW OUT, N	RLD OUT, N
功能	使能输入 EN 有效（EN=1）时，将字节型（字型、双字型）输入数据循环左移 N 位后，放入 OUT 指定的字节型（字型、双字型）存储单元中		
	字节循环右移指令	字循环右移指令	双字循环右移指令
梯形图	ROR_B EN ENO IN OUT N	ROR_W EN ENO IN OUT N	ROR_DW EN ENO IN OUT N
语句表	RRB OUT, N	RRW OUT, N	RRD OUT, N
功能	使能输入 EN 有效（EN=1）时，将字节型（字型、双字型）输入数据循环右移 N 位后，放入 OUT 指定的字节型（字型、双字型）存储单元中		
操作数及数据类型	IN：VB、IB、QB、MB、SB、SMB、LB、AC 和常量 OUT：VB、IB、QB、MB、SB、SMB、LB 和 AC 数据类型：字节	IN：VM、IW、QW、MW、SW、SMW、LW、T、C、AIW、AC 和常量 OUT：VM、IW、QW、SW、MW、SMW、LW、T、C 和 AC 数据类型：字	IN：VD、ID、QD、MD、SD、SMD、LD、AC、HC 和常量 OUT：VD、ID、QD、MD、SD、SMD、LD 和 AC 数据类型：双字
	N：VB、IB、QB、MB、SB、SMB、LB、AC 和常量；数据类型：字节		

例 7-4 将 VW30 中的字左移 1 位，将 AC2 中的字循环右移 2 位。程序及运行结果如图 7-5 所示。

3. 移位寄存器指令（SHRB）

移位寄存器指令是可以指定移位寄存器的长度和移位方向的指令。此指令可用于排序和控制产品流或数据。其指令格式及功能见表 7-7。

移位寄存器指令在梯形图中有三个输入端，其中 DATA 为数据输入端，它的输入值会进入移位寄存器；S_BIT 为移位寄存器的最低位端；N 指定移位寄存器的长度和移位方向。每次使能输入有效时，在每个扫描周期内整个移位寄存器会移动一位。所以要用边沿脉冲指令来控制使能端的状态，不然该指令就失去了应有的意义。

移位寄存器的最大长度为 64 位，N 为正值表示向左移位，输入数据移入移位寄存器的最低位，并移出移位寄存器的最高位。移出的数据被放置在 SM1.1 中。N 为负值表示右移

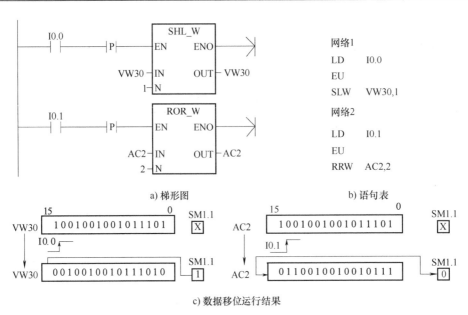

图 7-5 循环移位指令应用举例

位,输入数据移入移位寄存器最高位,并移出最低位。移出数据同样被放置在 SM1.1 中。

表 7-7 移位寄存器移位指令的格式及功能

梯 形 图	语 句 表	功 能	操作数及数据类型
SHRB EN ENO DATA S_BIT N	SHRB DATA, S_BIT, N	将 DATA 数值放入移位寄存器	DATA 和 S_BIT 的操作数为 I、Q、M、SM、T、C、V、S 和 L;数据类型为 BOOL 变量 N 的操作数为 VB、IB、QB、MB、SB、SMB、LB、AC 及常量;数据类型为字节

例 7-5 使用移位寄存器指令将 VB10 中的字左移 4 位,则程序与运行结果如图 7-6 所示,当 I0.0 闭合后,通过 EU 指令产生上升沿,使移位寄存器开始工作。

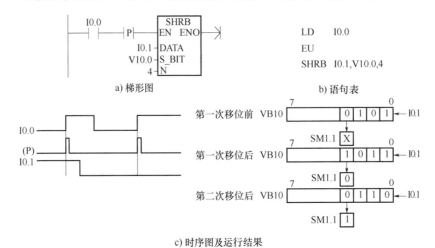

图 7-6 移位寄存器应用举例

7.2.3 比较指令

比较指令是将两个操作数按指定的条件进行比较，条件成立时触头就闭合。比较指令的类型有：字节比较、整数比较、双字整数比较、实数比较和字符串比较。

比较指令的运算符有：＝＝（等于）、＞＝（大于或等于）、＜＝（小于或等于）、＞（大于）、＜（小于）和＜＞（不等于）六种。但字符串比较指令只有＝和＜＞两种。

比较指令的梯形图和语句表形式见表7-8。

表7-8 比较指令的梯形图和语句表形式

形 式	方 式				
	字节比较	整数比较	双字整数比较	实数比较	字符串比较
梯形图（以＝＝为例）	IN1 ─┤ ＝＝B ├─ IN2	IN1 ─┤ ＝＝I ├─ IN2	IN1 ─┤ ＝＝D ├─ IN2	IN1 ─┤ ＝＝R ├─ IN2	IN1 ─┤ ＝＝S ├─ IN2
语句表	LDB= IN1, IN2 AB= IN1, IN2 OB= IN1, IN2 LDB<>IN1, IN2 AB<> IN1, IN2 OB<> IN1, IN2 LDB< IN1, IN2 AB< IN1, IN2 OB< IN1, IN2 LDB<=IN1, IN2 AB<= IN1, IN2 OB<= IN1, IN2 LDB> IN1, IN2 AB> IN1, IN2 OB> IN1, IN2 LDB>=IN1, IN2 AB>= IN1, IN2 OB>= IN1, IN2	LDW= IN1, IN2 AW= IN1, IN2 OW= IN1, IN2 LDW<>IN1, IN2 AW<> IN1, IN2 OW<> IN1, IN2 LDW< IN1, IN2 AW< IN1, IN2 OW< IN1, IN2 LDW<=IN1, IN2 AW<= IN1, IN2 OW<= IN1, IN2 LDW> IN1, IN2 AW> IN1, IN2 OW> IN1, IN2 LDW>=IN1, IN2 AW>= IN1, IN2 OW>= IN1, IN2	LDD= IN1, IN2 AD= IN1, IN2 OD= IN1, IN2 LDD<>IN1, IN2 AD<> IN1, IN2 OD<> IN1, IN2 LDD< IN1, IN2 AD< IN1, IN2 OD< IN1, IN2 LDD<=IN1, IN2 AD<= IN1, IN2 OD<= IN1, IN2 LDD> IN1, IN2 AD> IN1, IN2 OD> IN1, IN2 LDD>=IN1, IN2 AD>= IN1, IN2 OD>= IN1, IN2	LDR= IN1, IN2 AR= IN1, IN2 OR= IN1, IN2 LDR<>IN1, IN2 AR<> IN1, IN2 OR<> IN1, IN2 LDR< IN1, IN2 AR< IN1, IN2 OR< IN1, IN2 LDR<=IN1, IN2 AR<= IN1, IN2 OR<= IN1, IN2 LDR> IN1, IN2 AR> IN1, IN2 OR> IN1, IN2 LDR>=IN1, IN2 AR>= IN1, IN2 OR>= IN1, IN2	LDS= IN1, IN2 AS= IN1, IN2 OS= IN1, IN2 LDS<>IN1, IN2 AS<> IN1, IN2 OS<> IN1, IN2
IN1和IN2寻址范围	IB、QB、MB、SMB、VB、SB、LB、AC、*VD、*AC、*LD 和常数	IW、QW、MW、SMW、VW、SW、LW、AC、*VD、*AC、*LD和常数	ID、QD、MD、SMD、VD、SD、LD、AC、*VD、*AC、*LD 和常数	ID、QD、MD、SMD、VD、SD、LD、AC、*VD、*AC、*LD 和常数	VB、LB、*VD、*LD和*AC

字节比较用于比较两个字节型整数值IN1和IN2的大小，字节比较是无符号的。

整数比较用于比较两个长度为一个字的整数值IN1和IN2的大小，整数比较有符号，其范围是16#8000～16#7FFF。

双字整数比较用于比较两个双字长的整数值IN1和IN2的大小，双字整数比较也是有符号的，其范围是16#80000000～16#7FFFFFFF。

实数比较用于比较两个双字长实数值 IN1 和 IN2 的大小,实数比较是有符号的。负实数的范围是 −3.402823E+38 ~ −1.175495E−38,正实数的范围是 1.175495E−38 ~ 3.402823E+38。

字符串比较用于比较两个字符串的 ASCII 字符是否相同。字符串的长度不能超过 254 个字符。

例 7-6 以三台电动机的顺序起动/停止的 PLC 控制为例,介绍比较指令的应用。

已知 MA1、MA2 和 MA3 三台电动机,要求按下起动按钮 SF1,MA1 先起动,MA1 运行 20s 后 MA2 自动起动,MA2 运行 20s 后 MA3 自动起动;停止时,按下停止按钮 SF2,MA3 停止,10s 后 MA2 停止,再过 10s 后 MA1 停止。

根据控制要求,确定系统的输入/输出端子:共两个输入端子、三个输出端子,其输入/输出分配见表 7-9。

表 7-9 电动机顺序起/停控制的输入/输出分配表

输入设备			输出设备		
元件	功能	地址	元件	功能	地址
SF1	起动按钮	I0.0	QA1	MA1 的接触器	Q0.0
SF2	停止按钮	I0.1	QA2	MA2 的接触器	Q0.1
			QA3	MA3 的接触器	Q0.2

编写例 7-6 的梯形图程序时,可采用基本指令,也可采用比较指令,但是采用比较指令简单易懂,其梯形图程序如图 7-7 所示。

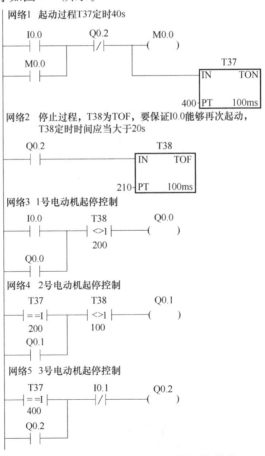

图 7-7 电动机顺序起/停控制的梯形图

7.2.4 转换指令

转换指令是对操作数的类型进行转换，并输出到指定的目标地址中去。转换指令包括数据的类型转换指令、数据的编码和译码指令以及字符串类型转换指令。转换指令的有效操作数见表7-10。

表7-10 转换指令的有效操作数

输入/输出	数据类型	操 作 数
IN1	BYTE	VB、IB、QB、MB、SB、SMB、LB、AC、*VD、*LD、*AC 和常量
	WORD、INT	VW、IW、QW、MW、SW、SMW、T、C、AC、LW、AIW、常量、*VD、*LD 和*AC
	DINT	VD、ID、QD、MD、SMD、SD、LD、HC、AC、常量、*VD、*LD 和*AC
	REAL	VD、ID、QD、MD、SMD、SD、LD、AC、常量、*VD、*LD 和*AC
OUT	BYTE	VB、IB、QB、MB、SB、SMB、LB、AC、*VD、*LD 和*AC
	WORD、INT	VW、IW、QW、MW、SW、SMW、T、C、AC、LW、AIW、*VD、*LD 和*AC
	DINT、REAL	VD、ID、QD、MD、SMD、SD、LD、HC、AC、*VD、*LD 和*AC

1. 数据类型转换指令

在进行数据处理时，不同性质的操作指令需要与之对应的不同数据类型的操作数。数据类型转换指令可以将一个固定的数值，根据操作指令对数据类型的要求进行相应的转换。PLC经常处理的数据类型有字节型数据、整数、双整数、实数和BCD码五种，根据这几种数据类型，相应的转换指令包括字节与整数之间的转换、整数与双整数的转换、双整数与实数之间的转换以及BCD码与整数之间的转换。

（1）字节与整数、整数与双整数之间的转换　字节型数据与字整数、字整数与双字整数之间的转换格式及功能见表7-11。

表7-11 字节与整数、整数与双整数转换指令的格式及功能

	字节转换成整数指令	整数转换成字节指令	整数转换成双整数指令	双整数转换成整数指令
梯形图	B_I EN ENO IN OUT	I_B EN ENO IN OUT	I_DI EN ENO IN OUT	DI_I EN ENO IN OUT
语句表	BTI IN, OUT	ITB IN, OUT	ITD IN, OUT	DTI IN, OUT
功能	将字节数值（IN）转换成整数值，并将结果放入OUT指定的存储单元	将字整数（IN）转换成字节，并将结果放入OUT指定的存储单元	将整数值（IN）转换成双整数值，并将结果放入OUT指定的存储单元	将双整数值（IN）转换成整数值，并将结果放入OUT指定的存储单元

（2）双字整数与实数之间的转换　双字整数与实数之间的转换格式及功能见表7-12。

表 7-12　双字整数与实数转换指令的格式及功能

	双整数转换成实数指令	实数转换成双整数指令（四舍五入）	实数转换成双整数指令（舍去尾数）
梯形图	DI_R EN　ENO IN　OUT	ROUND EN　ENO IN　OUT	TRUNC EN　ENO IN　OUT
语句表	DTR IN, OUT	ROUND IN, OUT	TRUNC IN, OUT
功能	将 32bit 带符号整数（IN）转换成 32bit 实数，并将结果放入 OUT 指定的存储单元	按小数部分四舍五入的原则，将实数（IN）转换成双整数值，并将结果放入 OUT 指定的存储单元	按将小数部分直接舍去的原则，将 32bit 带符号整数（IN）转换成 32bit 实数，并将结果放入 OUT 指定的存储单元

值得注意的是：无论是四舍五入取整，还是截位取整，如果转换的实数数值过大，无法在输出中表示，就会产生溢出，即影响溢出存储位，使 SM1.1＝1，而输出不受影响。

（3）BCD 码与整数之间的转换　BCD 码为二进制编码的十进制数。BCD 码在 PLC 中的应用，主要通过外部 BCD 码的拨码开关设定 PLC 的相关数据，或通过外部 BCD 码显示器显示 PLC 的内部数据。

BCD 码与整数之间的转换格式及功能见表 7-13。

表 7-13　BCD 码与整数转换指令的格式及功能

	BCD 码转换成整数指令	整数码转换成 BCD 指令
梯形图	BCD_I EN　ENO IN　OUT	I_BCD EN　ENO IN　OUT
语句表	BCDI OUT	IBCD OUT
功能	BCD_I 指令将二进制编码的十进制数 IN 转换成整数，并将结果放入 OUT 指定的存储单元 IN 的有效范围是 BCD 码 0～9999	I_BCD 指令将输入整数 IN 转换成二进制编码的十进制数，并将结果放入 OUT 指定的存储单元 IN 的有效范围是 0～9999

注意：1）数据长度为字的 BCD 格式的有效范围为：0～9999（十进制），0000～9999（十六进制），0000 0000 0000 0000～1001 1001 1001 1001（BCD 码）。

2）指令影响特殊标志位 SM1.6（无效 BCD）。

3）在表 7-13 的梯形图和语句表指令中，IN 和 OUT 的操作数地址相同。若 IN 和 OUT 操作数地址不是同一个存储器，对应的语句表指令为：MOV IN OUT 和 BCDI OUT。

2. 编码、译码与段码指令

编码指令就是把字型数据中最低有效位的位号进行编码，而译码指令是将字节型输入数据低 4 位所表示的位号对所指定的字型单元的对应位置 1。段码指令会使字节型输入数据 IN 的低 4 位有效数字产生相应的七段码，并将其输出到 OUT 所指定的字节单元。

编码、译码与段码指令的格式及功能见表 7-14。

表 7-14 编码、译码与段码指令的格式及功能

	编码指令	译码指令	段码指令
梯形图	ENCO EN ENO IN OUT	DECO EN ENO IN OUT	SEG EN ENO IN OUT
语句表	ENCO IN, OUT	DECO IN, OUT	SEG IN, OUT
操作数及数据类型	IN：VW、IW、QW、MW、SW、SMW、LW、AIW、T、C、AC 和常量 OUT：VB、IB、QB、MB、SB、SMB、LB 和 AC 数据类型：字（IN）、字节（OUT）	IN：VB、IB、QB、MB、SB、SMB、LB、AC 和常量 OUT：VW、IW、QW、MW、SW、SMW、LW、AQW、T、C 和 AC 数据类型：字节（IN）、字（OUT）	IN：VB、IB、QB、MB、SB、SMB、LB、AC 和常量 OUT：VB、IB、QB、MB、SB、SMB、LB 和 AC 数据类型：字节
功能	编码指令将输入字（IN）最低有效位（其值为 1）的位号写入输出字节（OUT）的低 4 位中	译码指令根据输入字节（IN）的低 4 位表示的输出字的位号，将输出的相对应的位置位为 1，输出字的其他位均置位为 0	将输入字节（IN）的低四位确定的十六进制数（16#0~F），产生相应的七段显示码，送入输出字节 OUT

例 7-7 编码、译码指令的应用举例如图 7-8 所示。

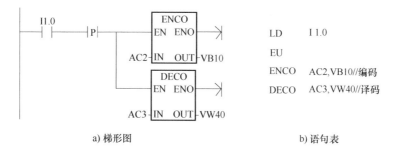

a) 梯形图　　　　　　　　b) 语句表

图 7-8 编码、译码指令应用举例

若 AC2 = 2#0000 0000 1000 0100，即最低为 1 的位是位 2，则执行编码指令后，VB10 中的内容为 2#00000010（即 02）。若 AC3 = 2，则执行译码指令后，VW40 中的内容为 2#0000 0000 0000 0100，即位 2 为 1，其余位为 0。

很多控制场合需要数码管显示一些数据，如果在 PLC 的输出端连接数码管，可应用段码指令，将输入数据直接显示在数码管上。

七段显示码的 a、b、c、d、e、f 和 g 段分别对应于输出字节的第 0~6 位，字节的某位为 1 时，其对应的段亮；字节的某位为 0 时，其对应的段暗。将字节的第七位补 0，则构成与七段显示码相对应的八位编码，称为七段显示码。七段显示码的编码规则见表 7-15。

表 7-15 七段显示码的编码规则

IN	OUT		段码显示	IN	OUT	
	-gfe	dcba			-gfe	dcba
0	0011	1111		8	0111	1111
1	0000	0110		9	0110	1111
2	0101	1011		A	0111	0111
3	0100	1111		B	0111	1100
4	0110	0110		C	0011	1001
5	0110	1101		D	0101	1110
6	0111	1101		E	0111	1001
7	0000	0111		F	0111	0001

例 7-8 段码指令应用举例如图 7-9 所示。

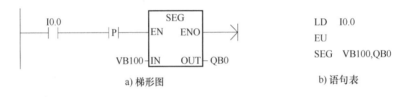

a) 梯形图   b) 语句表

图 7-9 段码指令的应用举例

如果设 VB100 = 06，则执行上述指令后，在 Q0.0 ~ Q0.7 上可以输出 01111101。如果在 QB0 端连接数码管，则显示数字 6。

7.3 控制系统设计

7.3.1 任务分析

在 7.1 节的任务中，15 个喷头分成三组，每组五个按顺序起停，三组头的工作过程都是一样的，如图 7-10 所示。按下起动按钮后，喷头就会按要求动作，整个过程是自动循环的，只有按下停止按钮，才会全部停止。该系统共有 2 个输入信号和 15 个输出信号，因此可以选用 CPU226 AC/DC/继电器型。CPU226 具有 24DI/16DO，满足系统控制要求。

可以采用 7.2 节中所讲的移位寄存器指令和比较指令进行程序编写。

1. 绘制时序图

根据该任务的控制要求，画出各喷头工作状态时序图，如图 7-10 所示。由时序图可见，第一组喷头工作时间区域为 0 ~ 15s，第二组喷头工作时间区域为 15 ~ 30s，第三组喷头工作时间区域为 30 ~ 45s，一个工作周期共 45s。

2. 移位寄存器指令在顺序控制中的应用

S_BIT 端指定移位寄存器的最低位。移位寄存器的移出端与 SM 1.1 连接。使用移位寄存器指令，每个扫描周期整个移位寄存器都会移动 1 位。

1) 移位动作由移位脉冲信号控制。该移位脉冲信号一般由每个状态的转移主令信号提

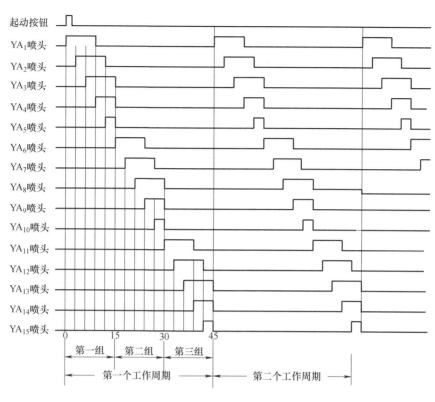

图 7-10 各喷头工作状态时序图

供;同时为了形成固定顺序,防止意外故障,并考虑到主令信号可能重复使用,每个主令条件必须有约束条件。

2) 当一个循环完成后,要对移位寄存器清零。

3) 识读方法与技巧:

① 确定移位寄存器的最低位、移位长度及移位方向,以此确定移位寄存器的最高位。

② 确定如何产生移位脉冲。

③ 确定移位寄存器的初始值,并确定如何产生移位数据。

7.3.2 输入/输出分配

根据系统的控制要求,确定系统的输入/输出端子与其对应的 PLC 地址,见表 7-16。

表 7-16 波浪式喷泉 PLC 控制的输入/输出分配表

输入设备			输出设备			输出设备			输出设备		
元件	功能	地址	元件	功能	地址	元件	功能	地址	元件	功能	地址
SF1	起动	I0.0	MB1	喷头	Q0.0	MB6	喷头	Q0.5	MB11	喷头	Q1.2
SF2	停止	I0.1	MB2	喷头	Q0.1	MB7	喷头	Q0.6	MB12	喷头	Q1.3
			MB3	喷头	Q0.2	MB8	喷头	Q0.7	MB13	喷头	Q1.4
			MB4	喷头	Q0.3	MB9	喷头	Q1.0	MB14	喷头	Q1.5
			MB5	喷头	Q0.4	MB10	喷头	Q1.1	MB15	喷头	Q1.6

7.3.3 PLC 接线图设计

根据表 7-16 所示的输入/输出分配表,并结合系统的控制要求,可画出 PLC 的输入/输出接线图,如图 7-11 所示。

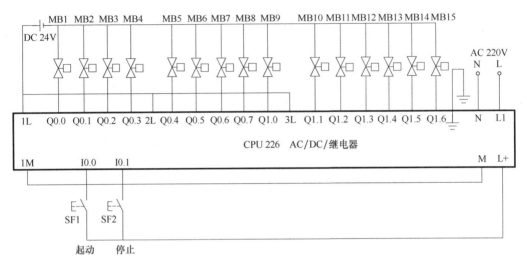

图 7-11 波浪式喷泉 PLC 输入/输出接线图

7.3.4 梯形图设计

波浪式喷泉 PLC 控制系统的梯形图程序如图 7-12 所示。
程序说明如下:

1) 网络 1:按下起动按钮 SF1,I0.0 闭合,M0.0 得电并自锁,喷泉开始工作。按下停止按钮 SF2,I0.1 断开,喷泉停止工作。起动后,T37 开始全程计时。由 M0.1 负责第一组,M0.2 负责第二组,M0.3 负责第三组延时移位时的位状态。每隔 3s,喷泉的工作状态都会变化,变化是由位的状态决定的,而决定位状态的是 M0.1、M0.2、M0.3。

2) 网络 2:按下起动按钮后,首先将 0100 送入 QW0,也就是先将 Q0.0 定为 1,这时第一组喷头将开始工作,M0.5 负责循环。

3) 网络 3:每隔 3s 移位 1 次,每组移位长度为 5,第一组为 Q0.0~Q0.4。移位时,新进来的数据是 1 还是 0,第一组由 M0.1 当时的状态决定。M0.1 是 1,位的状态就是 1,M0.1 是 0,位的状态就是 0。

4) 网络 4:从 15s 开始,进入第二组,首先将 Q0.5 定为 1。

5) 网络 5:每隔 3s 移位 1 次,每组移位长度为 5,第二组为 Q0.5~Q1.1。移位时,新进来的数据是 1 还是 0,第二组由 M0.2 当时的状态决定。M0.2 是 1,位的状态就是 1,M0.2 是 0,位的状态就是 0。

6) 网络 6:待计时到 30s,进入第三组,所以要把第二组所有位关闭,将 Q1.2 置为 1。

7) 网络 7:每隔 3s 移位 1 次,每组移位长度为 5,第三组为 Q1.2~Q1.6。移位时,新进来的数据是 1 还是 0,第三组由 M0.3 当时的状态决定。M0.3 是 1,位的状态就是 1,M0.3 是 0,位的状态就是 0。

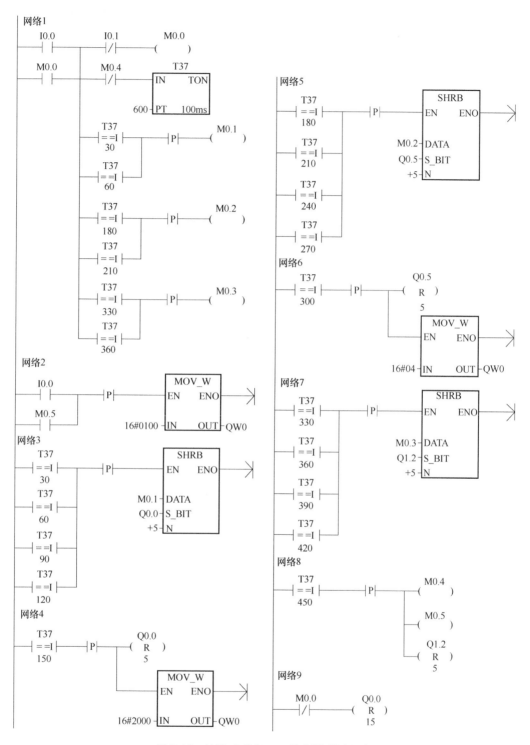

图 7-12 波浪式喷泉 PLC 控制梯形图程序

8）网络 8：计时到 45s，整个工作过程结束，M0.4 断开定时器，M0.5 接通第一组喷头的 Q0.0，整个工作过程又重新开始，如此循环。同时要断开第三组所有喷头。

9）网络 9：任何时候，只要按下停止按钮，所有的喷头都停止工作。

7.4 拓展与提高——梯形图的经验设计法

在一些典型的控制环节和电路的基础上,根据被控制对象对控制系统的具体要求,凭经验进行选择、组合。有时为了得到一个满意的设计结果,需要进行多次反复地调试与修改,增加一些辅助触头和中间编程元件。这种设计方法没有普遍规律可遵循,即具有一定的试探性和随意性,最后得到的结果也不唯一,设计所用的时间、设计的质量与设计者经验的多少有关。

经验设计法对一些比较简单的控制系统的设计是有效的,具有快速、简单的优点。但是,由于这种方法主要是依靠设计人员的经验进行设计,所以对设计人员的要求也比较高,特别是要求设计人员有一定的实践经验,对工业控制系统和工业上常用的各种典型环节比较熟悉。而对于比较复杂的系统,经验法一般设计周期长、不易掌握、系统交付使用后也存在维护困难的问题,所以,经验设计法一般只适合于比较简单的或与某些典型系统相类似的控制系统的设计。

应用经验设计法时首先应收集相同或类似设备的控制方案和软件实现方法,了解该方案是如何满足生产工艺和性能要求的。在一些典型的梯形图的基础上,根据具体的对象对控制系统的具体要求,对原有的梯形图进行修改和完善。这种方法适合有一定工作经验的人,这些人手头有现成的资料,特别在产品更新换代时,使用这种方法比较节省时间。下面举例说明这种方法的思路。

以运料小车的控制为例,其系统示意图及 PLC 接线图如图 7-13 所示。BG1、BG2、BG3 和 BG4 是限位开关,小车在 BG1 处装料,10s 后右行,到 BG2 后停止,卸料 10s 后左行,碰到 BG1 后再停下装料,就这样循环工作。限位开关 BG3 和 BG4 的作用是当 BG2 或者 BG1 失效时起保护作用。SF1 是左行起动按钮,SF2 是右行起动按钮,SF3 是停止按钮。

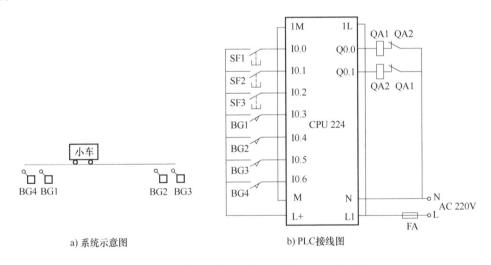

图 7-13 运料小车控制系统示意图和 PLC 接线图

根据经验设计法,小车左行和右行是不能同时进行的,之间有联锁关系。与电动机的正、反转的梯形图类似,先画出电动机正、反转控制的梯形图,如图 7-14 所示,再在这个梯形图的基础上进行修改，增加四个限位开关的输入，再增加两个定时器，就变成了图 7-15 所示的梯形图。

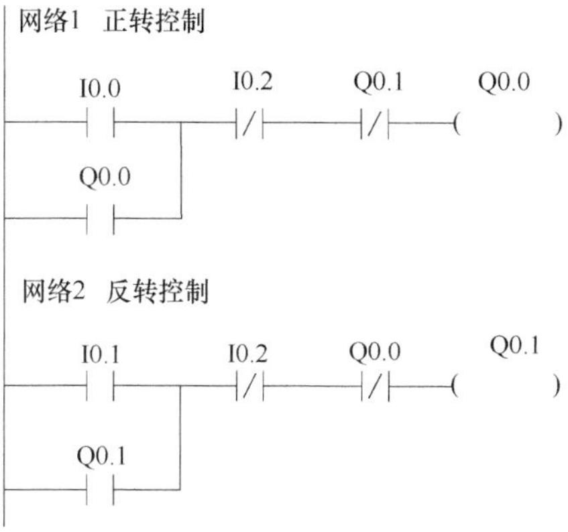

图 7-14 电动机正、反转控制梯形图

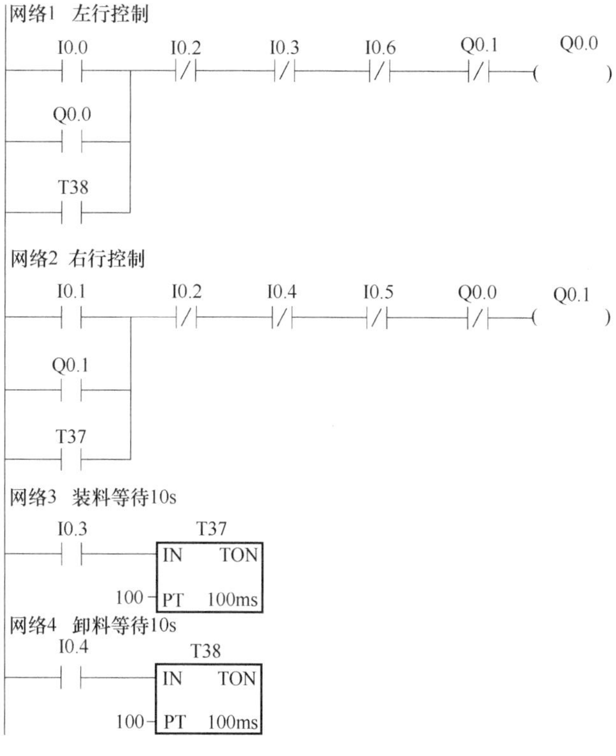

图 7-15 运料小车控制梯形图

思考与练习

7-1 试编写一段梯形图程序，实现将 VD20 开始的 10 个双字型数据送到 VD400 开始的存储区，这 10 个数据的相对位置在移动前后不发生变化。

7-2 试用三个开关（I0.1、I0.2、I0.3）控制一盏灯 Q1.0，当三个开关全部接通或全部断开时灯亮，其他情况灯灭。

7-3　用传送指令编写梯形图程序，使 PLC 开机运行时，字变量 VW10 设初值 1000、字节变量 VB0 清零。

7-4　用 I0.0 控制 16 个彩灯循环移位，要求从左到右以 2s 的速度依次两个为一组点亮；保持任意时刻只有两个灯亮，到达最右端后，再依次点亮，按下 I0.1 后，彩灯循环停止。

7-5　设液体混合控制中，液体搅拌所需时间有两种选择，即 20min 和 10min，分别设置两个按钮选择时间，I1.0 选择 20min，I1.1 选择 10min，I0.2 为启动搅拌，Q0.0 控制液体搅拌。试根据控制要求，设计梯形图程序。

7-6　用循环移位指令试设计一个彩灯控制程序，八路彩灯串按 PG1→PG2→PG3→…→PG8 的顺序依次点亮，且不断重复循环。各彩灯之间的点亮间隔时间为 0.1s。

7-7　三台电动机相隔 5s 起动，各运行 20s，循环往复，试用移位指令和比较指令完成控制要求。

7-8　试用比较指令设计一个密码控制程序。密码锁为八键输入（IB0），若所拨数据与密码设定值 VB0 相等，则 4s 后打开照明灯；若所拨数据与密码设定值 VB1 相等，则 5s 后打开空调。

7-9　试设计一个表决系统，要求有七个人进行表决，同意的按下按钮，不同意就不按，当同意人数超过半数时绿灯亮，当刚好半数人同意时红灯亮，并用一个七段数码管显示同意的人数，试设计梯形图和 PLC 接线图。

7-10　试设计一个记录某台设备运行时间的程序。I0.0 为该设备工作状态输入信号，要求记录其运行时的时、分、秒，并把秒值通过连接在 QB0 上的七段数码管显示出来。

第 8 章

S7-200 PLC数据运算指令及其应用——以停车场车辆出入显示的PLC控制为例

导读

本章以停车场车辆出入显示控制为例，介绍西门子 S7-200 PLC 的数据运算类指令及其使用方法。详细介绍四则运算指令、数学函数运算指令、增减指令和逻辑运算指令，以及梯形图的逻辑编程法。

本章知识点

- 四则运算指令
- 数学函数运算指令
- 增减指令
- 逻辑运算指令

8.1 任务要求

如图 8-1 所示为某停车场示意图，该停车场共有 50 个车位。在入口和出口处装有检测传

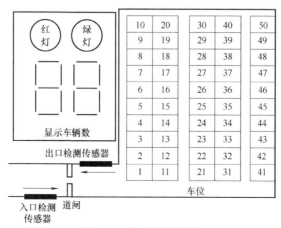

图 8-1 停车场示意图

感器，用来检测车辆进出。两个七段数码管显示当前停车场的停车数量，左边的数码管显示十位，右边的数码管显示个位。每进一辆车停车数量增1，每出一辆车停车数量减1。此外还有一红一绿两个指示灯，当场内停车数量小于47时，入口处绿灯亮，允许入场；当场内停车数量等于和大于47但小于50时，绿灯闪烁，提醒待进场车辆驾驶员注意即将满场；当等于50时，车位满，红灯亮，禁止车辆入场。按要求设计该停车场的PLC控制系统。

下面介绍设计停车场的PLC控制系统时需要使用的相关指令。

8.2 数据运算指令

PLC除具有极强的逻辑功能外，还具备较强的运算功能。实现运算功能的指令包括算术运算指令和逻辑运算指令。算术运算指令包括四则运算指令（包括加、减、乘和除法指令）、增减指令和数学函数指令。算术运算指令的数据类型为整型INT、双整型DINT和实数REAL。逻辑运算指令包括逻辑与、或、非、异或，数据类型为字节型BYTE、字型WORD、双字型DWORD。

8.2.1 四则运算指令

和其他PLC不同，在使用S7-200 PLC的四则运算指令时要注意存储单元的分配。在梯形图编程时，IN1、IN2和OUT可以使用不同的存储单元，这样编写出的程序比较清晰易懂。但在用语句表编程时，OUT要和其中的一个操作数使用同一个存储单元，这样用起来很不方便。梯形图程序转化为语句表程序，或者语句表程序转化为梯形图程序时，会有不同的转换结果。所以，建议在使用四则运算指令时，最好用梯形图编程。

算术运算中的四则运算指令包括加法、减法、乘法和除法指令。这四则运算指令有效操作数见表8-1。

表8-1 四则运算指令有效操作数

输入/输出	类　　型	操　作　数
IN1、IN2	INT	VW、IW、QW、MW、SW、SMW、T、C、AC、LW、AIW、常量、*VD、*LD 和*AC
	DINT	VD、ID、QD、MD、SMD、SD、LD、AC、HC、常量、*VD、*LD 和*AC
	REAL	VD、ID、QD、MD、SMD、SD、LD、AC、常量、*VD、*LD 和*AC
OUT	INT	VW、IW、QW、MW、SW、SMW、T、C、LW、AC、*VD、*LD 和*AC
	DINT、REAL	VD、ID、QD、MD、SMD、SD、LD、AC、*VD、*LD 和*AC

1. 整数与双整数加、减法指令

加、减法运算指令可以实现两个有符号数的加、减运算。整数与双整数加、减法指令格式及功能见表8-2。

表8-2 整数与双整数加、减法指令格式及功能

	整数加法指令	整数减法指令	双整数加法指令	双整数减法指令
梯形图	ADD_I EN ENO IN1 OUT IN2	SUB_I EN ENO IN1 OUT IN2	ADD_DI EN ENO IN1 OUT IN2	SUB_DI EN ENO IN1 OUT IN2

(续)

	整数加法指令	整数减法指令	双整数加法指令	双整数减法指令
语句表	+I IN1，OUT	-I IN2，OUT	+D IN1，OUT	-D IN2，OUT
功能	LAD：IN1+IN2=OUT STL：IN1+OUT=OUT	LAD：IN1-IN2=OUT STL：OUT-IN2=OUT	LAD：IN1+IN2=OUT STL：IN1+OUT=OUT	LAD：IN1-IN2=OUT STL：OUT-IN2=OUT

整数加法（+I）和减法（-I）指令是：使能输入有效时，将两个16位有符号整数相加或相减，并产生一个16位的结果输出到OUT。

双整数加法（+D）和减法（-D）指令是：使能输入有效时，将两个32位有符号整数相加或相减，并产生一个32位的结果输出到OUT。

指令说明：

1）使用梯形图时，IN1与IN2运算的结果将存放在OUT所指向的存储器，如使用语句表，则常常会将某一个输入与输出共用一个存储地址单元。加法指令中，IN1、IN2中可以有一个和OUT使用同一个存储单元；减法指令中，IN1（被减数）和OUT使用同一存储单元，否则，语句表程序中将多一条传送指令。

例如：加法指令中，如IN1与OUT使用同一存储单元，则语句表程序为：+I IN2，OUT，即OUT+IN2=OUT。减法指令中，如IN1与OUT使用同一存储单元，则语句表程序为：-I IN2，OUT，即OUT-IN2=OUT。

这个原则适用于所有的算术运算指令，且乘法和加法对应，减法和除法对应。

2）加减法指令会影响SM1.0（零标志位）、SM1.1（溢出存储位）和SM1.2（负数标志位）。因此，在执行完这些指令后，可以查看特殊寄存器里面的这些位的值，从而判断计算的结果是否正确。

例8-1 求2000加400的和。2000存放在数据存储器VW200中，将求和后的结果放入AC0。程序如图8-2所示。

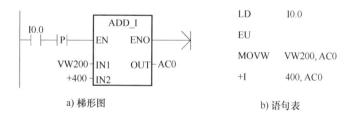

a) 梯形图　　　　　　　　　　　　b) 语句表

图8-2 数据加法指令用法

2. 整数与双整数乘、除法指令

乘、除法指令是对两个有符号数进行乘、除运算。

整数乘法指令（*I）是：使能输入有效时，将两个16位有符号整数相乘，并产生一个16位的积，放入OUT指定的存储单元。

整数除法指令（/I）是：使能输入有效时，将两个16位有符号整数相除，并产生一个16位的商，放入OUT指定的存储单元，不保留余数。如果输出结果大于一个字，则SM1.1置位为1。

双整数乘法指令（*D）：使能输入有效时，将两个32位有符号整数相乘，并产生一个

32 位的乘积，放入 OUT 指定的存储单元。

双整数除法指令（/D）：使能输入有效时，将两个 32 位有符号整数相除，并产生一个 32 位的商，放入 OUT 指定的存储单元，不保留余数。

完全整数乘法指令（MUL）：使能输入有效时，将两个 16 位有符号整数相乘，得出一个 32 位的乘积，放入 OUT 指定的存储单元。

完全整数除法指令（DIV）：使能输入有效时，将两个 16 位有符号整数相除，得出一个 32 位的结果，放入 OUT 指定的存储单元。其中高 16 位放余数，低 16 位放商。

整数与双整数乘、除法指令格式及功能见表 8-3。

表 8-3 整数与双整数乘、除法指令格式及功能

	整数乘法指令	整数除法指令	双整数乘法指令	双整数除法指令	完全整数乘法指令	完全整数除法指令
梯形图	MUL_I EN ENO IN1 OUT IN2	DIV_I EN ENO IN1 OUT IN2	MUL_DI EN ENO IN1 OUT IN2	DIV_DI EN ENO IN1 OUT IN2	MUL EN ENO IN1 OUT IN2	DIV EN ENO IN1 OUT IN2
语句表	*I IN1, OUT	/I IN2, OUT	*D IN1, OUT	/D IN2, OUT	MUL IN1, OUT	DIV IN2, OUT
功能	IN1*IN2=OUT	IN1/IN2=OUT	IN1*IN2=OUT	IN1/IN2=OUT	IN1*IN2=OUT	IN1/IN2=OUT

指令说明：

1）乘、除法指令会影响特殊标志位：SM1.0（零标志位），SM1.1（溢出存储位），SM1.2（负数标志位），SM1.3（被 0 除标志位）。

2）影响使能输出 ENO 正常工作的出错条件是 SM1.1（溢出）置位、SM4.3（运行时间）置位、出现错误代码 0006（间接寻址）。为确保运算结果的正确性，尽量使用边沿触发指令激活。

3）一般情况下，乘法计算所得到的积要比乘数位数高，而除法运算后还有余数问题，而一般乘、除法运算不能解决这些问题，因此可以使用完成整数乘法指令和完成整数除法指令。

例 8-2　乘、除法指令应用举例，程序如图 8-3 所示。本例中若 VW10 = 2000，VW12 = 150，则程序执行完毕后，存储单元的数值为：VD20 = 300000，VD30 = 50，VW32 = 13。

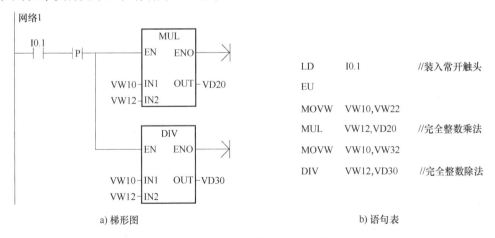

a) 梯形图　　　　　　　　　　　　b) 语句表

图 8-3　乘、除法指令应用举例

3. 实数四则运算指令

实数加法（+R）、减法（-R）指令：使能输入有效时，将两个32位实数相加或相减，并产生一个32位的实数结果，放入 OUT 指定的存储单元。

实数乘法（*R）、除法（/R）指令：使能输入有效时，将两个32位实数相乘（除），并产生一个32位的积（商），放入 OUT 指定的存储单元。

实数四则运算指令格式及功能见表 8-4。

表 8-4 实数四则运算指令格式及功能

	实数加法指令	实数减法指令	实数乘法指令	实数除法指令
梯形图	ADD_R EN ENO IN1 OUT IN2	SUB_R EN ENO IN1 OUT IN2	MUL_R EN ENO IN1 OUT IN2	DIV_R EN ENO IN1 OUT IN2
语句表	+R IN1, OUT	-R IN2, OUT	*R IN1, OUT	/R IN2, OUT
功能	IN1+IN2=OUT	IN1-IN2=OUT	IN1*IN2=OUT	IN1/IN2=OUT
影响的特殊标志位	SM1.0（零）、SM1.1（溢出）、SM1.2（负数）和 SM1.3（被0除）			

例 8-3 实数运算指令应用举例，程序如图 8-4 所示。

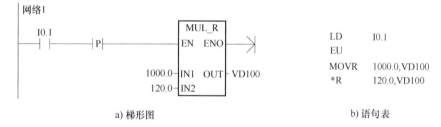

a) 梯形图   b) 语句表

图 8-4 实数乘法指令用法

8.2.2 自增和自减指令

自增和自减指令可对输入无符号或有符号整数进行自动加1或减1的操作。操作数可以是字节、字或双字，其中字节增减是对无符号数的操作，而字或双字的增减是对有符号数的操作。自增和自减指令格式及功能见表 8-5。

表 8-5 自增和自减指令格式及功能

	字节增指令	字节减指令	字增指令	字减指令	双字增指令	双字减指令
梯形图	INC_B EN ENO IN OUT	DEC_B EN ENO IN OUT	INC_W EN ENO IN OUT	DEC_W EN ENO IN OUT	INC_DW EN ENO IN OUT	DEC_DW EN ENO IN OUT
语句表	INCB OUT	DECB OUT	INCW OUT	DECW OUT	INCD OUT	DECD OUT
功能	字节加1	字节减1	字加1	字减1	双字加1	双字减1

(续)

操作数及数据类型	字节增指令	字节减指令	字增指令	字减指令	双字增指令	双字减指令
	IN：VB、IB、QB、MB、SB、SMB、LB、AC、常量、*VD、*LD 和*AC		IN：VW、IW、QW、MW、SW、SMW、LW、T、C、AIW、AC、常量、*VD、*LD 和*AC		IN：VD、ID、QD、MD、SD、SMD、LD、AC、HC、常量、*VD、*LD 和*AC	
	OUT：VB、IB、QB、MB、SB、SMB、LB、AC、*VD、*LD 和*AC		OUT：VW、IW、QW、MW、SW、SMW、LW、T、C、AC、*VD、*LD 和*AC		OUT：VD、ID、QD、MD、SD、SMD、LD、AC、*VD、*LD 和*AC	
	数据类型：字节		数据类型：整数		数据类型：双整数	

(1) 字节增 (INCB)/字节减 (DECB) 指令　在输入字节 (IN) 上加 1 或减 1，并将结果放入 OUT 指定的存储单元中。递增和递减字节运算无符号。

(2) 字增 (INCW)/字减 (DECW) 指令　在输入字 (IN) 上加 1 或减 1，并将结果放入 OUT 指定的存储单元中。递增和递减字运算有符号（16#7FFF>16#8000）。

(3) 双字增 (INCD)/双字减 (DECD) 指令　在输入双字 (IN) 上加 1 或减 1，并将结果放入 OUT 指定的存储单元。递增和递减双字运算有符号（16#7FFFFFFF>16#80000000）。

指令说明：

1) 影响的特殊标志位为：SM1.0（零），SM1.1（溢出），SM1.2（负数）。

2) 在梯形图中，IN 和 OUT 可以指定为同一存储单元，这样可以节省内存，在语句表中不需使用数据传送指令。

8.2.3　数学函数运算指令

数学函数运算指令包括二次方根、自然对数、指数及三角函数等。

(1) 二次方根 (SQRT) 指令　对 32 位实数 (IN) 取二次方根，并产生一个 32 位的实数结果，放入 OUT 指定的存储单元。

(2) 自然对数 (LN) 指令　对 IN 中的数值进行自然对数计算，并将结果放入 OUT 指定的存储单元。求以 10 为底数的对数时，用自然对数除以 2.302585（约等于 10 的自然对数）。

(3) 自然指数 (EXP) 指令　将 IN 取以 e 为底的指数，并将结果放入 OUT 指定的存储单元中。将自然指数指令与自然对数指令相结合，就可以实现以任意数为底、任意数为指数的计算。如求 y^x，可输入以下指令：EXP(x*LN(y))。

(4) 三角函数指令　包括正弦函数指令 SIN、余弦函数指令 COS、正切函数指令 TAN，其指令功能是对 IN 指定的 32 位实数的弧度值分别求正弦、余弦和正切值，得到实数运算结果，放入 OUT 指定的存储单元。

数学函数运算指令格式及功能见表 8-6。

表 8-6　函数运算指令格式及功能

	二次根函数指令	自然对数函数指令	指数函数指令	正弦函数指令	余弦函数指令	正切函数指令
梯形图	SQRT EN ENO IN OUT	LN EN ENO IN OUT	EXP EN ENO IN OUT	SIN EN ENO IN OUT	COS EN ENO IN OUT	TAN EN ENO IN OUT
语句表	SQRT IN, OUT	LN IN, OUT	EXP IN, OUT	SIN IN, OUT	COS IN, OUT	TAN IN, OUT
功能	SQRT(IN)=OUT	LN(IN)=OUT	EXP(IN)=OUT	SIN(IN)=OUT	COS(IN)=OUT	TAN(IN)=OUT

影响的特殊标志位为：SM1.0（零），SM1.1（溢出），SM1.2（负数）。

例 8-4 求 45°的正弦值。

如果已知输入值为角度，先要将角度值转化为弧度值，转化方法是使用（*R）MUL_R 指令，把角度值乘以 π/180°。因此本例要先将 45°转换为弧度，再求正弦值。

程序如图 8-5 所示。

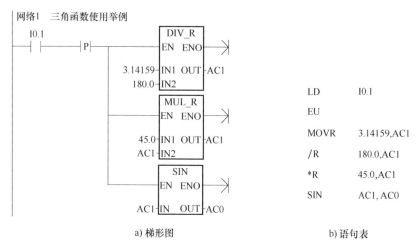

图 8-5 正弦函数指令用法

8.2.4 逻辑运算指令

逻辑运算用于对逻辑数（无符号数）进行处理。按运算性质不同，有逻辑与、逻辑或、逻辑异或和取反等指令。参与运算的操作数长度有字节、字和双字。

（1）逻辑与（AND）运算指令　将输入 IN1、IN2 按位相与，得到的逻辑运算结果放入 OUT 指定的存储单元。它包括字节、字和双字的逻辑与运算指令。

（2）逻辑或（OR）运算指令　将输入 IN1、IN2 按位相或，得到的逻辑运算结果放入 OUT 指定的存储单元。它包括字节、字和双字的逻辑或运算指令。

（3）逻辑异或（XOR）运算指令　将输入 IN1、IN2 按位相异或，得到的逻辑运算结果放入 OUT 指定的存储单元。它包括字节、字和双字的逻辑异或运算指令。

（4）取反（INV）指令　将输入 IN 按位取反，将结果放入 OUT 指定的存储单元。它包括字节、字和双字的逻辑取反指令。

逻辑运算指令格式及功能见表 8-7。表中的"□"处可为 B、W、DW（梯形图中）或 D（语句表中）。

表 8-7　逻辑运算指令格式及功能

	逻辑与运算指令	逻辑或运算指令	逻辑异或运算指令	取反指令
梯形图	WAND_□ EN　ENO IN1　OUT IN2	WOR_□ EN　ENO IN1　OUT IN2	WXOR_□ EN　ENO IN1　OUT IN2	INV_□ EN　ENO IN　OUT

(续)

	逻辑与运算指令	逻辑或运算指令	逻辑异或运算指令	取反指令
语句表	AND□ IN1, OUT	OR□ IN1, OUT	XOR□ IN1, OUT	INV□ OUT
功能	IN1, IN2 按位相与	IN1, IN2 按位相或	IN1, IN2 按位异或	对 IN 取反

逻辑运算指令的有效操作数见表 8-8。

表 8-8 逻辑运算指令的有效操作数

输入/输出	数据类型	操 作 数
IN	BYTE	VB、IB、QB、MB、SB、SMB、LB、AC、常量、*VD、*LD 和 *AC
	WORD	VW、IW、QW、MW、SW、SMW、LW、AC、常量、*VD、*LD 和 *AC
	DWORD	VD、ID、QD、MD、SD、SMD、LD、AC、常量、*VD、*LD 和 *AC
OUT	BYTE	VB、IB、QB、MB、SB、SMB、LB、AC、*VD、*LD 和 *AC
	WORD	VW、IW、QW、MW、SW、SMW、LW、AC、*VD、*LD 和 *AC
	DWORD	VD、ID、QD、MD、SD、SMD、LD、AC、*VD、*LD 和 *AC

例 8-5 字节取反、字节与、字节或以及字节异或指令的应用如图 8-6 所示。

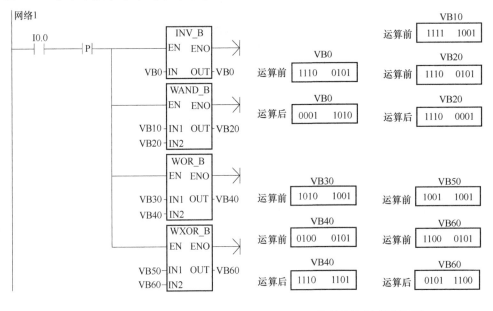

a) 梯形图　　　　　　　　　　b) 运算前后存储区的变化

图 8-6　逻辑运算指令用法

8.3　控制系统设计

8.3.1　任务分析

在 8.1 节的任务中，在入口和出口处各设有一个检测传感器，用来检测车辆信息。对于这两个传感器，可以选用光电传感器，且需要两个输入端子。输出部分是两个七段数码管以及两个指示灯,所以需要 16 个输出端子。因为输入端子数少,输出端子数多,因此如果选择以 CPU 226 作为 CPU 模块,则输入端子浪费严重,而且输出端子也需要考虑一定的裕量,故选择 CPU 224。而 CPU 224 的输出端子数只有十个,所以还需扩展一个有八个输出端子的输出继电器模块 EM222。

注意:S7-200 系列的 PLC 分配给数字量输入/输出的地址是以字节为单位的,即使某个字节中的输入/输出端子未被完全使用,这些字节中的位也被保留,在输入/输出扩展时,不能将这些地址分配给后来的模块。如在 CPU 224 中输出地址若没有使用 Q1.2~Q1.7,则扩展模块 EM222 的输出地址也不能使用上述地址,须从 Q2.0 开始编址。此外,由于 S7 200 PLC 的输出端子共阳极,所以七段数码管要采取共阴极接法。

8.3.2 输入/输出分配

根据系统的控制要求,确定系统的输入/输出端子与其对应的 PLC 地址的分配,见表 8-9。

表 8-9 停车场车辆出入显示 PLC 控制的输入/输出分配表

输入设备			输出设备		
元件	功能	地址	元件	功能	地址
传感器 KF1	检测进场车辆	I0.0	个位七段数码管	个位数显示	Q0.0~Q0.6
传感器 KF2	检测出场车辆	I0.1	绿灯	允许信号	Q1.0
			红灯	禁行信号	Q1.1
			十位七段数码管	十位数显示	Q2.0~Q2.6

8.3.3 PLC 接线图设计

根据表 8-9 所示的输入/输出分配表,并结合系统的控制要求,可画出系统的 PLC 接线图,如图 8-7 所示。

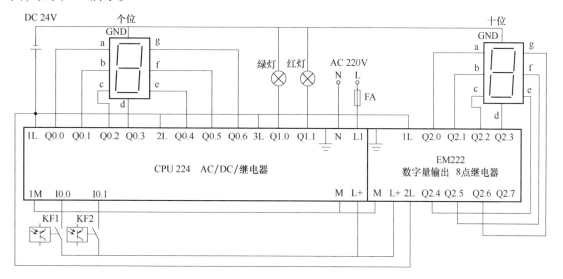

图 8-7 停车场车辆出入显示的 PLC 接线图

8.3.4 梯形图设计

控制系统的梯形图如图 8-8 所示。

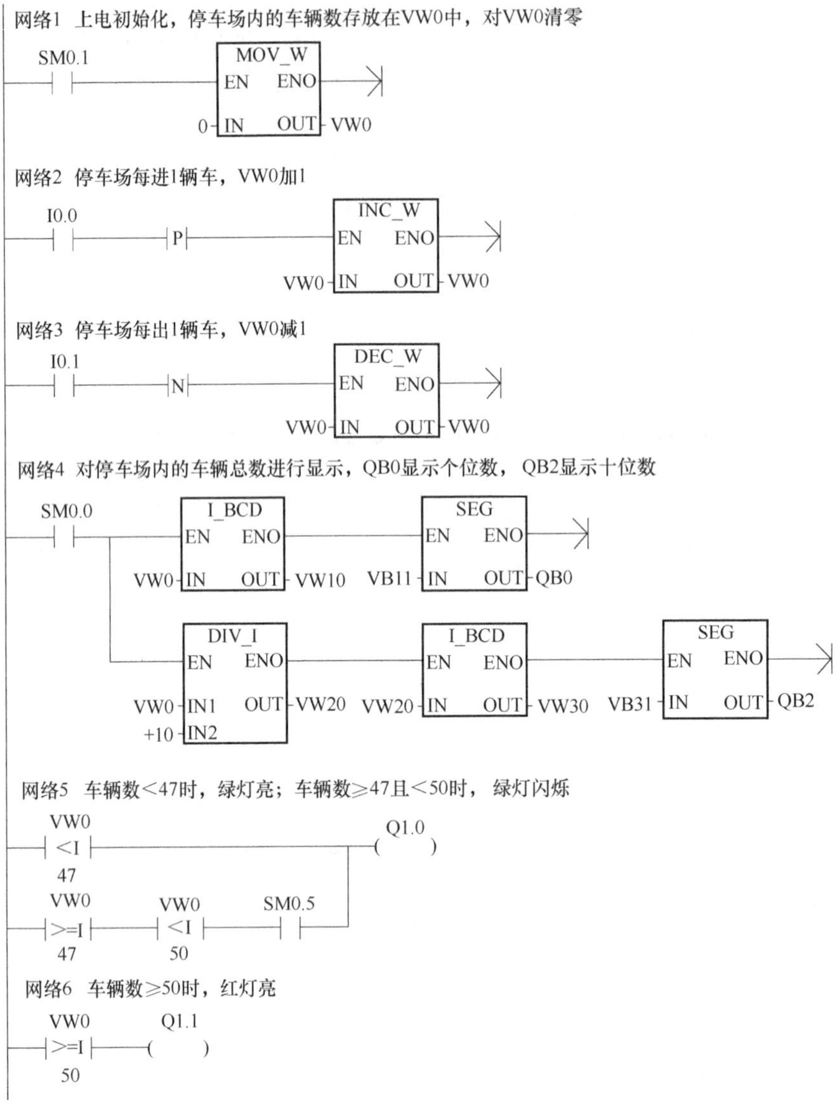

```
网络1  上电初始化，停车场内的车辆数存放在VW0中，对VW0清零
       SM0.1          MOV_W
       ─┤├──────────┤EN   ENO├─
                   0─┤IN   OUT├─VW0

网络2  停车场每进1辆车，VW0加1
       I0.0                  INC_W
       ─┤├────┤P├──────────┤EN   ENO├─
                       VW0─┤IN   OUT├─VW0

网络3  停车场每出1辆车，VW0减1
       I0.1                  DEC_W
       ─┤├────┤N├──────────┤EN   ENO├─
                       VW0─┤IN   OUT├─VW0

网络4  对停车场内的车辆总数进行显示，QB0显示个位数，QB2显示十位数
       SM0.0     I_BCD            SEG
       ─┤├─────┤EN   ENO├────────┤EN   ENO├─
           VW0─┤IN   OUT├─VW10  VB11─┤IN   OUT├─QB0

                 DIV_I           I_BCD              SEG
               ┤EN   ENO├───────┤EN   ENO├─────────┤EN   ENO├─
           VW0─┤IN1  OUT├─VW20  VW20─┤IN   OUT├─VW30  VB31─┤IN   OUT├─QB2
           +10─┤IN2

网络5  车辆数<47时，绿灯亮；车辆数≥47且<50时，绿灯闪烁
       VW0                              Q1.0
       ─┤<I├────────────────────────────( )
        47
       VW0        VW0       SM0.5
       ─┤>=I├────┤<I├───────┤├──────────
        47        50

网络6  车辆数≥50时，红灯亮
       VW0         Q1.1
       ─┤>=I├─────( )
        50
```

图 8-8　停车场车辆出入显示的 PLC 梯形图

8.4　拓展与提高——梯形图的逻辑编程法

工业电气控制电路中，有不少都是通过继电器等电器来实现控制，而继电器、交流接触器的触头只有两种状态，即吸合和断开，因此，用"0"和"1"两种取值的逻辑代数设计电器控制电路是完全可以的，PLC 的早期应用就是用以替代继电器-接触器控制系统，因此逻辑设计方法同样也适用于 PLC 应用程序的设计。当一个逻辑函数可以用逻辑变量的基本运算式表达出来后，实现这个逻辑函数的电路也就确定了。

关于逻辑函数和运算式与梯形图的对应关系见表8-10。

表 8-10 逻辑函数和运算式与梯形图的对应关系表

逻辑函数和运算形式	梯 形 图
"与"运算 $Q0.0 = I0.0 \cdot I0.1 \cdot \cdots \cdot I0.n$	 I0.0—I0.1—…—I0.n—(Q0.0)
"或"运算 $Q0.0 = I0.0 + I0.1 + \cdots + I0.n$	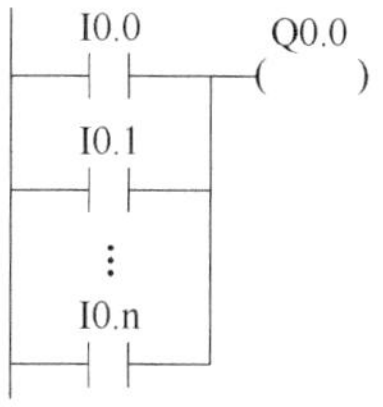 I0.0、I0.1、…、I0.n 并联—(Q0.0)
"或与"运算 $Q0.0 = (I0.0 + I0.1) \cdot I0.2 \cdot I0.3$	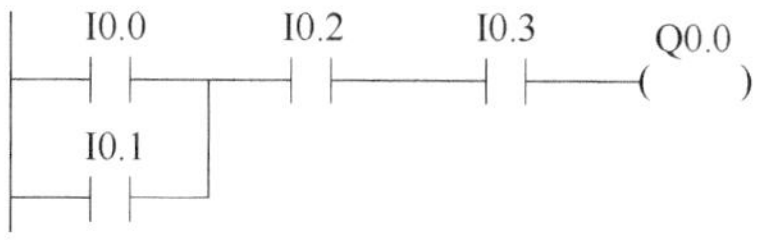 (I0.0∥I0.1)—I0.2—I0.3—(Q0.0)
"与或"运算 $Q0.0 = I0.0 \cdot I0.1 + I0.2 \cdot I0.3$	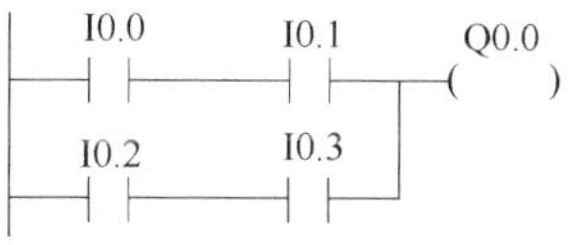 (I0.0—I0.1)∥(I0.2—I0.3)—(Q0.0)
"非"运算 $Q0.0 = \overline{I0.0}$	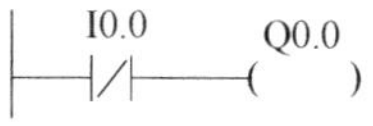 I0.0(常闭)—(Q0.0)

用逻辑设计法设计 PLC 应用程序的一般步骤如下：

（1）明确控制系统的任务和控制要求　通过分析工艺过程，明确控制系统的任务和控制要求，绘制工作循环图和检测元件分布图，列出执行元件动作的节拍表，列出各种执行元件的功能表。

（2）绘制 PLC 的电气控制系统状态转移表　通常 PLC 的电气控制系统状态转移表由输出信号状态表、输入信号状态表、状态转换指令表和中间元件状态表四部分组成。状态转换表全面、完整地揭示了 PLC 控制系统各部分、各时刻的状态和各状态之间的联系与转换，对了解 PLC 控制系统的整体联系、动态变化有很大帮助，是分析和设计 PLC 控制系统的有效工具。

（3）进行系统的逻辑设计　有了状态转换表，就可以建立控制系统的逻辑函数关系，包括列写中间元件的逻辑函数式和列出执行元件（输出端子）的逻辑函数式两个内容。这两个函数式组既是生产机械或生产过程内部逻辑关系和变化规律的表达形式，又是构成控制系统实现控制目标的具体程序。

（4）编写 PLC 程序　该步骤的目的就是将逻辑设计的结果转化为 PLC 程序。PLC 作为工控机，逻辑设计的结果（逻辑函数式）能很方便地过渡到 PLC 程序，特别是语句表形式，其结构和形式都与逻辑函数非常相似，很容易直接由逻辑函数式转化。若设计者需要由梯形图程序作为过渡，或者选用的 PLC 的编程器具有图形输入功能，则也可以首先由逻辑函数式转换为梯形图程序。

（5）对程序检测、修改和完善　程序的完善和补充是逻辑设计法的最后一步，包括手动调整工作方式的设计、手动与自动工作方式的选择及自动工作循环和保护措施等。

思考与练习

8-1　用整数除法指令将 VW100 中存放的 240 除以 8 以后存放到 AC0 中，试编写梯形图程序。

8-2　半径（这是一个小于 10000 的整数）存放在 VW10 中，取圆周率为 3.1416，用数学运算指令计算圆周长，运算结果四舍五入转换为整数后，放入 VW20 中，试编写梯形图程序。

8-3　将一个实数 0.75 转换成一个有符号整数，结果放入 AQW2，试编写梯形图程序。

8-4　试编写梯形图程序，计算 $\sin60°+\cos30°\dfrac{\tan60°}{\sqrt{2}}$ 的值。

8-5　试编写梯形图程序，将 VW2 的低 8 位取反，高 8 位全变为 0，然后送入 VW20。

8-6　试编写梯形图程序，求以 10 为底，150 的对数，150 存于 VD100，结果放入 AC1。

8-7　试编写梯形图程序，实现计算 3500+5600 的值。

8-8　指出题 8-8 图所示梯形图中的错误，并改正。

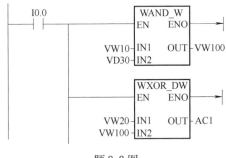

题 8-8 图

8-9　在初始化时，AC1 为 1000，在 I0.0 闭合后，AC1 的值每隔 10s 减 100，一直减到 0 为止，试编写梯形图程序。

第 9 章

S7-200 PLC程序控制指令及其应用——以两种液体混合装置的控制为例

导读

程序控制类指令可以使程序结构灵活，合理使用此类指令可以优化程序结构。本章以两种液体的混合控制为例，介绍西门子 S7-200 PLC 的程序控制指令及其使用方法。主要介绍结束指令、暂停指令、看门狗复位指令、跳转指令、循环指令和子程序指令等。

本章知识点

- 结束、暂停及看门狗复位指令
- 跳转指令
- 循环指令
- 子程序指令

9.1 任务要求

在饮料、石油化工等生产领域，一般需要对多种液体进行混合。如乙醇汽油就是一种由变性燃料乙醇和汽油按一定比例混合而成的汽车燃料。某液体混合装置可以实现两种液体（液体 A 和液体 B）的混合，其结构示意图如图 9-1 所示。图中 BG1、BG2、BG3 为液位传感器，被液面淹没时接通；两种液体（A 和 B）的输入和混合液体的流出分别由电磁阀 MB1、MB2 和 MB3 控制，MA 为搅拌电动机，用于驱动桨叶将液体搅拌均匀。

该系统要求具备自动控制和手动控制两种功能。具体控制要求如下：

（1）初始状态 当装置投入运行时，液体 A、液体 B 阀门关闭，容器内为放空状态。

（2）起动操作 当选择自动控制运行时，按下起动按钮 SF1，装置就开始按规定动作工作。MB1 打开，液体 A 流入容器，液面上升；当液面达到 BG2 时，关闭 MB1，打开 MB2，液体 B 流入容器；当液面到达 BG3 时，关闭 MB2，起动搅拌电动机工作；搅拌电动机工作 1min 后，停止搅拌，MB3 打开，混合液体流出，容器内液面下降；当液面下降到 BG1 时，

BG1 断开，再经过 20s 后，容器放空，MB3 关闭。开始下一个循环周期。

当选择手动运行时，可用起动按钮 SF1、停止按钮 SF2 手动单步控制两种液体的混合过程。此控制方式也便于调试系统。

（3）停止操作　按下停止按钮后，要求系统在处理完当前循环周期剩余的任务后停止在初始状态。

在许多工业控制场合，不仅要求控制系统具有自动控制的功能，还需要有手动控制的功能。在本例中，自动和手动两种控制方式可以通过程序控制类指令实现。

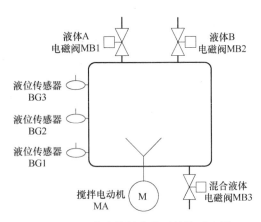

图 9-1　两种液体混合装置结构示意图

9.2　程序控制指令

程序控制指令主要用于程序执行流程的控制，合理使用该类指令可以优化程序结构，增强程序的控制功能。这类指令包括结束、暂停、看门狗复位、跳转、循环和子程序指令。

9.2.1　结束、暂停及看门狗复位指令

1. 指令格式及功能

结束、暂停和看门狗复位指令的格式及功能见表 9-1。

表 9-1　结束、暂停和看门狗复位指令的格式及功能

指　　令	指令格式		功　　能
	梯形图	语句表	
有条件结束指令	——(END)	END	执行该指令后，系统结束主程序，返回主程序起点
停止指令	——(STOP)	STOP	执行该指令后，PLC 从 RUN 模式切换到 STOP 模式，立即终止程序的执行
看门狗复位指令	——(WDR)	WDR	用于监视扫描周期是否超时，执行该指令后，WDT 定时器复位

（1）结束指令 END 和 MEND　结束指令分为有条件结束指令（END）和无条件结束指令（MEND）两种。结束指令的功能是结束主程序，它只能在主程序中使用，不能在子程序或中断程序中使用。END 指令用在 MEND 指令之前，通过触头或指令盒连接在逻辑母线上。用户程序必须以 MEND 指令结束主程序，不过 MEND 指令由 S7-200 编程软件在主程序的结尾自动添加，无需用户编写。

（2）停止指令 STOP　STOP 指令的功能是在输入有效时，立即终止程序的执行，能够使 CPU 从 RUN 状态切换到 STOP 状态。STOP 指令可以用在主程序、子程序和中断程序中。如果 STOP 指令在中断程序中执行，那么该中断会立即终止并且忽略所有挂起的中断，继续扫描程序的剩余部分以完成当前周期的剩余动作，包括主用户程序的执行，且在当前周期的最后完成从 RUN 到 STOP 模式的转变。

（3）看门狗复位指令 WDR　WDR（Watchdog Reset）称做看门狗复位指令，也称为警戒时钟刷新指令。它可以把 S7-200 CPU 的系统警戒时钟刷新，这样可以在不引起看门狗超时错误的情况下，增加扫描所允许的时间，避免程序出现死循环的情况。

所谓看门狗，是指为了保证系统可靠运行而在 PLC 内部设置的系统监视定时器（WDT），该定时器用于监视扫描周期是否超时。WDT 定时器有一设定值（500ms），系统正常工作时，所需扫描时间均小于 WDT 的设定值，WDT 定时器可以及时复位。系统在发生故障的情况下，扫描时间便会大于 WDT 设定值，如 WDT 定时器不能及时复位，则发出警告并停止 CPU 运行，同时复位输出，以防止因系统故障或程序进入死循环而引起的扫描周期过长。

使用 WDR 指令时要小心，因为用循环指令去阻止扫描完成，或是过度地延迟扫描完成的时间，那么在本次扫描终止之前，下列操作过程都将被禁止，包括：通讯（自由端口方式除外）、输入/输出更新（立即输入/输出除外）、强制更新、SM 位更新（SMB0、SMB5～SMB29 不能被更新）、运行时间诊断和中断程序中的 STOP 指令等。当扫描时间超过 25 秒时，10ms 和 100ms 定时器将不能正确计时。

2. 指令的应用

在 PLC 运行过程中，为了避免发生意外故障，需要采取一定的手段保证 PLC 正常运行或者使其停止运行。对此可以采用类似下面的控制程序，如图 9-2 所示。

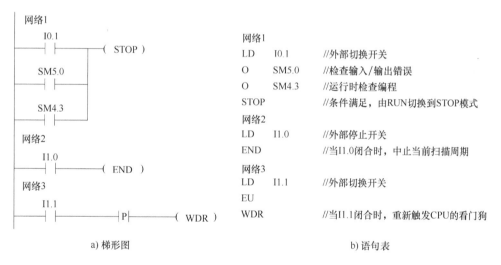

图 9-2　结束、暂停及看门狗复位指令示例

在 PLC 控制过程中，若不希望运行某一部分程序，可以在这段程序前面加上图 9-2 所示的网络 2，将 I1.0 置位为 1，即执行 END 指令，PLC 就会返回主程序起点，重新执行。

9.2.2　跳转指令

跳转指令可以提高 PLC 编程的灵活性，在程序执行时，可以根据不同条件的判断，选择不同的程序段执行程序。跳转指令由跳转指令 JMP 和标号指令 LBL 组成。

1. 指令格式及功能

跳转指令与标号指令的格式及功能见表 9-2。

表 9-2　跳转及标号指令的格式及功能

指　令	指令格式		功　　能
	梯形图	语句表	
跳转指令	—(JUMP)	JMP　n	执行该指令后，程序跳转到同一程序指定标号 n 处
标号指令	— LBL	LBL　n	标记跳转的目标位置，n 为 0~255

2. 指令使用说明

跳转指令与标号指令必须配合使用，而且只能在同一程序块中使用，如主程序、子程序或者中断程序。不能在不同的程序块间互相跳转。

执行跳转后，被跳过程序段中的各软元件的状态会有所不同：输出继电器、通用辅助继电器、顺序控制继电器和计数器等软元件保持跳转前的状态；其中计数器停止计数，当前值存储器保持跳转前的计数值。

对定时器来说，因刷新方式的不同，其工作状态也不同。在跳转期间，时基为 1ms 和 10ms 的定时器会一直保持跳转前的工作状态，原来工作的继续工作，到设定值后，其位的状态也会改变，输出触头动作，当前值一直累积到最大值 32767 才停止。对于时基为 100ms 的定时器来说，它会在跳转期间停止工作，但不会复位，存储器里的值为跳转时的值；跳转结束后，若输入条件允许可继续计时，但是这时它已失去了准确计时的意义。

3. 指令的应用

跳转指令示例如图 9-3 所示。当 I0.3 闭合时，跳转条件满足，程序跳转到 LBL 5，即网络 4，执行网络 4 以后的指令，而在 JUMP 4 和 LBL 5 之间的指令一概不执行，即使 I1.0 此时接通，也不会有输出。

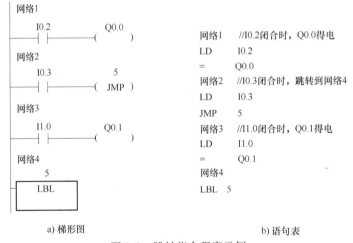

图 9-3　跳转指令程序示例

9.2.3　循环指令

循环指令能使程序结构优化，为需要重复执行相同功能的程序段提供了极大的方便。循环指令由循环开始指令（FOR）和循环结束指令（NEXT）组成。

1. 指令格式及功能

循环指令的格式及功能见表 9-3。

表 9-3 循环指令的格式及功能

指令	指令格式		功能
	梯形图	语句表	
循环开始指令	FOR EN ENO INDX INIT FINAL	FOR INDEX, INIT, FINAL	循环开始指令 FOR 用来标记循环体的开始 INDX 的操作数：VW、IW、QW、MW、SW、SMW、LW、T、C、AC、*VD、*AC 和 *CD INIT 和 FINAL 的操作数：VW、IW、QW、MW、SW、SMW、LW、T、C、AC、常数、*VD、*AC 和 *CD 这些操作数属于 INT 型
循环结束指令	——(NEXT)	NEXT	循环结束指令 NEXT 用来标记循环体的结束

2. 指令使用说明

FOR 指令中有三个数据输入端：当前循环计数（INDX，Index Value of Current Loop Count）、循环初值（INIT，Initial Value）和循环终值（FINAL，Final Value）。在使用时，必须给 FOR 指令指定 INDX、INIT 和 FINAL。

在循环指令中，FOR 和 NEXT 之间的程序段称为循环体。当循环使能信号 EN 端为 1 时，开始执行循环指令。每执行一次循环体，当前计数值增 1，并且将结果同终值比较，如果大于终值，则终止循环。

每条 FOR 指令必须对应一条 NEXT 指令，即两条指令必须成对使用。循环可以嵌套（一个 FOR-NEXT 循环在另一个 FOR-NEXT 循环之内）使用，但嵌套深度最多为八层，各个嵌套之间不能有交叉现象。

每次 EN 重新有效时，指令将自动复位各参数。

3. 指令的应用

程序举例，如图 9-4 所示。

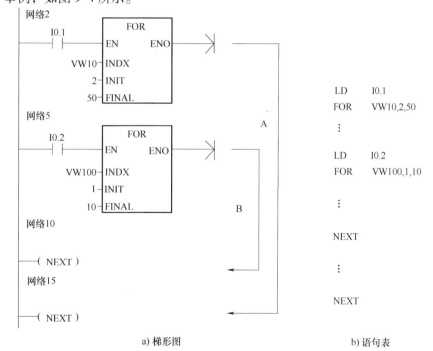

a) 梯形图   b) 语句表

图 9-4 循环程序指令程序示例

9.2.4 子程序指令

在编写程序时，有的程序段需要多次重复使用。这样的程序段可以编成一个子程序，在满足执行条件时让主程序转去执行子程序，子程序执行完毕后，再返回来继续执行主程序。

子程序的优点是可以对一个大的程序进行分段及分块，使其成为较小的更易管理的程序块。在程序调试、检查和维护时可充分利用这项优势。子程序只在需要时才会被调用、执行。与子程序有关的操作有子程序的建立、调用和返回。

1. 建立子程序

建立子程序是通过编程软件来完成的。可以采用下列方法建立：在编程软件"编辑"菜单中选择"插入子程序"；或者在程序编辑器窗口中单击鼠标右键，从弹出的菜单中选择"插入子程序"。在指令树窗口中就可以看到新建的子程序图标。一个程序中可以有多个子程序，默认的子程序名是 SBR_0~SBR_n，用户可以在图标上直接更改子程序的程序名。在指令树窗口双击子程序的图标就可进入子程序，并对它进行各种编辑。S7-200 系列 PLC 不同的 CPU 模块所允许的子程序个数不同，CPU 226 最多支持创建 128 个子程序，而其余的 CPU 模块最多支持创建 64 个子程序。

2. 指令格式及功能

子程序指令包括两条：子程序调用指令和子程序条件返回指令，其指令格式及功能见表 9-4。

表 9-4 子程序指令的格式及功能

指　　令	指令格式		功　　能
	梯形图	语句表	
子程序调用指令	─┤EN SBR_n├	CALL	把程序的控制权交给子程序，即将程序的执行转移到编号为 n 的子程序处
子程序条件返回指令	─(RET)	CRET	在使能输入有效时，结束子程序的执行，返回主程序中（返回到调用此子程序的下一条指令）

3. 指令使用说明

1）CRET 多用于子程序的内部，由判断条件决定是否结束子程序调用；RET 用于子程序的结束，由编程软件自动处理 RET 指令（不显示出来），无需人工输入。

2）如果在子程序的内部又对另一子程序执行调用指令，则这种调用称为子程序的嵌套。在主程序中可以嵌套调用子程序，但最多嵌套八层。在中断程序中不能嵌套调用子程序。

3）当一个子程序被调用时，系统自动保存当前的堆栈数据，并把栈顶置 1，堆栈中的其他值为 0，子程序占有控制权。子程序执行结束，通过返回指令自动恢复原来的逻辑堆栈值，主程序又重新取得控制权。

4）子程序中的定时器和累加器在停止调用时，子程序中软元件的位状态不变。如果在停止调用时，子程序中的定时器正在定时，则其中 100ms 定时器将停止定时，当前值保持不变，重新调用时继续定时，但是 1ms 和 10ms 定时器将继续定时，直到定时时间到，它们的定时器的常开触头闭合，并且可以在子程序之外起作用。累加器可在调用程序和被调用子程序之间自由传递所存储的数据，所以累加器的值在子程序调用时既不保存也不恢复。

5）当子程序在一个扫描周期内被多次调用时，在子程序中不能使用上升沿、下降沿以及定时器和计数器指令。

4. 指令的应用

可以采用类似下面的控制程序实现子程序调用，如图 9-5 所示。

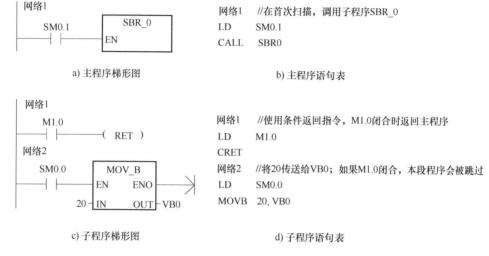

图 9-5　子程序指令程序示例

5. 带参数的子程序调用

根据子程序有无参数的性质，可以将子程序分为有参子程序和无参子程序。有参子程序的调用扩大了子程序的使用范围，增加了调用的灵活性。如果子程序有参数，就要使用该子程序的局部变量表来定义参数。

（1）局部变量表　局部变量及变量类型见表 9-5。

表 9-5　局部变量及变量类型

参　数	功　能　描　述
IN	参数传入子程序。如果参数是直接寻址（如：VB10），指定位置的值被传递到子程序 如果参数是间接寻址（如：*AC1），指针指定位置的值被传入子程序；如果参数是常数（如：16#1234），或者一个地址（如：&VB100），常数或地址的值被传入子程序
IN_OUT	参数传入/传出子程序。调用子程序时，将指定地址的参数传入子程序，子程序执行结束时，将得到的结果值返回到同一个地址。参数可以采用直接和间接寻址，但常数（如：16#1234）和地址（如：&VB100）不允许作为输入/输出参数
OUT	参数传出子程序。从子程序来的结果值被返回到指定参数位置。常数（如：16#1234）和地址（如：&VB100）不允许作为输出参数。由于输出参数并不保留子程序最后一次执行时分配给它的数值，所以必须在每次调用子程序时将数值分配给输出参数
TEMP	用于在子程序内部暂时存储数据，但不能用来与主程序传递参数数据

（2）指令应用　子程序编程包括：建立子程序、在子程序中编写应用程序、在主程序或其他子程序中编写调用子程序三个步骤。

在子程序编程窗口，也可以进行局部变量表的设置。如果要加入一个参数，把光标放到要加入的变量类型区（IN、IN_OUT、OUT），点击鼠标右键，选择“插入下一行”，这样就出现了另一个所选类型的参数项。

对于梯形图程序，在子程序局部变量表中为某一子程序指定参数后，如图 9-6 所示，在指令树中会生产一个调用指令块，该调用指令块自动包括子程序输入和输出参数的正确数目与类型。

	符号	变量类型	数据类型	注解
	EN	IN	BOOL	
L0.0	IN1	IN	BOOL	
LB1	IN2	IN	BYTE	
L2.0	IN3	IN	BOOL	
LW3	IN4	IN	WORD	
LD5	IN_OUT1	IN_OUT	REAL	
L9.0	OUT1	OUT	BOOL	
		TEMP		

图 9-6　编程时指定子程序参数后产生的局部变量表

要在主程序中插入该调用指令，可以选择将该调用指令从指令树中拖放至程序编辑器中相应的网络单元格处；或者将光标放在程序编辑器中的单元格上，双击指令树中的调用指令。然后编辑程序中的调用指令参数，并为每个参数指定有效操作数，如图 9-7 所示。有效操作数为存储器地址、常数、总体符号以及调用指令被放置的 POU（即程序组织单元）中的局部变量。

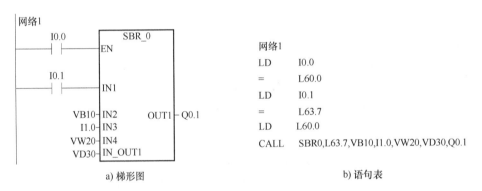

a) 梯形图

```
网络1
LD      I0.0
=       L60.0
LD      I0.1
=       L63.7
LD      L60.0
CALL    SBR0,L63.7,VB10,I1.0,VW20,VD30,Q0.1
```

b) 语句表

图 9-7　带参数子程序的调用

9.3　控制系统设计

9.3.1　任务分析

在 9.1 节的任务中，该系统不仅要求具备自动控制的功能，还需要有手动控制的功能。因此，可以采用 9.2 节中的子程序指令来进行编程，分别设计两个子程序，即自动控制子程序和手动控制子程序。当选择自动控制方式时，执行自动控制子程序；当选择手动控制方式时，执行手动控制子程序。需要强调的是，采用子程序指令所编写的程序不一定是最简洁的，但通过子程序的编写可以很好地理解程序的结构，使得程序的结构更清晰。

9.3.2　输入/输出地址分配

根据系统的控制要求，确定系统的输入/输出端子与其对应的 PLC 地址，见表 9-6。

表 9-6 两种液体混合装置 PLC 控制的输入/输出分配表

输入设备			输出设备		
元件	功能	地址	元件	功能	地址
SF1	手动/自动选择开关	I0.0	PG	运行指示灯	Q0.0
SF2	起动按钮	I0.1	MB1	液体 A 电磁阀	Q0.1
SF3	停止按钮	I0.2	MB2	液体 B 电磁阀	Q0.2
BG1	液位传感器	I0.3	MB3	混合液体电磁阀	Q0.3
BG2	液位传感器	I0.4	QA	搅拌电动机 MA 的接触器	Q0.4
BG3	液位传感器	I0.5			

9.3.3 PLC 接线图设计

根据输入/输出分配表,并结合系统的控制要求,可画出 PLC 接线图,如图 9-8 所示。因为系统共需要六个输入端子、五个输出端子,所以只需选择 CPU 224 即可。

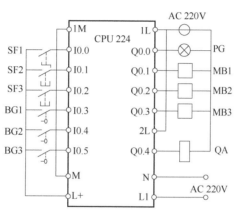

图 9-8 两种液体混合装置的 PLC 接线图

9.3.4 梯形图程序设计

下面采用调用子程序的方法实现程序的编写,全部程序包括主程序和两个子程序。主程序如图 9-9 所示。将手动/自动选择开关置于自动状态,调用自动控制子程序(AUTO),执行自动控制过程;置于手动状态,调用手动控制子程序(MANUAL),执行手动控制过程。

子程序分为手动控制子程序(图 9-10)和自动控制子程序(图 9-11)。在图 9-10 中,第一次按下起动按钮 SF1,系统运行指示灯亮,开始计数,计数器 C1 当前值为 1,MB1 电磁阀打开,液体 A 流入;当液体 A 停止流入时,第二次按下 SF1,C1 的当前值为 2,MB2 电磁阀打开,液体 B 流入;当液体 B 停止流入时,第三次按下 SF1,C1 的当前值为 3,接触器 QA 动作,搅拌电动机开始搅拌;当搅拌合格后,第四次按下 SF1,C1 的当前值为 4,MB3 电磁阀打开,混合液体流出。按下停止按钮 SF2,系统停止工作。

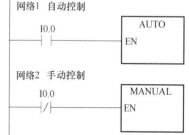

图 9-9 主程序

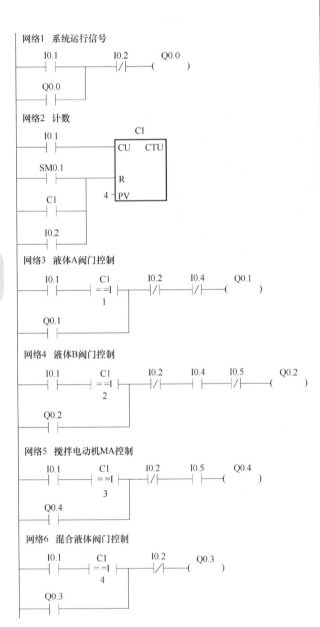

图 9-10　手动控制子程序

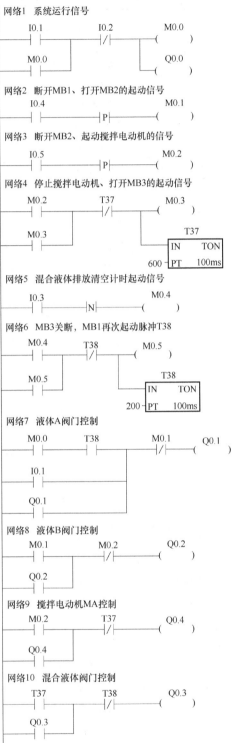

图 9-11　自动控制子程序

注意： 编写程序时，先编写完两个子程序，分别命名为 MANUAL 和 AUTO，在指令树窗口的"调用子例行程序"中直接生成子程序 MANUAL（SBR0）和 AUTO（SBR1），在主程序中就可以调用所编写的子程序，如图 9-12 所示。

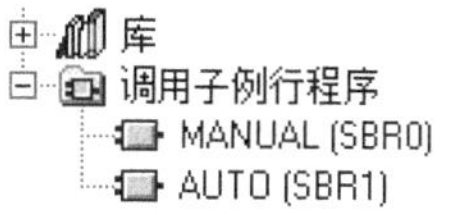

图 9-12 指令树窗口中的子程序

9.4 拓展与提高——PLC 控制系统设计的内容和步骤

在应用 PLC 进行实际控制系统的设计过程中，应遵循一些基本的设计方法和步骤，这样可以使设计的 PLC 控制系统更趋于科学化、规范化、工程化和标准化。

PLC 控制系统设计的基本原则是：根据控制任务，最大限度地满足生产机械或生产工艺对电气控制要求的前提下，做到运行稳定、安全可靠、经济实用、操作简单及维护方便。

1. PLC 控制系统设计的内容

一般情况下，PLC 控制系统的设计包括以下内容：

1）根据设计任务书进行工艺分析，并确定控制方案，设计任务书是设计的依据。
2）选择输入设备（如按钮、开关和传感器等）和输出设备（如继电器、接触器等）。
3）选定 PLC 的型号（包括机型、容量、输入/输出模块和扩展模块等）。
4）绘制 PLC 接线图，分配 PLC 的输入/输出端子。
5）设计控制系统的操作台、电气控制柜以及安装接线图等。
6）设计 PLC 程序并调试。
7）编写设计说明书和使用说明书。

2. PLC 控制系统设计的步骤

（1）工艺分析　为明确控制任务和控制系统应有的功能，设计人员在进行设计前，要深入了解被控对象的工艺过程、工艺特点和控制要求，全面详细地了解被控对象的机械工作性能、基本结构特点、生产工艺和生产过程，与机械部分的设计人员密切配合，在分析被控对象的基础上，共同拟定电气控制方案，以便协同解决在设计过程中出现的各种问题。

（2）确定输入/输出端子数　根据被控对象对 PLC 控制系统的技术指标和要求，确定用户所需的输入/输出设备，据此确定 PLC 的输入/输出端子数。在估算系统的输入/输出端子数和种类时，要全面考虑输入/输出信号的个数、信号类型（数字量还是模拟量）、电压和电流等级等因素。同时还要为今后生产工艺的改进、控制任务的增加等留出适当的裕量，即在实际输入/输出端子数的基础上附加 15%~30% 的备用量。

（3）选择 PLC 型号　目前，国内外 PLC 生产厂家生产的 PLC 品种已达数百个，其性能各有优点，价格也不尽相同。在设计 PLC 控制系统时，要选择最适宜的 PLC 型号。选择 PLC 型号时应考虑厂家、性能结构、输入/输出端子数、存储器容量以及特殊功能等方面。具体型号可以根据系统的控制要求、产品的性能、技术指标和用户的使用要求加以选择。

（4）选择输入/输出设备，分配 PLC 的输入/输出地址　根据生产设备现场需要，确定各种输入/输出产品的型号、规格和数量；根据所选 PLC 的型号，通过用户输入/输出设备的分析、分类和整理，进行相应的输入/输出地址分配，以便绘制 PLC 接线图和编制程序。在输入/输出设备表中，应包含输入/输出地址、设备代号、设备名称及控制功能，应尽量将相同类型、相同电压等级的信号地址安排在一起，以便于施工和布线。

（5）程序设计　PLC 的程序设计，就是以生产工艺要求和现场信号与 PLC 软元件的对照表为依据，根据程序设计思想，绘出程序流程方框图，然后以编程指令为基础，画出梯形图，编写程序注释。

（6）电气控制柜或操作台的设计和现场施工　设计电气控制柜及操作台的电气布置图及电气安装接线图；设计控制系统各部分的电器互锁图；根据图样进行现场接线，并检查。

（7）系统调试　根据电气安装接线图接线，用编程工具将用户程序输入计算机，经过反复编辑、编译、下载、调试和运行，直至结果正确。在调试控制程序时，应本着从上到下、先内后外、先局部后整体的原则，逐句逐段地反复调试。

（8）编制技术文件　技术文件应包括 PLC 接线图、电气布置图、电器明细表、顺序功能图以及带注释的梯形图和说明。

3. PLC 输入/输出电路的设计

设计输入/输出电路通常还要考虑以下问题：

1）一般情况下，输入输出电器可以直接与 PLC 的输入/输出端子相连，但是，当配线距离较长、接近强干扰源或大负荷频繁通断的外部信号，最好加中间继电器再次隔离。

2）输入电路一般由 PLC 内部提供电源，输出电路需根据负载额定电压和额定电流外接电源。输出电路需注意每个输出端子可能输出的额定电流及公共端子的总电流的大小。

3）对于双向晶闸管及晶体管输出型的 PLC，如输出端子接感性负载，为保证输出端子的安全和防止干扰，需并联过电压吸收回路。对交流负载应并联浪涌吸收电路，如阻容耦合电路。对直流负载需并联续流二极管，续流二极管可以选额定电流为 1A 者，其额定电压应高于电源电压 3 倍。

4）当接近开关、光电开关这一类两线式传感器的漏电流较大时，可能出现错误的输入信号。为解决这一问题，通常在输入端并联旁路电阻，以减小输入电阻。

5）为防止负载短路损坏 PLC，公共输出端需加熔断器保护。

6）对重要的互锁，如电动机正反转等，需在外电路中用硬件再互锁。

思考与练习

9-1　程序比较复杂时，怎样优化程序结构？
9-2　看门狗复位指令的作用是什么？
9-3　跳转和标号指令如何使用？
9-4　子程序的优点是什么？怎样建立子程序？
9-5　子程序指令使用时要注意哪些问题？
9-6　怎样建立局部变量表？
9-7　试编写一段程序，当 I0.1 闭合时，通过调用子程序，Q0.1 得电，即输出为 1。
9-8　试采用子程序调用的方式编写电动机正反转控制的程序。

第 10 章

S7-200 PLC顺序控制指令及应用——以机械手的大小球分拣控制为例

导读

  顺序控制指令主要用于对复杂的顺序控制程序进行编程。本章以机械手的大小球分拣控制为例，介绍西门子 S7-200 PLC 的顺序功能图基本概念、常用顺序控制指令及其典型顺序控制设计方法以及置位复位指令的顺序控制设计方法。

本章知识点

- 顺序功能图基本概念
- 常用顺序控制指令
- 顺序控制设计方法

10.1 任务要求

  在工业生产过程中，经常需要对流水线上的产品进行分拣，例如通过机械手将不同型号和规格的产品分别放置，或者从产品中分拣出不合格品。某大小球分拣控制装置能够将混合在一起的大小不同的两种球分拣开来，并把它们分别放到不同的箱子里。如图 10-1 所示为这种机械手的大小球分拣装置示意图。

  该装置的控制要求如下：当机械手处于左侧原始位置时，即上方限位开关 BG1 和左侧限位开关 BG3 被压下，抓球电磁铁处于断电状态。此时按下启动按钮 SF1，机械手下行，压下下方限位开关 BG2 后停止下行，同时电磁铁得电吸球。如果吸住的是小球，则大小球检测开关 BG6 闭合；如果吸住的是大球，则 BG6 断开。1s 后，机械手开始上行，压下上方限位开关 BG1 后右行，它会根据大小球的不同，分别在 BG4（小球箱）和 BG5（大球箱）处停止右行，然后下行至下限位停止，电磁铁断电，机械手把球放在小球箱或大球箱里，1s 后返回。如果不按停止按钮 SF2，则机械手一直工作下去。如果按下停止按钮，则不管何时，机械臂最终都要停止在原始位置。

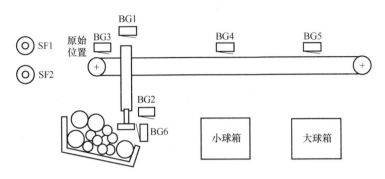

图 10-1 机械手的大小球分拣装置示意图

此例为一个典型的顺序控制过程，可以采用顺序控制指令进行设计。依据被控对象采用顺序功能图进行编程，将控制程序进行逻辑分段，从而实现顺序控制。

10.2 顺序功能图

顺序功能图（Sequential Function Chart，SFC）又称为功能图或状态转移图，它是描述顺序控制系统的图形表示方法，是专用于工业顺序控制程序设计的一种功能性说明语言。它能完整地描述控制系统的工作过程、功能和特性，是分析、设计电气控制系统控制程序的重要工具。

SFC 的基本思想是：设计者按照生产要求，将被控设备的一个工作周期划分成若干个工作阶段（简称"步"），并明确表示每一步要执行的输出，"步"与"步"之间通过制定的条件进行转换。在程序中，只要通过正确连接，进行"步"与"步"之间的转换，就可以完成被控设备的全部动作。

组成 SFC 的基本要素是步、转换条件和有向连线，如图 10-2 所示。

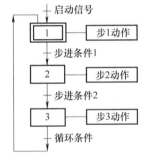

图 10-2 顺序功能图举例

1. 步

一个顺序控制过程可分为若干个工作阶段，也称为步（Step）或状态。系统初始状态对应的步称为初始步，初始步一般用双线框表示。在每一步中，顺控系统要发出某些"命令"，而被控系统要完成某些"行动"，这些"命令"和"行动"都可以称为动作。当系统处于某一工作阶段时，该步即处于激活状态，称为活动步。

2. 转换条件

转换条件是用于改变状态的控制信号。只有满足条件状态，才能进行逻辑处理与输出。转换条件在顺序功能图中是必不可少的，它表明了从一个状态向另一个状态转移时所要具备的条件。不同状态的转换条件可以不同也可以相同。其表示方法非常简单，只要在各步块之间的线段上画一短横线，并在旁边标注上条件即可，如图 10-3 所示，SM0.1 是从初始步向步 1 转移的条件，步 1 的动作是 Q0.0 得电输出；I0.0 是从步 1 向步 2 转移的条件，步 2 的动作是

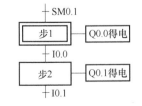

图 10-3 转换条件的表示

Q0.1 得电输出。

3. 有向连线

步与步之间的连接线就是有向连线，有向连线决定了步的转换方向与转换途径。在有向连线上还有表示转换条件的短线。当条件满足时，转换得以实现。即上一步的动作结束而下一步的动作开始，因而不会出现动作重叠。步与步之间必须要有转换条件。

需要注意的是：转换是有方向的，若转换的顺序是从上到下，即为正常顺序，可以省略箭头。若转换的顺序是从下到上，则箭头不能省略。

10.3 顺序控制指令

顺序控制指令是为用户提供的可使功能图编程简单化和规范化的基本指令，S7-200 PLC 的顺序控制指令由顺序控制开始指令（LSCR）、顺序控制转移指令（SCRT）和顺序控制结束指令（SCRE）构成。

顺序控制指令格式见表 10-1，其操作数为顺序控制继电器（S）。

表 10-1 顺序控制指令格式

指令名称	顺序控制开始指令	顺序控制转移指令	顺序控制结束指令
梯形图	Sbit ─┤ SCR ├─	Sbit ─┤ ├─(SCRT)	─(SCRE)
语句表	LSCR S_bit	SCRT S_bit	SCRE
操作数 n	S（位）	S（位）	无

从 LSCR 指令开始到 SCRE 指令结束的所有指令组成一个顺序控制继电器（SCR）段，LSCR 指令定义一个 SCR 段的开始，其操作数是顺序控制继电器 $S_{x.y}$（如 S0.1），$S_{x.y}$ 是本段的标志位，当该段的状态标志位置位为 1 时，允许该 SCR 段工作。

SCRT 指令用于执行 SCR 段的转换。SCRT 指令包含两方面功能：一是通过置位下一个要执行的 SCR 段的 S 位，使下一个 SCR 段开始工作；二是使当前工作的 SCR 段的标志位复位，令该段停止工作。

SCRE 指令的功能是使程序退出当前正在执行的 SCR 段，表示一个 SCR 段的结束。每个 SCR 段必须由 SCRE 指令结束。

10.4 顺序功能图的结构类型

在使用顺序功能图编程时，应先画出顺序功能图，然后对应顺序功能图再画出梯形图。在小型 PLC 的程序设计中，对于遇到大量的顺序控制或步进问题，如果能采用顺序功能图的设计方法，再使用顺序控制指令将其转化为梯形图程序，就可以完成比较复杂的顺序控制或步进控制。根据功能图，以步为核心，从初始步开始一步一步地设计下去，直至完成。

10.4.1 单纯顺序结构

单纯顺序结构的顺序控制比较简单，其功能图及顺序控制指令的使用如图 10-4 所示。只要各步间的转换条件得到满足，就可以从上而下顺序控制。

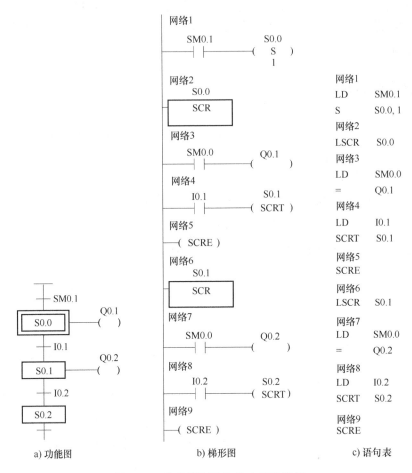

图 10-4 单纯顺序结构的功能图举例

10.4.2 选择分支结构

在生产实际中，对具有多流程的工作要进行流程选择或者分支选择，也就是说一个控制流可能指向几个可能的控制流中的某一个，但不允许多路分支同时执行。到底进入哪个分支，取决于哪一个控制流的转换条件首先为真，便转向哪个分支运行。

选择分支包括两部分，即选择分支开始和选择分支结束。选择分支开始是指一个前级步后面紧接着若干个后续步可供选择，各分支都有各自的转换条件，在各自分支中，则表示为代表转换条件的短线。选择分支结束，又称选择分支合并，是指几个选择分支在各自的转换条件成立时转换到一个公共步上。

如图 10-5 所示，图中步 S0.0 后有两条分支，分支成立条件分别是 I0.0 和 I0.2，哪个分支条件成立，便从 S0.0 转向哪个分支运行。

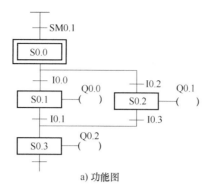
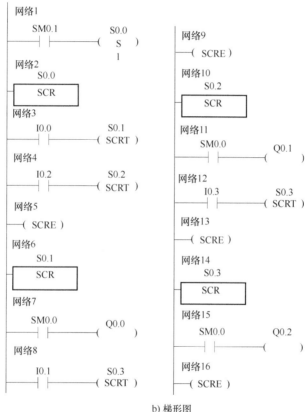

图 10-5 选择分支结构的功能图举例

10.4.3 并行分支结构

一个顺序控制流如果分成两个或多个不同分支控制流,这就是并行分支,且当一个控制流分成多个分支时,所有的分支控制流必须同时激活。当多个控制流产生的结果相同时,可以把它们合并成一个控制流。在合并控制流时,所有的分支控制流必须都是完成了的。这样在转换条件满足时才能转换到下一步,并行分支结构如图 10-6 所示。

在图 10-6 中,I0.1 闭合后,S0.2 和 S0.4 会同时各自开始运行,当两条分支运行到 S0.3 和 S0.5 时,在 I0.4 闭合后,会从两条分支运行转移到 S0.6,继续往下运行。在 S0.3 和 S0.5 的 SCR 段中,由于没有使用 SCRT 指令,所以 S0.3 和 S0.5 的复位不能自动进行,最后要用复位指令对其进行复位。这种处理方法在并行分支的结构中经常用到。

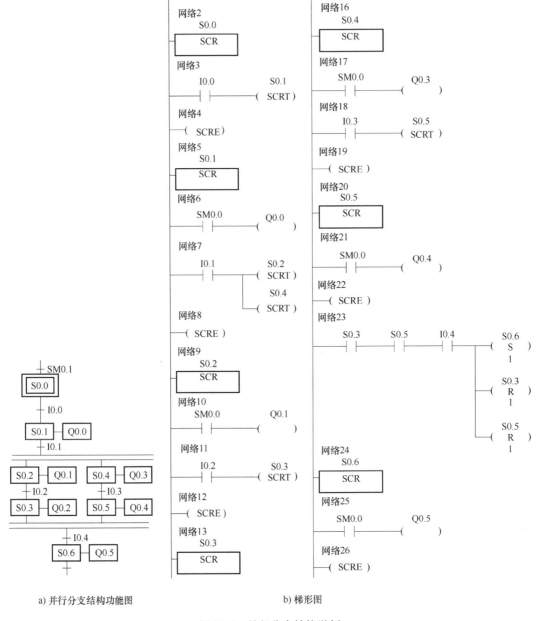

a) 并行分支结构功能图　　　　b) 梯形图

图 10-6　并行分支结构举例

10.4.4　跳转和循环结构

在实际生产的工艺流程中，若要求在某些条件下执行预定的动作，则可用跳转程序。若需要重复执行某一过程，则可用循环程序。在程序设计过程中可以根据控制流的转换条件，决定流程是单周期操作还是多周期循环，是跳转还是顺序向下执行。其结构如图 10-7 所示。

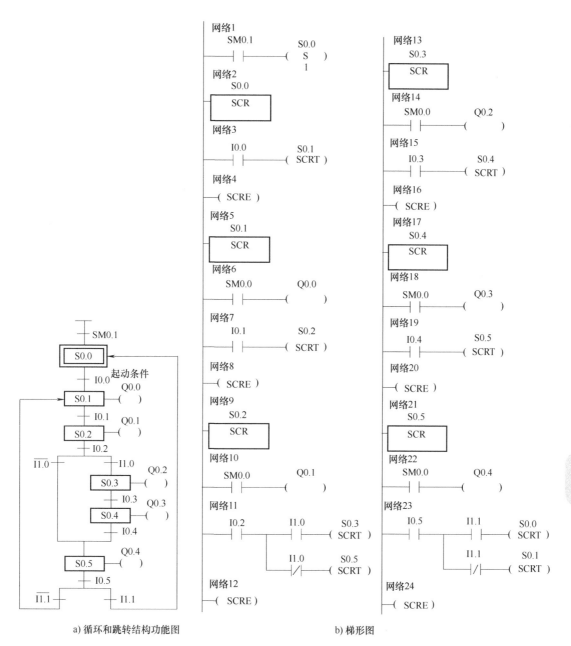

图 10-7 循环和跳转结构举例

在图 10-7 中，I1.0 断开时进行正向跳转，I1.0 闭合时正常顺序执行；I1.1 断开时进行多周期循环操作，I1.1 闭合时进行单周期循环操作。

10.5 控制系统设计

10.5.1 任务分析

分析 10.1 节中的任务要求可发现这属于一个典型的顺序控制，适合使用顺序控制指令进行编程。首先，根据控制要求画出系统的顺序功能图，然后再根据顺序功能图画出系统的梯形图。因此，需要在常规的 PLC 控制系统设计方法的步骤中再加入一个步骤，即画出控制系统的顺序功能图。

10.5.2 输入/输出分配

根据系统的控制要求，确定系统的输入/输出端子与其对应的 PLC 地址，见表 10-2。

表 10-2 机械手分捡装置 PLC 控制的输入/输出分配表

输入设备			输出设备		
元件	功能	地址	元件	功能	地址
SF1	起动按钮	I0.0	PG	原始位置指示灯	Q0.0
SF2	停止按钮	I0.1	KF	抓球电磁铁	Q0.1
BG1	上方限位开关	I0.2	QA1	下行接触器	Q0.2
BG2	下方限位开关	I0.3	QA2	上行接触器	Q0.3
BG3	左侧限位开关	I0.4	QA3	右行接触器	Q0.4
BG4	小球右侧限位开关	I0.5	QA4	左行接触器	Q0.5
BG5	大球右侧限位开关	I0.6			
BG6	大小球检测开关	I0.7			

10.5.3 PLC 接线图设计

根据输入/输出分配表和系统的控制要求，画出 PLC 接线图，如图 10-8 所示。

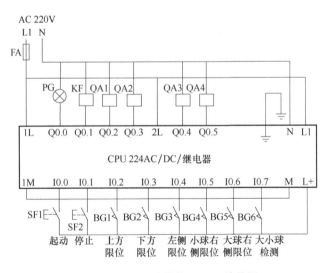

图 10-8 机械手分拣装置 PLC 接线图

10.5.4 顺序功能图设计

图 10-9 所示为系统的顺序功能图。具体说明如下：

1) 由于需要分拣大小球，所以使用了分支选择电路，使机械手能够在右行后在不同的位置再下行，把大小球分别放进各自的箱子里去。

2) 在机械手上、下、左和右行的控制中,加上了一个软件联锁触头。

3) 图 10-9 中的 M0.0 是一个选择逻辑,它相当于一个开关,控制系统进行单周期操作或进行循环操作。

4) S7-200 PLC 的顺序控制指令不支持直接输出的双线圈操作。如果在图 10-9 中的步 S0.1 的 SCR 段有 Q0.2(下行)得电,在步 S1.0 的 SCR 段也有 Q0.2 得电,则不管在什么情况下,在前面的 Q0.2 得电永远不会有效。所以在使用 S7-200 PLC 的顺序控制指令时不能有双线圈操作。为避免这个问题,本例用中间继电器进行逻辑过渡处理,如机械手进行上行、下行和右行的控制逻辑设计,凡是有重复使用的相同输出,在 SCR 段中先会用中间继电器表示其分段的输出逻辑,在程序的最后再进行合并输出处理。

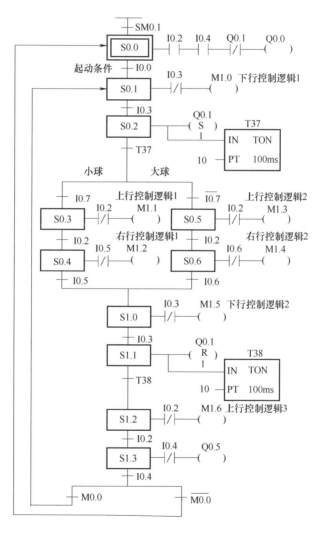

图 10-9 机械手分拣装置顺序功能图

10.5.5 梯形图设计

根据图 10-9 的顺序功能图,使用 SCR 画出系统的梯形图,如图 10-10 所示。

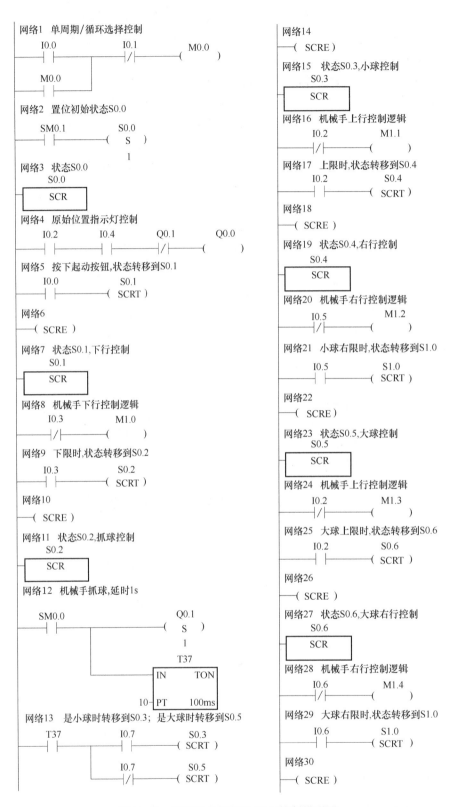

图 10-10 机械手分拣装置 PLC 控制梯形图

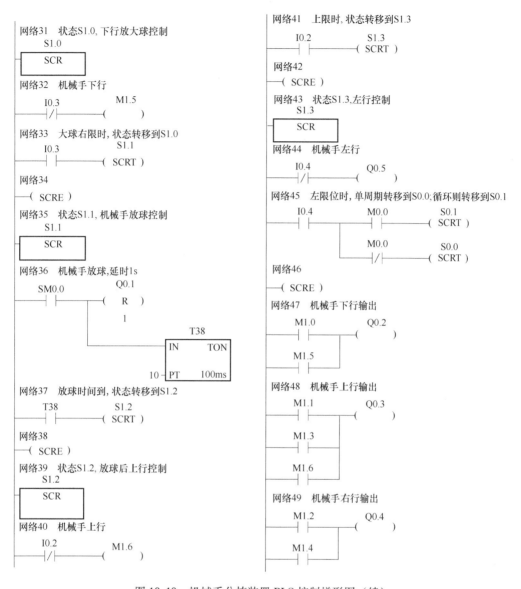

图 10-10 机械手分拣装置 PLC 控制梯形图（续）

10.6 拓展与提高——置位复位指令的顺序控制设计方法

在顺序功能图中，也可以用通用辅助继电器（M）代替顺序控制继电器（S），作为状态的编程元件代表步。当某步为活动步时，则该步对应的 M 的位闭合，反之则断开。当该步之后的转换条件满足时，转换条件对应的触头或电路闭合。

同时，也可使用置位复位指令代替顺序控制指令进行编程。在使用置位复位指令的编程方法中，用该转换所有前级步对应的 M 的常开触头与转换条件对应的该触头或电路串联，作为转换实现的条件，即用它作为使所有后续步对应的存储器置位和使所用前级步对应的存储器复位的条件。在任何情况下，代表步存储器的控制电路块都可以用这一原则来设计，每一个转换对应一个这样的控制置位和复位的电路块，有多少个转换就有多少个这样的电路块。这种编程方法也称为以转换为中心的编程方法。

下面以带式输送机控制系统的单序列顺序功能图的置位复位指令的编程为例，其顺序功能图如图 10-11 所示。首次扫描时 SM0.1 的常开触头闭合一个扫描周期，将初始步 M0.0 置位为活动步，将非初始步 M0.1~M0.3 复位为不活动步。

以初始步下面的 I0.0 对应的转换为例，要实现该转换，需要同时满足两个条件，即该转换的前级步是活动步（M0.0 闭合）和转换条件满足（I0.0 闭合）。在梯形图中，用 M0.0 和 I0.0 的常开触头组成的串联电路来表示上述条件。该电路接通时两个条件同时满足。此时应将该转换的后续步变为活动步，即用置位指令将 M0.1 置位。还应将该转换的前级步变为

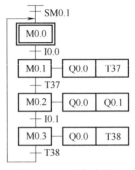

图 10-11 顺序功能图

不活动步，即用复位指令将 M0.0 复位。五个对 M 置位、复位的程序段对应于顺序功能图中的五个转换。

图 10-12 是该例的程序，网络 1~5 是用上述方法编写的控制步 M0.0~M0.3 的置位复位电路，每一个转换对应一个这样的电路。

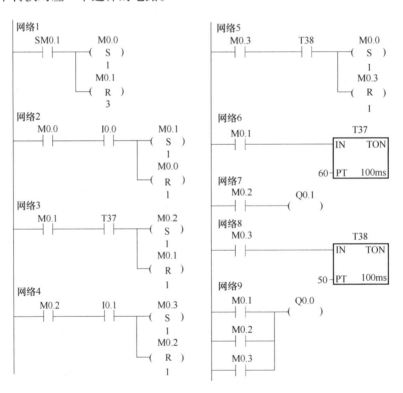

图 10-12 用置位复位指令编写的顺序控制梯形图

根据顺序功能图，用代表步的存储器位的常开触头或它们的并联电路来控制输出位的线圈。Q0.1 仅仅在步 M0.2 得电，它们的波形完全相同，因此可以用 M0.2 的常开触头直接控制 Q0.1 的线圈。接通延时定时器 T37 仅在步 M0.1 为活动步时定时，因此用 M0.1 的常开触头控制 T37。由于同样的原因，用 M0.3 的常开触头控制 T38。Q0.0 的线圈在步 M0.1~M0.3 均得电，因此将 M0.0~M0.3 的常开触头并联后，来控制 Q0.0 的线圈。

思考与练习

10-1 什么是功能图？功能图主要由哪些元素组成？

10-2 顺序控制指令段有哪些功能？

10-3 功能图的主要类型有哪些？

10-4 如题10-4图所示为自动门控制示意图，控制要求如下：

（1）开门控制：当有人靠近自动门时，感应器检测到信号，执行高速开门动作；当门开到一定位置，压到开门减速开关BG1，变为低速开门；当压到开门极限开关BG2时停止。

（2）门开启后：定时器T37开始计时，若在3s内感应器检测到无人，即转为关门动作。

（3）关门控制：先高速关门，当门关到一定位置压到减速开关BG3时，改为低速关门，压到关门极限开关BG4时停止。

（4）在关门期间若感应器检测到有人则停止关门，T38计时1s后自动转换为高速开门。

试设计该系统的顺序控制功能图，并编写PLC程序。

10-5 已知路口交通信号灯的控制要求如下：

（1）信号灯受开关SF1控制，当SF1闭合后，系统开始工作，且先南北红灯亮，东西绿灯亮；当开关SF1断开后，所有信号灯熄灭。

（2）南北红灯亮维持60s，在南北红灯亮的同时东西绿灯也亮，并维持55s。到55s时，东西绿灯闪烁，闪烁3s后熄灭。在东西绿灯熄灭时，东西黄灯亮，2s后熄灭，随后东西红灯亮，同时南北红灯熄灭，南北绿灯亮。

（3）东西红灯亮维持50s，南北绿灯亮维持45s，然后闪烁3s再熄灭，同时南北黄灯亮，维持2s后熄灭，此时南北红灯亮，东西绿灯亮。

（4）上述过程要求周而复始。在整个过程中要求南北绿灯和东西绿灯不能同时亮。

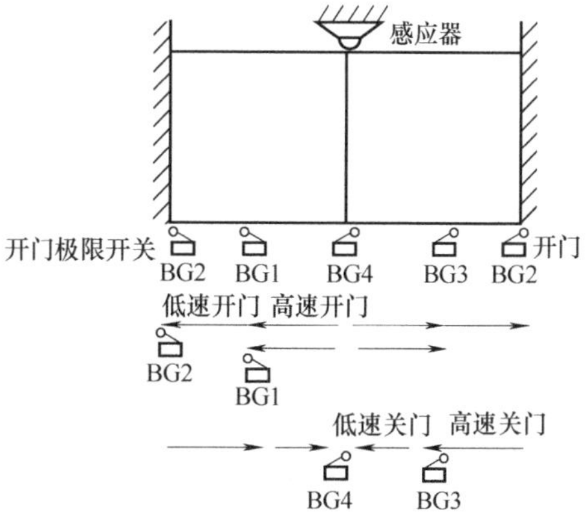

试设计该系统的顺序控制功能图，并编写PLC程序。

题10-4图 自动门控制示意图

10-6 设计一往返行走送料小车的PLC控制电路。具体要求：BG1、BG2分别为机器两端的限位开关，当小车在机器左端时（出发点），按下起动按钮后要停10s进行上料。然后小车右行，至右端时停下进行卸料，须停5s后返回至左端再停10s上料，周尔复始。当按下停止按钮后，小车在当前循环完成后结束工作。请画出PLC接线图、输入/输出分配表、顺序功能图和梯形图（使用顺序控制指令进行设计）。

10-7 2021年4月29日11时23分，搭载中国空间站"天和"核心舱的长征五号B遥二运载火箭，在海南文昌航天发射场成功发射，随着核心舱与火箭成功分离，核心舱顺利进入预定轨道。建造空间站、建成国家太空实验室，是实现我国载人航天工程"三步走"战略的重要目标，是建设科技强国、航天强国的重要引领性工程。请分析"天和"核心舱的发射过程并用顺序功能图表示。

第 11 章

S7-200 PLC高速计数和脉冲输出指令及应用——以定长切割设备的控制为例

导读

定长切割设备在工业生产过程中有着广泛应用，如管材切割、钢板切割等，其执行机构系统主要由步进电动机驱动器、步进电动机、步进滚轮等组成。该系统主要涉及步进电动机的控制，这可以通过PLC的高速脉冲输出功能实现。本章介绍西门子S7-200 PLC的中断、高速计数和脉冲输出指令及应用，以及主程序、子程序和中断程序的运用技巧。

本章知识点

- 中断指令
- 高速计数器指令
- 高速脉冲输出指令

11.1 任务要求

某定长切割设备的结构如图11-1所示。该设备主要由控制系统和执行机构系统组成，控制系统具备手动和自动两种控制方式，手动控制方式用于设备的调试、维修或异常情况处理，正常工作时，系统处于自动控制方式。整个系统主要完成的任务如下：

1) 设备运行后，PLC发送高速脉冲到步进电动机驱动器，通过步进电动机驱动器发送运行脉冲信号给步进电动机，步进电动机驱动滚轮带动管材的进给。

2) BG1为零位进给开关，当待切割材料到达BG1位置时，步进电动机正转，待切割材料由步进滚轮引出左行，当引出长度达到预设值时，步进电动机驱动器停止发送脉冲信号给步进电动机，步进电动机停止运行，进给结束。

3) 步进电动机停止运行的同时，气缸带动切割刀动作，将管材切割成规定尺寸的成品，随后切割刀继续向下运行，直至压到限位开关BG3后，切割刀回程。

4) 切割刀回程压到限位开关BG2后，回程结束。

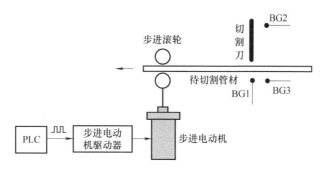

图 11-1　某定长切割设备结构示意图

5）设备再次运行，进行下一次管材进给切割，循环往复，将管材切割成长度相同的成品。

下面分别介绍步进电动机及驱动器、中断指令、高速计数器指令和高速脉冲输出指令及它们的使用。

11.2　步进电动机及驱动器

步进电动机是一种将脉冲电信号变换为相应的角位移或直线位移的特种电动机，即给一个脉冲电信号，电动机就转动一个角度（即步距角）或前进一步，故称步进电动机。步进电动机必须与控制器和驱动器配合使用。驱动器的主要功能是接收控制器发出的脉冲串信号，放大到一定的功率，并按照电动机工作方式的需要分配给步进电动机的各个绕组。图 11-2 所示是某两相步进电动机驱动器的面板示意图。

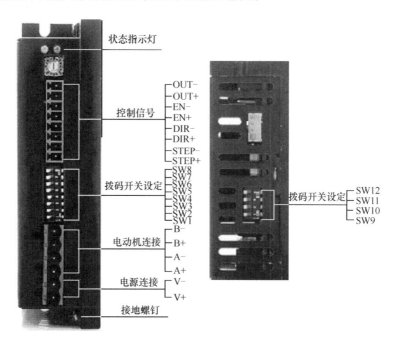

图 11-2　某两相步进电动机驱动器的端口图

在图 11-2 中，接线端子 V+、V-为直流电源输入端，A+、A-及 B+、B-用于连接步进电动机的绕组，接线端子 DIR+/DIR-、STEP+/STEP-用于控制步进电动机的运转方向和脉冲信号。当 DIR 悬空或为低电平时，电动机顺时针运转；DIR 信号为高电平时，电动机逆时针运转。STEP 为脉冲串输入端，控制电动机的转速和位置。EN 为使能信号，用于输入使能或关断驱动器的功率部分。EN 信号悬空或为低电平时，驱动器处于使能状态，电动机正常运转；EN 信号为高电平时，驱动器功率部分关断，电动机无励磁。OUT 为报错输出接口。

11.3 中断程序及指令

所谓中断，是指当控制系统执行正常程序时，系统中出现了某些急需处理的异常情况或特殊请求，这时系统暂时停止当前程序，转去对随机发生的紧迫事件进行处理（即执行中断服务程序），当该事件处理完毕后，系统自动回到原来被暂时停止的程序继续执行。S7-200 PLC 设置了中断功能，用于实时控制、高速处理、通信和网络等复杂及特殊的控制任务。

1. 中断事件

中断事件即向 CPU 发出中断请求的事件，又称中断源。为了便于识别，系统给每个中断事件都分配一个编号，称为中断事件号。S7-200 系列 PLC 最多有 34 个中断事件，分为三大类：通信中断、输入/输出中断和时基中断。

（1）通信中断　S7-200 PLC 允许用户程序控制通信口，通信中的这种操作模式称作自由口通信模式。利用接收和发送中断可简化程序对通信的控制。在自由口通信模式下，用户可以编程定义波特率、奇偶校验和通信协议等参数。用户通过编程控制通信口的事件为通信中断。

（2）输入/输出中断　输入/输出（I/O）中断包括外部输入中断、高速计数器中断和脉冲输出（PTO）中断。S7-200 的 CPU 可用 I0.0~I0.3 的上升沿或下降沿产生中断，这些输入端子的作用是捕获在发生时必须立即处理的事件；高速计数器中断允许响应当前值等于预设值、计数方向改变和计数器外部复位产生的中断；脉冲输出中断是指预定数目脉冲输出完成而产生的中断，其典型应用是对步进电动机的控制。

（3）时基中断　时基中断包括定时中断和定时器中断。

1）定时中断包括定时中断 0 和定时中断 1。可以用定时中断指定一个周期性的活动，周期以 1ms 为增量单位，周期时间可为 1~255ms。如果使用定时中断 0，必须把周期时间写入 SMB34；如果使用定时中断 1，必须把周期时间写入 SMB35。

当把中断程序连接到定时中断事件上，如果该定时中断被允许，则开始计时，定时中断就连续运行，每当达到定时值即执行中断程序。通常可用定时中断以固定的时间间隔对模拟量输入进行采样或者执行 PID 控制回路。

2）定时器中断允许对定时时间间隔产生中断。这类中断只支持 1ms 时基的定时器 T32 和 T96。当定时器的当前值等于预设值时响应中断，在 CPU 的正常 1ms 定时刷新中执行中断程序。

2. 中断优先级

在中断系统中，中断事件按中断性质和处理的轻重缓急进行处理，并给予优先权。所谓优先权，是指多个中断事件同时发出中断请求时，CPU 对中断相应的优先次序。中断优先级由高到低依次是：通信中断、输入/输出中断和时基中断。每组中断里的不同中断事件又有不同的优先权。所有中断事件及优先级见表 11-1。

表 11-1 中断事件及优先级

组优先级	组内类型	中断事件号	中断事件描述	组内优先级
通信中断（最高级）	通信口 0	8	通信口 0：接收字符	0
		9	通信口 0：发送完成	0
		23	通信口 0：接收信息完成	0
	通信口 1	24	通信口 1：接收信息完成	1
		25	通信口 1：接收字符	1
		26	通信口 1：发送完成	1
输入/输出中断（中等）	脉冲输出	19	PTO0：脉冲串输出完成中断	0
		20	PTO1：脉冲串输出完成中断	1
	外部输入	0	I0.0：上升沿中断	2
		2	I0.1：上升沿中断	3
		4	I0.2：上升沿中断	4
		6	I0.3：上升沿中断	5
		1	I0.0：下降沿中断	6
		3	I0.1：下降沿中断	7
		5	I0.2：下降沿中断	8
		7	I0.3：下降沿中断	9
	高速计数器	12	HSC0：当前值等于预设值中断	10
		27	HSC0：输入方向中断	11
		28	HSC0：外部复位中断	12
		13	HSC1：当前值等于预设值中断	13
		14	HSC1：输入方向中断	14
		15	HSC1：外部复位中断	15
		16	HSC2：当前值等于预设值中断	16
		17	HSC2：输入方向中断	17
		18	HSC2：外部复位中断	18
		32	HSC3：当前值等于预设值中断	19
		29	HSC4：当前值等于预设值中断	20
		30	HSC4：输入方向中断	21
		31	HSC4：外部复位中断	22
		33	HSC5：当前值等于预设值中断	23
时基中断（最低级）	定时	10	定时中断 0	0
		11	定时中断 1	1
	定时器	21	T32 当前值等于预设值中断	2
		22	T96 当前值等于预设值中断	3

CPU 响应中断的原则：当不同优先级别的中断事件同时向 CPU 发出中断请求时，CPU 总是按照优先级别由高到低的顺序响应中断。在任何时刻，CPU 只执行一个中断程序。一旦中断程序开始执行就会一直执行到结束，而且不会被别的中断程序甚至是更高优先级的中断程序打断。中断程序执行中，新出现的中断请求会按优先级和到来时间的先后顺序进行排队等候处理。

3. 指令格式及功能

常用的中断指令有：开中断指令、关中断指令、中断连接指令、中断分离指令及中断条件返回指令。中断指令的格式及功能见表 11-2。

表 11-2　中断指令的格式及功能

指　　令	指令格式		功　　能
	梯形图	语句表	
开中断指令	—(ENI)	ENI	全局允许所有中断事件
关中断指令	—(DISI)	DISI	全局禁止所有中断事件，执行关中断指令会禁止处理中断
中断连接指令	ATCH EN　ENO INT EVNT	ATCH INT, EVNT	将一个中断事件和一个中断程序建立联系，并启用中断事件 INT：中断服务程序标号，常量 0~127； EVNT：中断事件号，常量
中断分离指令	DTCH EN　ENO EVNT	DTCH EVNT	切断一个中断事件和所有程序的联系，并禁用该中断
中断条件返回指令	—(RETI)	CRETI	在满足条件时，可以提前结束中断程序的执行，从中断程序中返回

4. 指令说明

1）PLC 系统每次由其他模式切换到 RUN 模式时会自动关闭所有中断事件。可以通过编程在 RUN 模式下使用 ENI 指令开放所有的中断，以实现对中断事件的处理。若用 DISI 指令关闭所有中断，则中断程序不能被激活，但允许发生的中断事件等候，直到使用 ENI 指令重新允许中断。

2）中断程序是为处理中断事件而事先编好的程序，由三部分构成：中断程序标号、中断服务程序和中断返回指令。中断程序标号即中断程序的名称，它在建立中断程序的时候生成。中断服务程序是用于处理中断事件的程序。中断返回指令用于退出中断服务程序返回到主程序处。

3）中断程序中禁止使用以下指令：DISI、ENI、CALL、HDEF、FOR/NEXT、LSCR、SCRE、SCRT 和 END。

4）在启动中断程序之前，必须使中断事件与发生此事件时希望执行的程序段建立联系，可以使用 ATCH 指令建立中断事件与程序段之间的联系。将中断事件连接到中断程序时，该中断自动被启动。根据指定事件优先级，PLC 按照先来先服务的顺序为中断提供服务。

5）中断调用即调用中断程序，使系统对特殊的内部事件产生响应。系统响应中断时自动保存逻辑堆栈、累加器和某些特殊标志位，即保护现场。中断处理完成时又自动恢复这些特殊标志位原来的状态，即恢复现场。

6）多个事件可以调用同一个中断程序，但一个中断事件不能同时指定多个中断服务程序。

5. 建立中断程序的方法

在 STEP 7-Micro/WIN 编程软件中，建立中断程序可以用以下三种方法。

1）从"编辑"菜单→选择"插入"→选择"中断"。

2）右键单击指令树中的"程序块"图标，并从弹出的菜单中选择"插入"→"中断"。

3）右键单击"程序编辑器"窗口，从弹出的菜单中选择"插入"→"中断"。

通过以上方法均可生成一个新的中断程序编号。在程序编辑器的底部出现一个新的中断程序，默认的中断程序名是 INT_0~INT_n。用户可以在图标上直接更改中断程序的程序名。

例 11-1 利用定时中断，编程完成采样工作，要求每 20ms 对数据采样一次。

分析：完成每 20ms 采样一次，需要定时中断，查表 11-1 可知，定时中断 0 的中断事件号为 10。因此，在主程序中将采样周期即定时中断的时间间隔（20ms）写入到定时中断 0 的特殊标志位 SMB34，程序如图 11-3 所示。

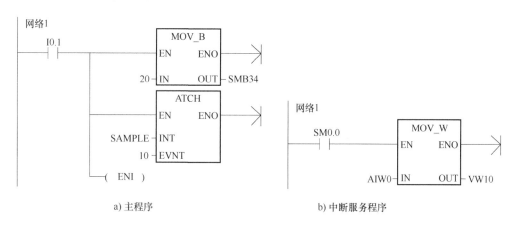

图 11-3 数据采样程序

11.4 高速计数器指令

11.4.1 高速计数器基本概念

普通计数器的计数过程受 PLC 扫描周期的影响，计数的工作频率很低，一般仅有几十赫兹。对于比 CPU 模块扫描频率高的脉冲输入，普通计数器就不能满足计数要求了。而高速计数器可以用来累积比扫描频率高得多的脉冲输入，并利用产生的中断事件完成预定的操作。高速计数器的最高计数频率取决于 CPU 模块的类型，CPU 22x 系列最高计数频率为 30kHz。高速计数器和编码器配合使用，在现代自动控制中可实现精确定位和长度测量。

1. 数量及编号

高速计数器在程序中使用的地址编号用 HSCn 来表示，n 为编号。不同型号 PLC 的 CPU 模块，高速计数器的数量不同，CPU 221 和 CPU 222 有四个，它们是 HSC0 和 HSC3~HSC5；CPU 224、CPU 224XP 和 CPU 226 有六个，它们是 HSC0~HSC5。在这些计数器中，HSC3 和 HSC5 只能作为单相计数器，其他计数器既可以作为单相计数器，也可以作为双相计数器使用。

2. 中断事件类型

高速计数器的计数和动作可采用中断方式进行控制，各种型号的 PLC 可用的高速计数器的中断事件大致分为三类：当前值等于预设值中断、输入方向改变中断和外部复位中断。所有高速计数器都支持当前值等于预设值中断，每个高速计数器的三种中断优先级由高到低，不同高速计数器的优先级又按编号顺序由高到低，见 11.3 节中的表 11-1。

3. 工作模式及输入端子

S7-200 PLC 的高速计数器可以被配置为 12 种模式中的任意一种，它们可以分为四种基本类型，分别是带有内部方向控制的单向计数器（模式 0~2）、带有外部方向控制的单向计数器（模式 3~5）、带有两个时钟输入的双向计数器（模式 6~8）和 A/B 相正交计数器（模式 9~11）。

其中 A/B 相正交计数器有两个脉冲输入端子，输入的两路脉冲 A 相和 B 相，相位互差 90°（正交）。A 相超前于 B 相 90°时加计数；B 相超前于 A 相 90°时减计数。A/B 相正交计数器有一倍频模式和四倍频模式。需要增加测量精度时，可以采用四倍频模式，即分别在 A、B 相波形的上升沿和下降沿计数，在时钟脉冲的每个周期可以计四次数。

在使用一个高速计数器时，首先要使用 HDEF 指令定义一种工作模式。每种 HSCn 的工作模式的数量也不同，HSC1 和 HSC2 最多可达 12 种，而 HSC5 只有一种工作模式。高速计数器使用的输入端子不是任意选择的，必须按系统规定的输入端子输入信号。已经定义用于高速计数器的输入端子不能再用于其他的功能。例如，HSC1 在模式 2 下工作，只能用 I0.6 作时钟输入，不能使用 I0.7，I0.7 可以用作他用。

高速计数器的输入端子和工作模式见表 11-3。

表 11-3　高速计数器的输入端子和工作模式

HSC 模式	功能及说明	输入端子及其功能			
	HSC0	I0.0	I0.1	I0.2	×
	HSC1	I0.6	I0.7	I1.0	I1.1
	HSC2	I1.2	I1.3	I1.4	I1.5
	HSC3	I0.1	×	×	×
	HSC4	I0.3	I0.4	I0.5	×
	HSC5	I0.4	×	×	×
0	具有内部方向控制的单相计数器	时钟	×	×	×
1		时钟	×	复位	×
2		时钟	×	复位	开始
3	具有外部方向控制的单相计数器	时钟	方向	×	×
4		时钟	方向	复位	×
5		时钟	方向	复位	开始

(续)

HSC 模式	功能及说明	输入端子及其功能			
6	具有增减计数时钟的双相计数器	增时钟	减时钟	×	×
7		增时钟	减时钟	复位	×
8		增时钟	减时钟	复位	开始
9	A/B 相正交计数器	时钟 A	时钟 B	×	×
10		时钟 A	时钟 B	复位	×
11		时钟 A	时钟 B	复位	开始
12	只有 HC0 和 HC3 支持模式 12；HC0 计数 Q0.0 输出的脉冲数；HC3 计算 Q0.1 输出的脉冲数				

4. 状态字节和控制字节

（1）状态字节 每个高速计数器都有一个状态字节，状态字节表示当前计数方向以及当前值是否等于或大于预设值。可以通过程序来读取相关状态字节的信息，用做判断条件实现的相应操作。每个高速计数器状态字节见表 11-4。其中状态字节的 0~4 位不用。

表 11-4 状态字节的状态位

HSC0	HSC1	HSC2	HSC3	HSC4	HSC5	功　能
SM36.5	SM46.5	SM56.5	SM136.5	SM146.5	SM156.5	当前计数方向状态位：0=减计数；1=增计数
SM36.6	SM46.6	SM56.6	SM136.6	SM146.6	SM156.6	当前值等于预设值状态位：0=不相等；1=等于
SM36.7	SM46.7	SM56.7	SM136.7	SM146.7	SM156.7	当前值大于预设值状态位：0=小于或等于；1=大于

（2）控制字节 每个高速计数器都对应一个控制字节。用户可以根据要求来设置控制字节中各控制位的状态，以实现对高速计数器的控制。控制字节决定了计数器是否被允许计数、计数器的计数方向及装入当前值和预设值等。控制字节各控制位的功能见表 11-5。

表 11-5 控制字节的控制位

HSC0	HSC1	HSC2	HSC3	HSC4	HSC5	功　能
SM37.0	SM47.0	SM57.0		SM147.0		复位有效电平控制：0=高电平有效；1=低电平有效
	SM47.1	SM57.1				启动有效电平控制：0=高电平有效；1=低电平有效
SM37.2	SM47.2	SM57.2		SM147.2		正交计数器计数速率选择：0=4×计数速率；1=1×计数速率
SM37.3	SM47.3	SM57.3	SM137.3	SM147.3	SM157.3	计数方向控制位：0=减计数；1=增计数
SM37.4	SM47.4	SM57.4	SM137.4	SM147.4	SM157.4	向 HSC 写入计数方向：0=无更新；1=更新方向
SM37.5	SM47.5	SM57.5	SM137.5	SM147.5	SM157.5	向 HSC 写入新预设值：0=无更新；1=更新预设值
SM37.6	SM47.6	SM57.6	SM137.6	SM147.6	SM157.6	向 HSC 写入新当前值：0=无更新；1=更新当前值
SM37.7	SM47.7	SM57.7	SM137.7	SM147.7	SM157.7	HSC 允许：0=禁用 HSC；1=启用 HSC

11.4.2 指令格式及功能

与高速计数器相关的指令包括定义高速计数器指令和高速计数器指令，见表 11-6。

表 11-6 高速计数器指令的格式及功能

	定义高速计数器指令	高速计数器指令
梯形图	HDEF EN ENO HSC MODE	HSC EN ENO N
语句表	HDEF HSC，MODE	HSC N
指令功能	为指定的高速计数器分配一种工作模式，即用来建立高速计数器与工作模式之间的联系	根据高速计数器特殊存储器位的状态，并按照 HDEF 指令指定的工作模式，设置高速计数器并控制其工作
数据类型	HSC 表示高速计数器的编号，为 0~5 的常数；MODE 表示工作模式，为 0~12 的常数，属于字节型	N 表示高速计数器编号，为 0~5 的常数，属于字型

11.4.3 高速计数器的使用方法

例 11-2 利用高速计数器，采用测频的方法测量电动机的转速。所谓用测频法测量电动机的转速是指在单位时间内采集编码器脉冲的个数，然后再经过一系列的运算进而得知电动机的转速的方法。因此，可以用高速计数器对转速脉冲信号计数，同时用时基来完成定时。下面介绍完成这一任务的程序中有关高速计数器的部分。

（1）选择高速计数器及其工作模式 根据使用的 CPU 模块型号和控制要求，一是选用高速计数器；二是选择该高速计数器的工作模式。本例选择高速计数器 HSC0，确定工作模式为 0。采用初始化子程序，用 SM0.1 去调用一个初始化子程序完成初始化操作。

（2）设置控制字节 需要将高速计数器控制字节的控制位设置成程序需要的状态，否则将采取默认设置。默认设置为：复位和启动输入高电平有效，高速计数器选择模式 4。执行 HDEF 指令后，就不能再改变计数器的设置，除非 CPU 进入停止模式。本例 SMB37 = 16#F8。其功能为：计数方向为增，允许更新计数方向，允许新初始值；允许写入新设定值；允许执行 HSC 指令。

（3）设定当前值与预设值 每个高速计数器都有一个 32 位当前值和一个 32 位预设值，两者均为带符号的整数。当前值和预设值占用的特殊标志位存储区见表 11-7。当前值随计数脉冲的输入而不断变化，可以由程序直接读取 HCn 得到。本例选用的高速计数器 HSC0，所以令 SMD38 = 0。

表 11-7 当前值和预设值占用的特殊标志位存储区

要装入的值	HSC0	HSC1	HSC2	HSC3	HSC4	HSC5
新的当前值	SMD38	SMD48	SMD58	SMD138	SMD148	SMD158
新的预设值	SMD42	SMD52	SMD62	SMD142	SMD152	SMD162

（4）执行 HDEF 指令 CPU 检查控制字节及有关的当前值和预设值。

（5）设置中断事件并全局开中断 高速计数器指令利用中断方式对高速事件进行精确控制。把中断事件与一个中断程序相联系。本例中采用时基中断，令 SMB34 = 200，中断程序为 HSCINT，EVENT 为 10。

(6) 执行高速计数器指令 即运行程序。

本例的主程序、初始化子程序和中断程序的梯形图如图 11-4 所示。

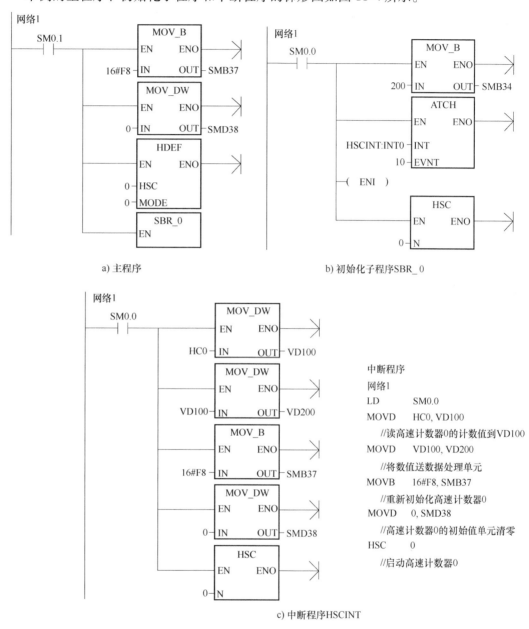

图 11-4 高速计数器举例程序

11.5 高速脉冲输出指令

高速脉冲输出是指在 PLC 的某些输出端产生高速脉冲，用来驱动负载实现精确定位控制和速度控制等，一般应用在运动控制领域，如控制步进或伺服电动机。使用高速脉冲输出功能时，PLC 应选用晶体管输出型，以满足高速输出的频率要求，不能用继电器输出型。

11.5.1 高速脉冲输出基本概念

1. 高速脉冲输出的方式

S7-200 PLC 的 CPU 模块配有两个高速脉冲发生器，它们是 Q0.0 和 Q0.1，可以分别设置成高速脉冲串输出（Pulse Train Output，PTO）或宽度可调脉冲输出（Pulse Width Modulation，PWM）两种方式。PTO 用于速度和位置控制，将输出脉冲的个数作为位置给定值以实现定位控制功能，并可通过改变定位脉冲的输出频率进而改变运动的速度。PWM 则用于直接驱动调速系统。

由于 PTO/PWM 发生器与输出映像寄存器共用 Q0.0 和 Q0.1，同一输出端子在同一时间只能用于一种功能。所以，若 Q0.0 和 Q0.1 在程序执行时用作高速脉冲输出，则其通用功能即被自动禁止，任何输出刷新、输出强制和立即输出指令都无效。

2. 特殊标志寄存器

每个高速脉冲发生器对应一定数量的特殊寄存器，其集成输出端子工作在 PTO 或 PWM 状态，需要通过特殊寄存器的功能设置来完成。这些寄存器包括控制字节、状态字节寄存器和参数值寄存器。各个寄存器的功能见表 11-8。

表 11-8 相关寄存器功能表

Q0.0	Q0.1	状态字节的功能说明
SM66.4	SM76.4	PTO 包络因增量计算错误异常终止：0=无错；1=异常终止
SM66.5	SM76.5	PTO 包络因用户命令终止：0=无错；1=异常终止
SM66.6	SM76.6	PTO 管线溢出：0=无溢出；1=溢出
SM66.7	SM76.7	PTO 空闲：0=执行中；1=空闲
Q0.0	Q0.1	控制字节的功能说明
SM67.0	SM77.0	PTO/PWM 更新周期值：0=不更新；1=更新
SM67.1	SM77.1	PWM 更新脉冲宽度值：0=不更新；1=更新
SM67.2	SM77.2	PTO 更新脉冲数：0=不更新；1=更新
SM67.3	SM77.3	PTO/PWM 时间基准选择：0=μs；1=ms
SM67.4	SM77.4	PWM 更新方式：0=异步更新；1=同步更新
SM67.5	SM77.5	PTO 单/多段方式：0=单段方式；1=多段方式
SM67.6	SM77.6	PTO/PWM 模式选择：0=选择 PTO 模式；1=选择 PWM 模式
SM67.7	SM77.7	PTO/PWM 允许：0=禁止；1=允许
Q0.0	Q0.1	其他 PTO/PWM 寄存器
SMW68	SMW78	设置 PTO/PWM 脉冲的周期值，属字型，范围：2~65535ms 或 10~65535μs
SMW70	SMW80	设置 PWM 的脉冲宽度值，属字型，范围：0~65535（ms 或 μs）
SMD72	SMD82	设置 PTO 脉冲串的输出脉冲数，属双字型，范围：1~4294967295
SMB166	SMB176	段号，多段管线 PTO 进行中的段的编号
SMW168	SMW178	多段管线 PTO 包络表起始字节的地址，用变量寄存器 VB0 开始的字节偏移表示

对于 PTO 方式，每个高速脉冲输出都有一个状态字节。程序运行时，根据运行状态使某些位自动置位。可以通过程序来读取相关位的状态，并用此状态作为判断条件实现相应的操作。例如，如果用 Q0.0 作为高速脉冲输出，则对应的控制字节为 SMB67。如果向 SMB67 写入 2#10101000，即 16#A8，则对 Q0.0 的功能设置为：允许脉冲输出、多段 PTO 脉冲串输

出、时基为 ms 以及不允许更新周期值和脉冲数。

每个高速脉冲输出都对应一个控制字节，同时对控制字节指定位的编程，设置字节中各控制位，如脉冲输出允许、PTO/PWM 模式选择、PTO 单段/多段选择、更新方式、时间基准和允许更新等。

11.5.2 指令格式及功能

高速脉冲输出指令格式及功能见表 11-9。

表 11-9 高速脉冲输出指令格式及功能

指　　令	指令格式		功　　能
	梯形图	语句表	
脉冲输出指令	PLS ─EN ENO─ ─Q0.X	PLS　Q	使能有效时，检查用程序设置的特殊存储器位，执行由控制位定义的脉冲操作，从 Q0.0 或 Q0.1 输出高速脉冲

11.5.3 PTO 的使用方法

PTO 功能按照指定的周期值与脉冲数目，输出占空比为 50% 的高速脉冲串。状态字节中的最高位（空闲位）用来指示脉冲串输出是否完成。可在脉冲串输出完成时启动中断程序，若使用多段操作，则在包络表完成时启动中断程序。

1. 周期和脉冲数

周期范围为 10~65535μs 或为 2~65535ms，为 16 位无符号数。注意：设定的周期值应为偶数，否则会引起占空比失真。脉冲计数范围从 1~4294967295，为 32 位无符号数，如果编程时设定脉冲数为 0，则系统默认脉冲数为 1 个。

2. PTO 种类与特点

在 PTO 方式中可输出多个脉冲串，并允许脉冲串排队以形成管线。确保当前输出的脉冲串完成之后就会立即输出新脉冲串，进而保证了脉冲串输出的连续性。根据管线的实现方式，可将 PTO 分为两种，即单段管线和多段管线。

（1）单段管线　单段管线是指管线中每次只能存储一个脉冲串的控制参数（即入口），一旦启动了一个脉冲串进行输出时，就需要用指令立即为下一个脉冲串更新特殊存储器，并再次执行 PLS 指令。第一个脉冲串完成，第二个波形输出立即开始，重复这一步骤可以实现多个脉冲串的输出。单段管线中的各脉冲段可以采用不同的时基，但在输出多个脉冲时编程复杂，而且一旦参数设置不当就会造成脉冲串之间的不平衡。

（2）多段管线　多段管线是指在变量存储器中建立一个包络表，包络表中存放每个脉冲串的参数，相当于有多个脉冲串的入口。多段管线可以由 PLS 指令启动，运行时，CPU 自动从包络表按顺序读取每个脉冲串的参数进行输出。

编程时必须装入包络表的起始变量的偏移地址，运行时只使用特殊存储器的控制字节和状态字节。包络表由包络段数和各段构成。整个包络表的段数（1~255）放在包络表首字节中（8 位），接下来的每段长度为 8 个字节，包括脉冲周期值 16 位、周期增量值 16 位和脉冲计数值 32 位。以包络三段的包络表为例，若 VBn 为包络表起始字节地址，则包络表的结构见表 11-10。

表 11-10 三段包络表格式

起始地址的字节偏移	名称	功 能 说 明
VBn	段标号	段数（1~255）：数值0产生非致命错误，不产生PTO输出
VWn+1	段1	初始周期（2~65535个时基单位）
VWn+3		每个脉冲的周期增量，符号整数，取值范围为-32768~32767个时基单位
VDn+5		输出脉冲数（1~4294967295）
VWn+9	段2	初始周期（2~65535个时基单位）
VWn+11		每个脉冲的周期增量，符号整数，取值范围为-32768~32767个时基单位
VDn+13		输出脉冲数（1~4294967295）
VWn+17	段3	初始周期（2~65535个时基单位）
VWn+19		每个脉冲的周期增量，符号整数，取值范围为-32768~32767个时基单位
VDn+21		输出脉冲数（1~4294967295）

多段管线的优点是编程简单，而且具有按照周期增量存储器的数值自动增减周期的能力，这在步进电动机的加速和减速控制时非常方便。多段管线的局限性是在包络表中的所有脉冲串的周期必须采用同一个时基，而且当多段管线执行时，包络表的各段参数不能改变。

3. PTO 的使用

例 11-3 控制要求：步进电动机运行控制过程中，要从 A 点加速到 B 点后恒速运行，又从 C 点开始减速到 D 点，完成这一过程后用指示灯显示。电动机在从 A 点和 D 点的脉冲频率为 2kHz，B 点和 C 点的频率为 10kHz，加速过程的脉冲数为 200 个，恒速转动的脉冲数为 3400 个，减速过程脉冲数为 400 个，工作过程如图 11-5 所示。

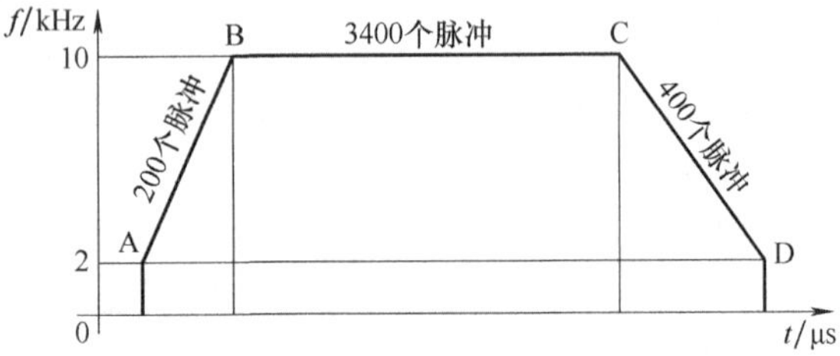

图 11-5 步进电动机的工作过程

设计步骤如下：

（1）确定脉冲发生器及工作模式 根据控制要求，选用高速脉冲串输出端，然后选择工作模式为 PTO，并且确定多段或单段管线模式。如果要求有多个脉冲串连续输出，通常采用多段管线。本例选择高速脉冲串发生器 Q0.0，PTO 为三段脉冲管线（AB、BC 和 CD 段）。

（2）设置控制字节 本例最大脉冲频率为 10kHz，对应的周期值为 100μs，因此时基选择为 μs，将 2#10100000，即将 16#A0 写入控制字节 SMB67。功能为：允许脉冲输出、多段 PTO 脉冲串输出、时基为 μs 以及不允许更新周期值和脉冲数。

（3）写入周期值、周期增量值和脉冲数 本例为三段脉冲，则需要建立三段脉冲的包络表，并对各段参数分别设置。包络表中各脉冲都是以周期为时间参数，所以必须把频率换算为周期值。包络表结构见表 11-11。

表 11-11 包络表值

V 存储器地址	数 值	参数名称	各块名称	实际功能
VB500	3	总包络段数		决定输出脉冲串数
VW501	500μs	初始周期	段1	电动机加速阶段
VW503	-2μs	周期增量		
VD505	200	输出脉冲数		

(续)

V存储器地址	数值	参数名称	各块名称	实际功能
VW509	100μs	初始周期	段2	电动机恒速运行阶段
VW511	0μs	周期增量		
VD513	3400	输出脉冲数		
VW517	100μs	初始周期	段3	电动机减速阶段
VW519	1μs	周期增量		
VD521	400	输出脉冲数		

（4）装入包络表的首地址　只在多段脉冲输出中需要。本例选择的起始变量的存储器地址为VB500。

（5）设置中断事件并全局开中断　PTO可以利用中断方式对高速事件进行精确控制。中断事件是高速脉冲输出完成，中断事件号为19或20。本例高速脉冲输出完成时，调用中断程序，则指示灯点亮。因此用中断连接指令将中断事件19与中断子程序PTOINT连接，并全局开中断。

（6）执行PLS指令　使用PLS指令启动高速脉冲串，并由Q0.0或Q0.1输出。本例由Q0.0输出。本例的主程序、初始化子程序和中断程序的梯形图如图11-6及图11-7所示。

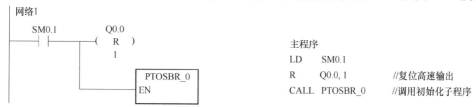

a) 主程序的梯形图及语句表

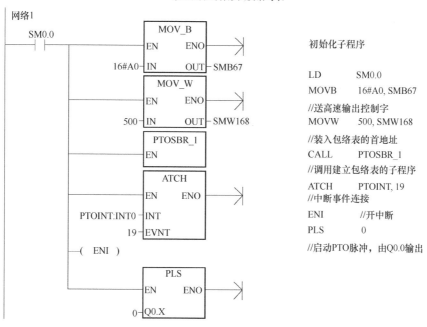

b) 初始化子程序(PTOSBR0)的梯形图及语句表

图11-6　PTO应用举例程序（1）

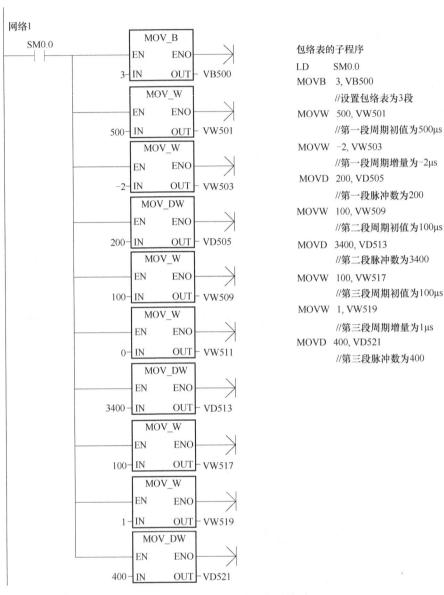

a) 包络表的子程序的梯形图及语句表

b) 中断程序的梯形图及语句表

图 11-7 PTO 应用举例程序（2）

11.5.4 PWM 的使用方法

宽度可调脉冲输出 PWM，用来输出占空比可调的高速脉冲。用户可以控制脉冲的周期和脉宽。

1. 周期和脉宽

周期和脉宽时基为 μs 或 ms，均为 16 位无符号数。

周期的范围为 10~65535μs 或为 2~65535ms。若周期小于两个时基,则系统默认为两个时基。脉宽范围为 0~65535μs 或为 0~65535ms。若脉宽大于或等于周期则占空比为 100%,输出连续接通。若脉宽为 0 则占空比为 0%,输出断开。

2. 更新方式

改变 PWM 波形的更新方式有两种:同步更新和异步更新。

同步更新:不需改变时基时可以用同步更新。执行同步更新时,波形的变化发生在周期的边缘,形成平滑转换。其典型操作是当周期时间保持常数时,变化脉宽而无需改变时基。常见的 PWM 操作是脉宽不同但周期保持不变,即不要求时基改变,因此应先选择适合于所有周期的时基,并尽量使用同步更新。

异步更新:需要改变 PWM 的时基时应使用异步更新。不过异步更新会造成 PWM 功能被瞬时禁止和 PWM 波形不同步,这会引起被控设备的振动。由于这个原因,还是建议选择一个适合于所有周期时间的时间基准,采用 PWM 同步更新。

3. PWM 的使用

使用高速脉冲串输出时,要按以下步骤进行:

1)确定脉冲发生器 一是选用高速脉冲串输出端;二是选择工作模式为 PWM。
2)设置控制字节 按控制要求设置 SMB67 或 SMB77。
3)写入周期值和脉冲宽度值 按控制要求将脉冲周期值写入到 SMW68 或 SMW78,将脉宽值写入到 SMW70 或 SMW80。
4)执行 PLS 指令 用 PLS 指令启动 PWM,并由 Q0.0 或 Q0.1 输出。

例 11-4 从 PLC 的 Q0.0 输出一串脉冲信号,其脉宽每周期递增 0.5s,周期固定为 5s,并且脉宽的初始值为 0.5s。当脉宽达到设定的 4.5s 时,脉宽改为每周期递减 0.5s,直到脉宽减为 0 为止。以上过程周而复始。

分析:因为每个周期都有要求的操作,所以需要把输出端 Q0.0 与输入端 I0.0 连接。这样,当第一个脉冲输出时,利用 ATCH 指令把中断程序 PWMINT0 赋给中断事件 0(I0.0 的上升沿)。另外还要设置一个标志位,来决定什么时候脉冲递增,什么时候脉冲递减。SMB67 用来初始化输出端 Q0.0 的 PWM,控制字设定为 16#DA,把它放到 SMB67 中,它表示输出端为 PWM 方式、不允许更新周期、允许更新脉宽、时基为 ms、同步更新且允许 PWM 输出。

梯形图程序如图 11-8 及图 11-9 所示,它包括主程序、子程序和中断程序。

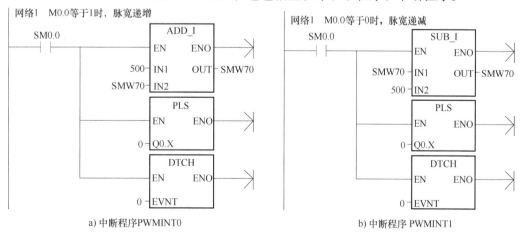

a) 中断程序 PWMINT0   b) 中断程序 PWMINT1

图 11-8 PWM 应用举例程序(中断程序)

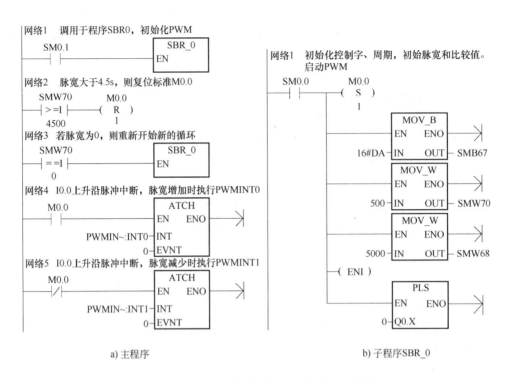

图 11-9　PWM 应用举例程序（主程序和子程序）

11.6　控制系统设计

11.6.1　任务分析

在图 11-1 所示的定长切割设备中，步进电动机必须使用步进电动机驱动器来驱动，PLC 可通过控制脉冲个数来调整步进电动机的角度位移量，从而实现准确定位。即由 PLC 输出的高速脉冲串个数决定切割管材长度；由高速脉冲串频率（周期）决定步进电动机转速。因为要使用高速脉冲输出功能，所以必须选用直流电源型的 CPU 模块，通过 Q0.0 或 Q0.1 实现高速脉冲的输出（PTO 方式）。

由于该控制系统要求具备手动和自动两种工作方式，所以需要设置一个能够进行手动/自动控制方式选择的开关。当待切割材料进给零位限位开关 BG1 动作（送料到位相当于进给零位）、切割刀具原位限位开关 BG2 动作（刀具原位）、手动/自动选择开关打在自动档位时，控制系统可进入自动工作状态；如果进给未回零，可将 BG1 手动回零。自动工作状态时，步进电动机只能正转。待切割材料由步进滚轮引出左行，当引出长度达到预设值时，步进电动机停止送料，气缸带动刀具向下动作。当手动/自动选择开关置于手动档位时，控制系统可进入手动工作状态。手动工作方式下，步进电动机及刀具都可点动，步进电动机能正转/反转运行。当待切割材料进给不在零位或刀具不在原位时，可设置蜂鸣器报警，提醒操作人员手动将送料机构或切割刀具回零。

此外，在手动控制方式下，该设备的每一步动作还需要一个按钮进行控制，如刀具的前进与后退、送料的前进与后退。

根据以上分析，该控制系统需占用 PLC 的 11 个输入端子、5 个输出端子，故选用西门子 S7-200 PLC 的 CPU 224；又由于控制步进电动机需要高速脉冲输出，所以必须选晶体管输出型，因此本例选用 CPU 224/DC/DC/DC 模块。

11.6.2 输入/输出地址分配

根据控制要求，确定 PLC 中的输入/输出端子的对应关系，如表 11-12 所示。

表 11-12 定长切割设备 PLC 控制的输入/输出分配表

输入设备			输出设备		
元件	功能	地址	元件	功能	地址
SF1	手动/自动选择开关	I0.0	STEP+	脉冲串输出	Q0.1
SF2	起动按钮	I0.1	DIR+	旋转方向控制	Q0.2
SF3	停止按钮	I0.2	MB	切割刀进给	Q0.3
SF4	回零按钮	I0.3	PG	运行指示灯	Q0.4
SF5	送料前进按钮	I0.4	PB	蜂鸣器报警	Q0.5
SF6	送料后退按钮	I0.5			
SF7	切割刀前进按钮	I0.6			
SF8	切割刀后退按钮	I0.7			
BG1	进给零位信号	I1.1			
BG2	切割原位信号	I1.2			
BG3	切割到位信号	I1.3			

11.6.3 PLC 接线图设计

本系统选用的一种常用的两相四线的步进电动机，其型号为 AM23HSA4B0-01，这种型号的步进电动机的端口图如图 11-2 所示。步进电动机的四根引线分别是黑色、绿色、红色和蓝色，其中黑色引出线与步进驱动器的 A+接线端子相连，绿色引出线与步进驱动器的 A-接线端子相连，红色引出线与步进驱动器的 B+接线端子相连，蓝色引出线与步进电动机驱动器的 B-接线端子相连。

根据控制要求和 PLC 的输入/输出配置，绘制系统 PLC 接线图，如图 11-10 所示。PLC 与步进驱动器之间采用共阴极接法，即将步进电动机驱动器的 DIR-和 STEP-与电源的负极短接。PLC 的脉冲输出点 Q0.1 与步进电动机驱动器脉冲输入端 STEP+连接。

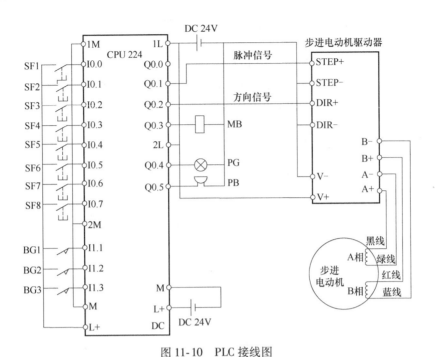

图 11-10 PLC 接线图

11.6.4 梯形图程序设计

控制程序分为主程序（MAIN）、自动控制子程序（AUTO）、手动控制子程序（MANUAL）、手动停止子程序（MSTOP）和自动切割中断程序（CUT），如图 11-11 至图 11-15 所示。在控制程序中，还设置了切割设备运行标志位 M0.0、手动方式标志位 M0.1 和自动方式标志位 M0.2。

1. 主程序（MAIN）

主程序的任务是将控制程序的各模块组合起来，如图 11-11 所示。

2. 自动控制子程序（AUTO）

自动控制子程序如图 11-12 所示。在自动控制子程序中，根据设定的长度和速度控制切割设备

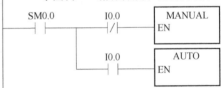

图 11-11 主程序

自动运行。当设备已回到零位且切割刀在原位时，按下起动按钮，步进电动机便带动步进滚轮运行；达到设定长度后步进电动机停止，同时切割刀向下运行；切割到位后切割刀自动退回到原位停止。

网络 4 中的三条数据传送指令功能依次是：控制字节 SMB77 赋值 10000101，允许更新脉冲周期、脉冲数和允许脉冲输出；把脉冲周期值 2000 送到 SMW78，单位为 μs，脉冲周期决定了电动机运行速度；把脉冲个数 8000 送到 SMD82，脉冲个数决定了电动机转过的角度，也就决定了切割的长度。中断连接指令 ATCH 的功能是把 20 号中断事件和自动切割中断程序联系起来，当脉冲输出结束时，执行自动切割中断程序。

3. 手动控制子程序（MANUAL）

手动控制用于设备自动控制运行前的调整以及设备的单步调试，如图 11-13 所示。手动控制子程序主要的功能是：设备的手动回零、前进、后退以及刀具的手动前进和回退。

第11章 S7-200 PLC高速计数和脉冲输出指令及应用——以定长切割设备的控制为例

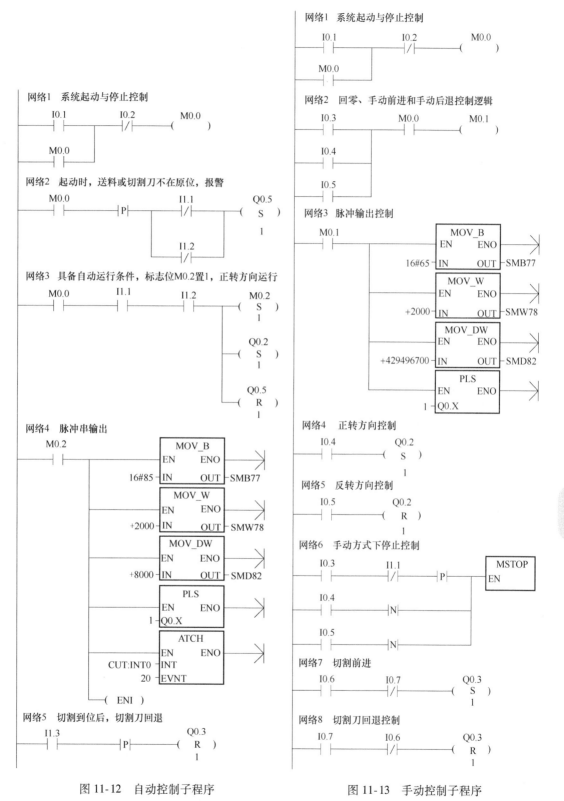

图 11-12 自动控制子程序　　　　图 11-13 手动控制子程序

网络2的功能是在设备起动后,按下回零、手动送料前进、手动后退按钮时,手动运行标志位 M0.1 置 1。网络3的功能和自动控制子程序中的网络4的功能基本相同。网络6的功能是当松开按钮或回零到位时,限位开关 BG1 动作,此时可调用手动停止子程序。

4. 手动停止子程序（ESTOP）

手动停止子程序与手动控制子程序对应,用来实现设备手动运行时的停止控制。手动方式松开按钮时,调用手动停止子程序来禁止 PTO 脉冲输出,电动机停止,如图 11-14 所示。

5. 自动切割中断程序（CUT）

自动切割中断程序实现送料到位后切割刀的自动切割和回退控制。在自动方式下,脉冲串发送结束时,到达指定的送料长度,这就是 20 号中断事件（PTO 脉冲串输出完成中断）,此时自动调用与该中断事件联系的自动切割中断程序,如图 11-15 所示。

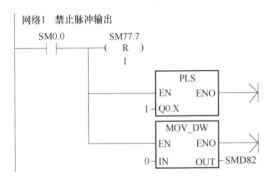

图 11-14 手动停止子程序（ESTOP）

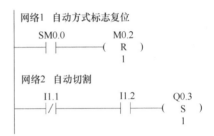

图 11-15 自动切割中断程序（CUT）

11.7 拓展与提高——指令向导的使用

前面所讲的高速计数器指令和高速脉冲输出指令使用过程比较复杂,因此编程软件中为用户提供了指令向导的功能,即高速计数器向导和 PTO/PWM 向导。通过指令向导成功生成程序块后,可从主程序或另一个子程序或中断程序调用向导生成的子程序。

1. 高速计数器指令向导

下面以使用指令向导初始化 HSC0 的工作模式 0 为例。双击项目树中"向导"文件夹中的"高速计数器",打开高速计数器指令向导,按下面的步骤设置参数:

1) 在第一页选择希望配置的计数器 HSC0 和模式 0,每次操作完成后单击"下一步"按钮。

2) 在第二页进行计数器初始化,命名子程序为"HSC0_INT"或选择默认名称,并写上初始状态 HSC0 的设定值。本例预设值为 60,当前值为 0,计数方向为增计数。

3) 在第三页设置中断事件,选择"当前值等于预设值（CV=PV）时中断"并写上中断程序名称,本例中采用默认名称。同时选择在中断程序里改变 HSC0 的参数步骤个数"1"。

4) 在第四页设置动态参数更新,可以更新计数器的预设值、当前值和计数方向。本例更新计数方向为"向下",如图 11-16 所示。

5) 在第五页单击"完成"按钮,完成向导配置。在项目树文件夹"调用子例行程序"中可以看到向导生成的初始化子程序（HSC0_INIT）和中断程序（COUNT_EQ）。

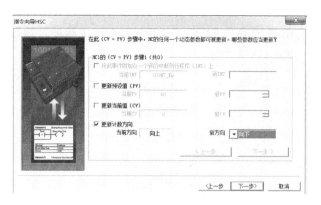

图 11-16　声明更新预设值、当前值和计数方向

由高速计数器指令向导生成的初始化子程序（HSC0_INIT）和中断程序（COUNT_EQ）清单如图 11-17 所示。在主程序中可以调用该初始化子程序，并建立中断连接。

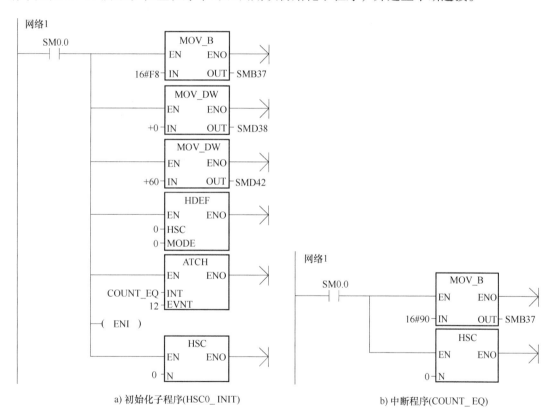

图 11-17　HSC 向导生成的程序

2. 用脉宽调制向导生成 PWM 子程序

双击项目树中的"向导"文件夹中的"PWM"，打开脉宽调制向导，按下面的步骤设置 PWM 发生器的参数：

1）在第一页指定脉冲发生器 Q0.0，每次操作完成后单击"下一步"按钮。
2）在第二页选择"脉冲宽度调制（PWM）"，时基选择"毫秒"。
3）在第三页单击"生成"按钮，在项目树文件夹"调用子例行程序"中就可以看到生成的子程序 PWM0_RUN。

4）子程序 PWM0_RUN 的参数 RUN 用来控制是否产生脉冲，参数 Cycle 为周期值，参数 Pulse 为脉冲宽度，如图 11-18 所示。

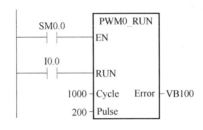

图 11-18 向导生成的 PWM 子程序的调用

思考与练习

11-1 S7-200 PLC 有哪些中断源？如何使用？这些中断源所引发的中断在程序中如何表示？

11-2 试设计一个时间中断子程序，每 20ms 读取输入口 IB0 数据一次，每 1s 计算一次平均值，并送到 VD100 中。

11-3 试设计程序，使用定时中断实现对 100ms 定时周期进行计数。

11-4 定时中断的定时时间最大为 255ms，试设计程序用定时中断 0 实现周期为 2s 的高精度定时。

11-5 用定时中断设计一个每 10ms 采集一次模拟量输入信号 AIW0 值的控制程序。

11-6 试设计程序，在 I0.0 的上升沿通过中断使 Q0.0 立即置位，在 I0.1 的下降沿通过中断使 Q0.0 立即复位。

11-7 通过外部中断程序调用完成以下的控制要求：I0.5 闭合时，Q0.0、Q0.1 被置位，同时建立中断事件 0、2 与中断程序 INT0、INT1 的联系，并全局开中断。在 I0.0 闭合时复位 Q0.0。在 I0.1 闭合时复位 Q0.1，同时切断中断事件与中断程序的联系。

11-8 高速计数器指令主要应用在什么场合？

11-9 S7-200 PLC 的高速计数器有几种工作模式？

11-10 试设计一个计数器程序，要求如下：

（1）计数范围为 0~255；

（2）计数脉冲 SM0.5；

（3）输入 I0.0 的状态改变时，立即激活输入/输出中断程序，中断程序 0 将 M0.1 置成 0，中断程序 1 将 M0.1 置成 1；

（4）M0.1 为 1 时，计数器加计数；M0.1 为 0 时，计数器减计数。

11-11 PTO 和 PWM 输出的区别是什么？

11-12 试编写一段程序，用 Q0.0 输出 10000 个周期为 50μs 的 PTO 脉冲。

第 12 章

S7-200 PLC PID回路控制指令及应用——以恒压供水的PID控制为例

导读

在工业控制系统中，常常用到闭环控制系统，而 PID 控制是闭环控制系统常用的控制方法。本章以恒压供水的 PID 控制为例，介绍 S7-200 PLC 的模拟量扩展模块的使用，以及 PID 控制方法和指令。

本章知识点

- 模拟量扩展模块 EM235
- PID 控制指令
- PID 指令向导

12.1 任务要求

随着城市化的快速发展，我国高层建筑数量已稳居世界第一，随之而来，高层建筑的供水问题日益突出。对供水系统而言，一方面要提高供水质量，不能因为压力的波动影响用户使用；另一方面要保证供水的安全性和可靠性，在发生火灾的时候仍然能够可靠供水。供水系统的设置目的是要控制好供水的流量，满足用户对水流量的需求，而流量与供水管道的压力大小成正比。因此保持供水系统中某处压力的恒定，也就保证了该处供水能力和用水需求的平衡状态，可以恰到好处地满足用户所需，这就是恒压供水。

1. 工艺过程

下面以一个双泵恒压供水系统为例来说明恒压供水系统的运行过程。如图 12-1 所示，市政自来水管网来水受电磁阀 MB1 来控制，水池的高/低水位信号直接送给 PLC，只要水位低于高水位，则 PLC 控制电磁阀 MB1 自动往水池中注水，低水位信号作为水位过低时报警用。生活用水和消防用水共用两台水泵，电磁阀 MB2 平时处于断电状态，关闭消防用水管网，两台水泵根据生活用水的多少，按照一定的控制逻辑运行，使生活用水保持在恒压状态；当发生火灾时，电磁阀 MB2 得电，关闭生活用水管网，确保水只供给消防用水管网使用。火灾结束后两台水泵的功能再切换为提供生活用水。

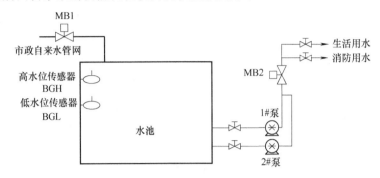

图 12-1 恒压供水系统运行图

2. 系统控制要求

该恒压供水系统控制的基本要求：

1）供应生活用水时，系统应处于低恒压值运行，供应消防用水时系统应在高恒压值运行；

2）两台水泵根据恒压供水的需要，采取"先开先停"的原则接入和退出；

3）在用水量小的情况下，如果一台水泵连续运行时间超过 3h，则要切换到下一台水泵，即系统具有倒泵功能，避免一台水泵工作时间过长。

4）两台泵在起动时要有软起动功能；

5）要有手动控制水泵的功能，手动控制只在应急或检修时临时使用；

6）具有完善的报警功能。

为实现恒压供水，就需要对水压这一模拟量信号进行采集和控制，以及对水泵的速度进行控制，因此需要使用 S7-200 的模拟量扩展模块来实现 A/D 和 D/A 转换，并使用变频器对水泵进行调速；同时还要用到 PID 控制方法。

12.2 模拟量扩展模块 EM235

模拟量是指可以在一定范围内连续变化的量，例如温度、压力、流量和转速等。在 S7-200 PLC 中，只有 CPU 224 XP 集成有两路模拟量输入和一路模拟量输出，其精度为 12 位，只能接收电压信号，而且其模拟量输入转换速度较慢。如果是要求速度高的场合，就需要使用模拟量扩展模块。

1. 模拟量扩展模块的选用

由第 4 章的表 4-3 可知，S7-200 系列 PLC 的模拟量扩展模块包括模拟量输入模块、模拟量输出模块和模拟量输入/输出混合模块三类。本例中，既有模拟量输入信号，也有模拟量输出信号，因此可以选用表 4-3 中的 EM235。

2. EM235 的接线

EM235 是常用的模拟量扩展模块，具有四路模拟量输入和一路模拟量输出功能。图 12-2 所示为 EM235 的端子接线图。其中 M 为 DC 24V 电源负极，L+ 为电源正极；M0、V0 和 I0 为模拟量输出端；电压输出时，V0 为电压正端，M0 为电压负端；电流输出时，I0 为电流的输入端，M0 为电流的流出端；RA、A+、A-、RB、B+、B-、RC、C+、C-、RD、D+、D- 分别为第一至四路模拟量输入端，电压输入时，"+"为电压正端，"-"为电压负端，电流输入时，需将"R"与"+"短接后作为电流的输入端，"-"为电流输出端。使用时，未连接传感器的通道要将+端和X-端短接；对于某一模拟量扩展模块，只能将输入端同时设置为一种量程和格式，即输入量程和分辨率相同。

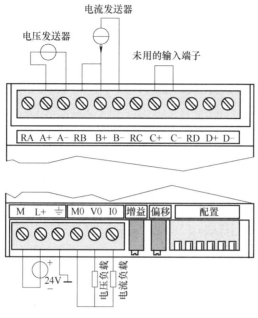

图 12-2 EM235 接线图

3. EM235 的 DIP 设置

EM235 有六个 DIP 开关，这些开关决定了所有的输入设置，见表 12-1。

表 12-1 EM235 的模拟量输入范围和分辨率开关表

SW1	SW2	SW3	SW4	SW5	SW6	满量程输入	分辨率
单 极 性							
ON	OFF	OFF	ON	OFF	ON	0~50mV	12.5μV
OFF	ON	OFF	ON	OFF	ON	0~100mV	25μV
ON	OFF	OFF	OFF	ON	ON	0~500mV	125μV
OFF	ON	OFF	OFF	ON	ON	0~1V	250μV
ON	OFF	OFF	OFF	OFF	ON	0~5V	1.25mV
ON	OFF	OFF	OFF	OFF	ON	0~20mA	5μA
OFF	ON	OFF	OFF	OFF	ON	0~10V	2.5mV
SW1	SW2	SW3	SW4	SW5	SW6	满量程输入	分辨率
双 极 性							
ON	OFF	OFF	ON	OFF	ON	±25mV	12.5μV
OFF	ON	OFF	ON	OFF	ON	±50mV	25μV
OFF	OFF	ON	ON	OFF	OFF	±100mV	50μV
ON	OFF	OFF	OFF	ON	OFF	±250mV	125μV
OFF	ON	OFF	OFF	ON	OFF	±500mV	250μV
OFF	OFF	ON	OFF	ON	OFF	±1V	500μV
ON	OFF	OFF	OFF	OFF	OFF	±2.5V	1.25mV
OFF	ON	OFF	OFF	OFF	OFF	±5V	2.5mV
OFF	OFF	ON	OFF	OFF	OFF	±10V	5mV

注意：DIP 开关设置只有在重新上电后才能生效。

在 S7-200 系列 PLC 中，单极性模拟量输入/输出信号的数值范围是 0~32000；双极性模拟量信号的范围是 -32000~+32000。如果信号为 0~20mA 的电流信号，则对应 PLC 中的数值范围就是 0~32000；如果信号为 4~20mA 的电流信号，按比例关系则对应 PLC 中的数值范围就是 6400~32000。同样道理，如果信号为 ±10V，则对应 PLC 的数值范围就是 -32000~+32000。

双极性就是信号在变化的过程中要过零，单极性不过零。由于模拟量转换为数字量之后是有符号整数，所以双极性信号对应的数值会有负数。对于单极性与双极性可以类比理解为控制电动机时所对应的正转或者反转，如果只向一个方向旋转，即为单极性；如果既有正转又有反转则为双极性。

4. 模拟量数据格式与寻址

模拟量输入/输出数据是有符号整数，数据格式为一个字长，所以地址必须从偶数字节开始。每个模拟量扩展模块，按扩展模块的先后顺序进行排序，其中，模拟量根据输入、输出不同分别排序，例如：输入 AIW0、AIW2 和 AIW4 等，输出 AQW0、AQW2 和 AQW4 等。每个模拟量扩展模块至少占两个通道，即使第一个模块只有一个输出 AQW0，第二个模块模拟量输出地址也应从 AQW4 开始寻址，以此类推。

5. 模拟量的 A/D 转换

模拟量值和 A/D 转换值是一一对应的关系。假设模拟量的标准电信号是 A_0~A_m（如 4~20mA），A/D 转换后数值为 D_0~D_m（如 6400~32000），设模拟量的标准电信号是 A，A/D 转换后的相应数值为 D，由于是线性关系，函数关系 $A=f(D)$ 可以表示为

$$A=(D-D_0)\times(A_m-A_0)/(D_m-D_0)+A_0 \quad (12-1)$$

根据该方程式，可以方便地根据 D 值计算出 A 值。将该方程式逆变换，得出函数关系 $D=f(A)$ 可以表示为

$$D=(A-A_0)\times(D_m-D_0)/(A_m-A_0)+D_0 \quad (12-2)$$

例如：以 S7-200 和 4~20mA 为例，经 A/D 转换后，我们得到的数值是 6400~32000，即 $A_0=4$，$A_m=20$，$D_0=6400$，$D_m=32000$，代入公式，得

$$A=(D-6400)\times(20-4)/(32000-6400)+4 \quad (12-3)$$

假设该模拟量与地址 AIW0 对应，则当地址中的值 AIW0 为 12800 时，相应的模拟电信号是

$$(6400\times16/25600+4)\text{mA}=8\text{mA} \quad (12-4)$$

再如，某温度传感器，-10~60℃ 与 4~20mA 相对应，以 T 表示温度值，AIW0 为 PLC 模拟量采样值，则根据上式直接代入得

$$T=70\times(AIW0-6400)/25600-10 \quad (12-5)$$

12.3 MM430 变频器简介

MM430 变频器是西门子公司生产的 MM4 系列变频器之一，特别适合用于水泵和风机的驱动。它具有泵类和风机专用功能，如多泵切换、旁路功能、断带及缺水检测、节能方式等。MM430 变频器的接线图如图 12-3 所示，它可以灵活地进行输入和输出电路的连接。

在完成硬件接线后，变频器还需要进行相关的参数设置。关于参数的设置可以参考西门子 MM430 变频器的使用说明书。

第12章　S7-200 PLC PID回路控制指令及应用——以恒压供水的PID控制为例

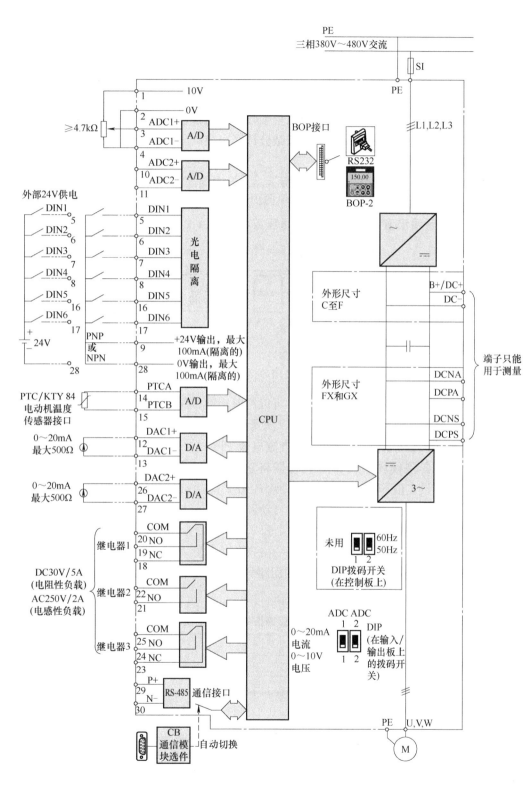

图 12-3　MM430 变频器的接线图

12.4 PID 控制原理及指令

1. PID 控制原理

PID（Proportion Integration Differentiation）就是指比例、积分和微分控制。在工业过程控制中，要控制温度、压力、流量这类模拟量参数，使用得最多的就是 PID 控制。PID 控制器就是根据系统的误差，利用比例、积分和微分计算出控制量来进行控制，使控制目标快速无误差地跟随设定值。

典型的模拟量闭环控制系统如图 12-4 所示，方框中的部分是用 PLC 实现的。

PID 控制器以误差 e_n 为输入量，进行 PID 控制运算。模拟量输出模块的 D/A 转换器将 PID 控制器的数字量输出值 M_n 转换为直流电压或电流 $M(t)$，用它来控制执行机构，进而调节被控对象。

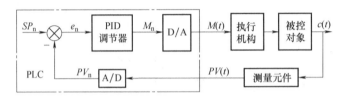

图 12-4 PLC 闭环控制系统框图

例如，在加热炉炉温闭环控制系统中，可以用电动调节阀作为执行机构，控制加热用的天然气流量，实现对温度 $c(t)$ 的闭环控制。测量元件可以用热电偶，温度变送器将热电偶输出的电压信号转换为标准的直流电压或直流电流 $PV(t)$，即 0~10V 或 4~20mA 的信号。PLC 用模拟量输入扩展模块中的 A/D 转换器将它们转换为与温度成正比的过程变量 PV_n，CPU 将它与温度的设定值 SP_n 比较，误差 $e_n = SP_n - PV_n$。通过闭环负反馈控制可以使过程变量 PV_n 跟随或等于设定值 SP_n，实现系统的自动调节。

2. PID 指令格式及功能

PID 指令的功能是进行 PID 运算。其指令格式及功能见表 12-2。程序中可使用八条 PID 指令。如果两条或多条 PID 指令使用相同的回路号（即使它们的表格地址不同），则 PID 计算会互相干扰，其结果也会难以预料。

表 12-2 PID 回路指令格式及功能

指令	指令格式		功　能
	梯形图	语句表	
PID 回路指令	PID —EN　ENO— —TBL —LOOP	PID TBL, LOOP	使能有效时，根据回路参数表（TBL）中的输入和配置信息对引用 LOOP 执行 PID 运算 TBL：回路表起始地址 VB，字节型 LOOP：回路号，为字节常量 0~7

3. PID 回路表及初始化

PID 回路表包含九个参数，用于监控 PID 运算。回路表的格式见表 12-3。

表 12-3 PID 回路表

地址偏移量	参 数	数据格式	参数类型	说 明
0	过程变量当前值 PV_n	双字、实数	输入	应在 0.0~1.0 之间
4	设定值 SP_n	双字、实数	输入	应在 0.0~1.0 之间
8	输出值 M_n	双字、实数	输入/输出	应在 0.0~1.0 之间
12	增益 K_c	双字、实数	输入	比例常数,正数或负数
16	采样时间 T_s	双字、实数	输入	单位为 s,必须为正数
20	积分时间 T_i	双字、实数	输入	单位为 min,必须为正数
24	微分时间 T_d	双字、实数	输入	单位为 min,必须为正数
28	积分项前项 MX	双字、实数	输入/输出	应在 0.0~1.0 之间
32	过程变量前值 PV_{n-1}	双字、实数	输入/输出	最近一次 PID 运算值

为执行 PID 指令,要对 PID 回路表进行初始化处理,即将 PID 回路表中有关的参数,按照地址偏移量写入到变量存储器 V 中。一般是调用一个子程序,在子程序中对 PID 回路表进行初始化处理。

4. 输入模拟量的转换及归一化

在不同的实际工程应用场合,控制系统的测量输入值、设定值的大小、范围和单位都可能不一样。在使用 PLC 进行 PID 控制之前,必须将其转换成标准的数据格式才行。将有量纲的表达式经过变换,化为无量纲的表达式,成为纯量、浮点数的格式,避免具有不同物理意义和量纲的输入变量不能统一使用。步骤如下:

1)将工程实际值由 16 位整数转化为 32 位浮点型实数。设采集数据通道地址为 AIW0,程序如下:

```
XORD   AC0,AC0     //清累加器 AC0
ITD    AIW0,AC0    //把整数转化为双整数
DTR    AC0,AC0     //把双整数转化为实数
```

2)将实数格式的工程实际值转化为 0.0~1.0 之间的标准化数值,即

$$R_{norm} = (R_{raw}/S_{pan}) + Offset \quad (12-6)$$

式中,R_{norm} 为标准化的工程实际值;R_{raw} 为没有标准化的工程实际值或原值。标准化实数又分为双极性(围绕 0.5 上下变化)和单极性(以 0.0 为起点在 0.0~1.0 之间的范围内变化)两种,对于双极性,$Offset = 0.5$;对于单极性,$Offset = 0$;S_{pan} 为值域的大小,通常单极性时 $S_{pan} = 32000$,双极性时 $S_{pan} = 64000$。

下面的程序段用于将 AC0 中的双极性实数值标准化为 0.0~1.0 之间的实数(可紧接上面的程序):

```
/R     64000.0,AC0    // 将 AC0 中的数值标准化
+R     0.5,AC0        // 加偏移量 0.5
MOVR   AC0,VD200      // 将标准化数值写入 PID 回路参数表中
```

5. 输出模拟量转换为工程实际值

程序执行后,PID 回路输出 0.0~1.0 之间的标准化实数数值,必须转换为 16 位成比例整数数值才能驱动模拟输出。这一过程是给定值或过程变量的标准化转换的逆过程。

1)用下式将回路输出转换为按工程量标定的实数格式,式为

$$R_{scal} = (M_n - Offset) S_{pan} \qquad (12-7)$$

式中，R_{scal} 为已按工程量标定的实数格式的回路输出值；M_n 为回路输出的标准化实数值。

程序如下：

```
MOVR    VD208,AC0      //将回路输出结果放入 AC0
-R      0.5,AC0        //双极性场合减去偏移量 0.5
*R      64 000,AC0     //将 AC0 中的值按工程量标定
```

2）将已标定的实数格式的回路输出转化为 16 位的整数格式，并输出。

```
ROUND   AC0,AC0        //将实数四舍五入取整,变为 32 位双整数
DTI     AC0,AC0        //32 位双整数转换为 16 位整数
MOVW    AC0,AQW0       //把整数值送到到模拟量输出通道(设为 AQW0)
```

12.5 控制系统设计

12.5.1 任务分析

12.1 节中所要求的恒压供水的 PID 控制原理如图 12-5 所示。在用水管网上安装一个压力传感器，可以把水压信号转变为 0～10V 的标准电压信号送入 PLC，经过 PLC 的 A/D 转换将该模拟量输入信号转换成数字信号。再将数字信号与给定的标准压力信号进行比较，经过 PID 运算得出调节参数，由 PLC 输出模拟量控制信号，以此参数作为变频器的输入量，从而使变频器控制水泵的转速，调节系统的供水，使得管网中的压力和给定的标准压力保持一致。

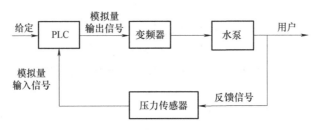

图 12-5 恒压供水系统 PLC 及变频器控制原理框图

本例中，供水系统有两台水泵，由变频器对水泵进行调节，当用水量变化时，输入水泵的电压和频率也随之变化，以保证供水的压力基本恒定。当用水量超过一台泵的供水量时，可通过 PLC 控制工作中的水泵数量的增减加以调节。当变频器控制水泵的输出频率达到 50Hz 时，不再需要变频器控制，就需要适时地把水泵切换到工频运行，即工频和变频之间进行切换。

根据系统的控制要求，确定系统外围输入/输出设备：

（1）输入设备 共计一个转换开关、十个按钮、两个水位传感器和一个压力变送器。其中转换开关控制手动和自动运行方式的切换，四个按钮手动控制两台水泵的起动和停止，四个按钮手动控制两个电磁阀，一个消铃按钮、一个试灯按钮。

（2）输出设备 共计四个接触器、两个继电器、七个指示灯。其中四个接触器分别控

制两台水泵的工频和变频运行,两个继电器控制两个电磁阀,指示灯用来显示系统的工作状态。

根据以上分析,估算 PLC 的输入/输出端子数,共六个数字输入信号、11 个数字输出信号,可选用 CPU 226。又由于有一路模拟量输入和一路模拟量输出,因此,选用一个模拟量扩展模块 EM235;变频器则选用西门子风机和水泵专用变频器 MM430。

12.5.2 输入/输出地址分配

根据控制要求,确定 PLC 中的输入/输出端子的对应关系,见表 12-4。

表 12-4 恒压供水 PID 控制中 PLC 的输入/输出分配表

输入设备			输出设备		
元件	功　能	地址	元件	功　能	地址
SF9	消防信号	I0.0	QA1、PG1	1 号水泵工频运行接触器及指示灯	Q0.0
BGL	水池水位下限传感器	I0.1	QA2、PG2	1 号水泵变频运行接触器及指示灯	Q0.1
BGH	水池水位上限传感器	I0.2	QA3、PG3	2 号水泵工频运行接触器及指示灯	Q0.2
KFU	变频器报警信号	I0.3	QA4、PG4	2 号水泵变频运行接触器及指示灯	Q0.3
SF11	消铃按钮	I0.4	MB1	市政自来水管网供水电磁阀	Q0.4
SF12	试灯按钮	I0.5	MB2	生活/消防供水转换电磁阀	Q0.5
Up	压力变送器模拟量电压值	AIW0	PG5	水池水位下限报警指示灯	Q0.6
			PG6	变频器故障报警指示灯	Q0.7
			PG7	火灾报警指示灯	Q1.0
			PB	报警电铃	Q1.1
			KF3	变频器频率复位控制	Q1.2
			Vf	变频器输入电压信号	AQW0

12.5.3 电气原理图设计

电气原理图包括主电路图、控制电路图及 PLC 接线图。

1. 主电路图

如图 12-6 所示为电气控制系统主电路。两台拖动水泵的电动机分别为 MA1、MA2,接触器 QA1、QA3 分别控制 MA1、MA2 的工频运行;接触器 QA2、QA4 分别控制 MA1、MA2 的变频运行,BB1、BB2 为热继电器,分别用于两台电动机的过载保护;QA10、QA20 分别为变频器和两台电动机主电路的隔离开关;QA0 为主电源电路总开关;MM430 为西门子变频器。

2. 控制电路图

电气系统控制电路如图 12-7 所示。图中 SF0 为手动/自动转换开关,SF0 打在 1 的位置为手动控制状态,打在 2 的位置为自动控制状态。手动运行时,可用按钮 SF1~SF8 控制两台水泵的起动/停止和电磁阀 MB1、MB2 的通断;系统在 PLC 程序控制下自动运行。

由于电磁阀没有触头,所以要使用两个中间继电器 KF1 和 KF2 分别控制 MB1 和 MB2 来间接实现手动的自锁功能。图中的 PG0 为自动运行状态电源指示灯。

图中的 Q0.0~Q0.5 为 PLC 的输出继电器触头。

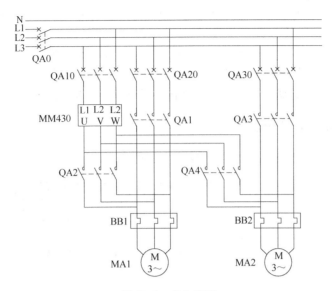

图 12-6 主电路图

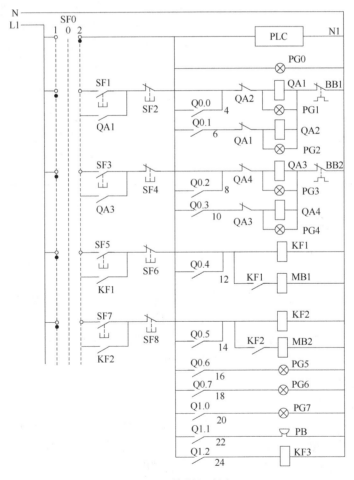

图 12-7 控制电路图

3. PLC 接线图

采用 CPU 226 以及 EM235 组成的 PLC 接线图如图 12-8 所示。发生火灾时,火灾信号 SF9 被触发,I0.0 闭合。

在图 12-8 中,CPU 226 与 EM235 通过数据线连接,EM235 的模拟量输入端接压力变送器,其模拟量输出端连接 MM430 的模拟量控制端子 (AIN+、AIN−),用于调节 MM430 输出的频率。MM430 的 DIN1 端连接 KF3,用于变频器的运行控制。第 19、20 号输出端子为 MM430 的继电器输出端,当变频器出现异常时,通过该输出端把信号传送给 PLC。

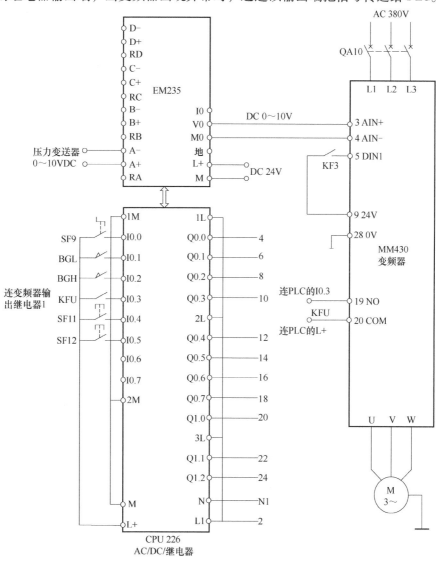

图 12-8 PLC 及变频器接线图

12.5.4 系统程序设计

恒压供水系统的程序设计包括 PLC 程序设计和变频器参数设置。

1. PLC 程序设计

PLC 程序分为三部分:主程序、子程序和中断程序。

逻辑控制及警告处理等放在主程序，系统初始化的一些工作放在子程序中完成，这样可以节省扫描时间。利用定时器中断功能，实现 PID 控制的定时采样及输出控制。生活供水时系统设定值为满量程的 70%，消防供水时系统设定值为满量程的 90%。

本系统采用 PI 控制方式，其回路增益和时间常数可通过工程计算初步确定，但还需要进一步调整以达到最优控制效果。初步确定的增益 $K_c = 0.25$；采样时间 $T_s = 0.2s$；积分时间 $T_i = 30min$。程序中使用的 PLC 元件及其功能见表 12-5。

表 12-5　程序中使用的 PLC 元件及功能

元件地址	功　能	元件地址	功　能
VD100	过程变量标准化值	T38	工频泵增减滤波时间控制
VD104	压力给定值	T39	工频/变频转换逻辑控制
VD108	PI 计算值	M0.0	故障结束脉冲信号
VD112	比例系数	M0.1	泵变频起动信号
VD116	采样时间	M0.3	倒泵变频起动信号
VD120	积分时间	M0.4	复位当前变频运行泵信号
VD124	微分时间	M0.5	当前泵工频运行起动信号
VD204	变频器运行频率下限值	M0.6	新泵变频起动信号
VD208	生活供水变频器运行频率上限值	M1.0	泵工频/变频转换逻辑控制
VD212	消防供水变频器运行频率上限值	M1.1	泵工频/变频转换逻辑控制
VD250	PI 调节结果存储单元	M1.2	泵工频/变频转换逻辑控制
VB300	变频工作泵的泵号	M2.0	水位低和变频器故障信号
VB301	工频运行泵的总台数	M2.1	水池水位下限故障逻辑
VD310	倒泵时间存储器	M2.2	水池水位下限故障消铃逻辑
T33	工频/变频转换逻辑控制	M2.3	变频器故障消铃逻辑
T34	工频/变频转换逻辑控制	M2.4	火灾消铃逻辑
T37	工频泵增泵滤波时间控制		

2. 变频器参数设置

设电动机的技术参数为：额定功率为 0.37kW，额定转速为 1400r/min，额定电压为 380V，额定电流为 1.05A，额定频率为 50Hz。变频器参数设置见表 12-6。

表 12-6　变频器参数设置表

参数	设置值	功　能　说　明	参数	设置值	功　能　说　明
P0010	1	快速调试	P0311	1400	电动机额定转速（1400r/min）
P0100	0	使用地区：欧洲标准，功率单位 kW，$f = 50Hz$	P3900	1	结束快速调试
P0304	380	电动机额定电压（380V）	P0700	2	选择命令源（由端子排输入）
P0305	1.05	电动机额定电流（1.05A）	P0701	1	数字输入 1 的功能（ON/OFF1）
P0307	0.37	电动机额定功率（0.37kW）	P1000	2	频率设定值的选择（模拟设定值）
P0310	50.00	电动机额定频率（50Hz）			

3. 控制程序

恒压供水系统的梯形图及程序注释如图 12-9 和图 12-10 所示。

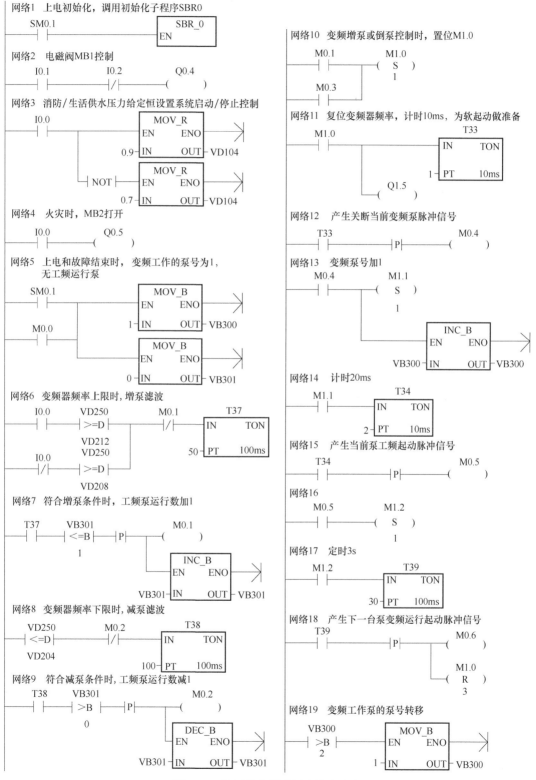

图 12-9 恒压供水梯形图中的主程序

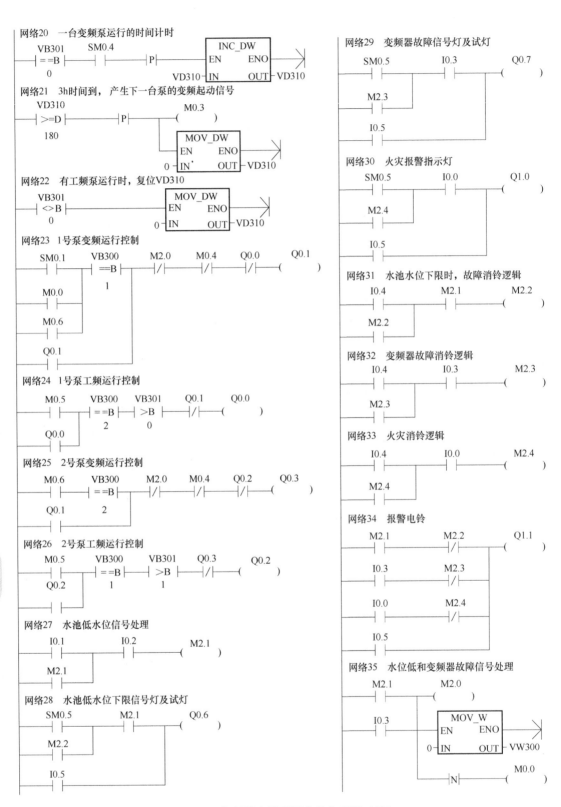

图 12-9 恒压供水梯形图中的主程序（续）

第12章　S7-200 PLC PID回路控制指令及应用——以恒压供水的PID控制为例

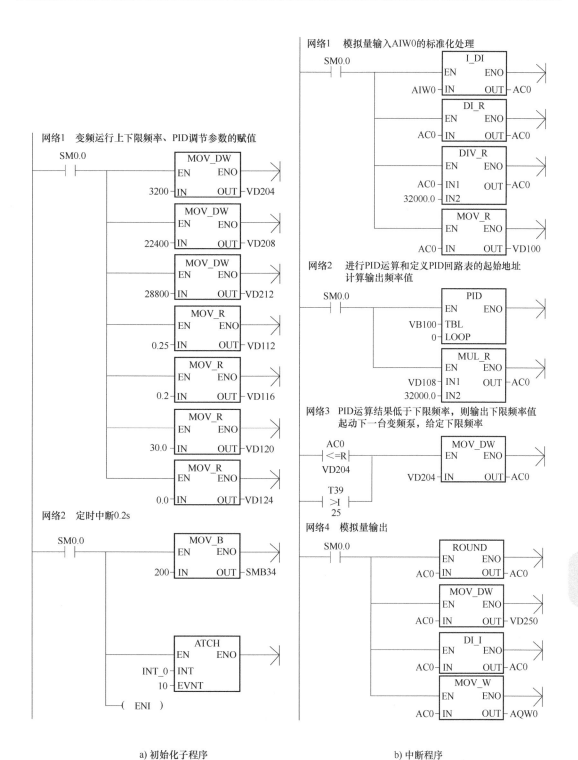

图12-10　恒压供水梯形图中的初始化子程序和中断程序

12.6 拓展与提高——PID 指令向导

与应用指令向导生成高速计数器和高速脉冲输出指令类似，S7-200 PLC 的 PID 控制子程序也可以应用指令向导生成。

(1) 打开 PID 指令向导　单击菜单栏中的"工具"→"指令向导"，然后选择"PID"选项。也可直接单击指令树窗口中的"向导"文件夹，随后打开此向导。每次操作完成后单击"下一步"按钮。

(2) 指定回路标号　S7-200 最多允许八个回路，当只有一个回路时，可选择默认的回路号为"0"。需要指出的是，由于本例中生活供水和消防供水两种情况下变频器运行频率的上限值输出不同，所以需要配置两个不同的 PID 回路。

(3) 设定回路参数　如图 12-11 所示，增益就是比例系数 P，本例设为 0.25；采样（即图中抽样）时间是 0.2s，如果参数的变化快于 0.2s 将不能采样；本例的积分时间是 30min，如果无积分环节，可以把积分时间设置为无穷大；本例的微分时间是 0min，也就是微分环节被取消。"指定环路设定点的低范围"和"指定环路设定点的高范围"分别表示给定值的取值低限和高限占过程反馈量程的百分比。这个范围是给定值的取值范围。以上参数可在调试时修改。

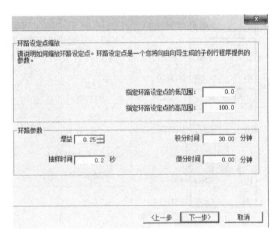

图 12-11　设置回路参数

(4) 设定回路输入和输出选项　在回路输入选项中，"缩放"有单极性和双极性两个选项，代表输入信号的极性，单极性（输入的信号为正，如 0~10V，默认范围 0~32000，可编辑），双极性（输入信号从负到正的范围内变化，如-5~5V，默认范围-32000~32000，可编辑），如果输入信号是 4~20mA，可选择"使用 20% 偏移量"（设置范围 6400~32000，不可变更）。过程变量和回路给定值有一个对应关系，过程变量 0 对应给定值 0%，过程变量 32000 对应给定值 100%。本例中选择单极性。

在回路输出选项中，"输出类型"有模拟量和数字量两个选项，本例中使用的是 EM235 模拟量扩展模块，故选择"模拟"；"缩放"中也有单极性和双极性两个选项，同输入选项中的用法相似；范围的低限和高限是 D/A 转换的数字量的范围。本例中选择单极性，用于生活供水的变频器的频率有上限和下限值限制，对应低范围为 3200、高范围

22400。如图12-12所示。

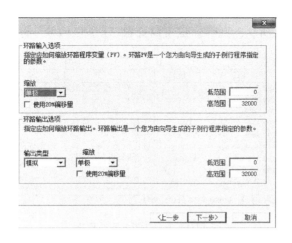

图 12-12 设置回路输入和输出选项

（5）设置回路报警选项 包括启用低报警（PV）、启用高报警（PV）、启用模拟输入模块错误。当达到报警条件时，输出被置位，产生报警。如果无报警设置，直接单击"下一步"按钮。

（6）为配置分配存储区 指定子程序和中断程序。PID指令使用变量存储器中的一个36个字节的参数表，存储用于控制回路操作的参数。这个变量存储器可以由用户分配，也可以使用系统默认的地址。注意，这个变量存储器被系统占用后，用户编程时不可以再使用。

（7）指定子程序和中断程序 向导为初始化子程序和中断程序指定了默认名称，也可以修改这两个名称。如果需要手动控制，则勾选"增加PID的手动控制"选项。位于手动模式时，PID计算不执行，回路输出不改变。

（8）生成PID代码 单击"完成"按钮，即可生成PID代码，包括一个子程序和一个中断程序。

（9）配置消防供水时的PID控制回路 仿上述步骤生成PID1_INIT子程序。

（10）编辑子程序参数、地址 在主程序界面，调用子程序"PID0_INIT"和"PID1_INIT"，输入子程序参数、地址，如图12-13所示。

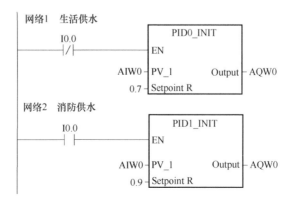

图 12-13 输入子程序参数、地址

（11）查看参数地址　单击浏览条检视窗口中的“符号表”，在出现的页面的底部单击“PID0_SYM”标签页，打开PID指令自动生成的符号表，在符号表中可以找到各参数所用的详细地址，如图12-14所示。同样，也可以查看“PID1_SYM”标签页，如图12-15所示。

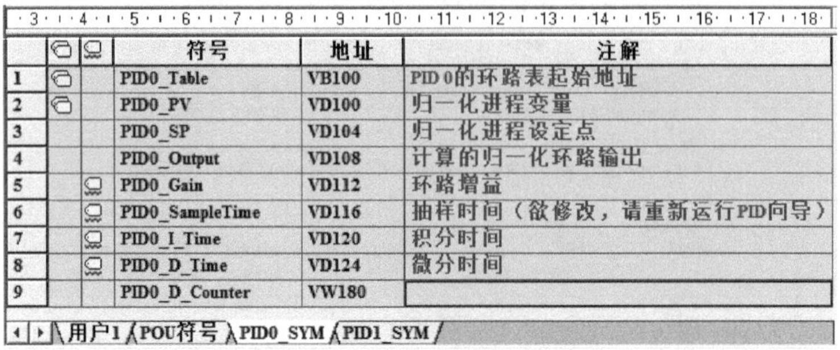

			符号	地址	注解
1			PID0_Table	VB100	PID 0的环路表起始地址
2			PID0_PV	VD100	归一化进程变量
3			PID0_SP	VD104	归一化进程设定点
4			PID0_Output	VD108	计算的归一化环路输出
5			PID0_Gain	VD112	环路增益
6			PID0_SampleTime	VD116	抽样时间（欲修改，请重新运行PID向导）
7			PID0_I_Time	VD120	积分时间
8			PID0_D_Time	VD124	微分时间
9			PID0_D_Counter	VW180	

用户1　POU符号　PID0_SYM　PID1_SYM

图12-14　子程序1的符号表

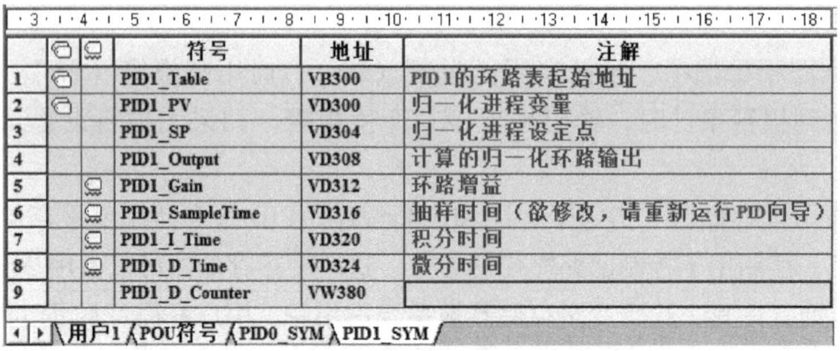

			符号	地址	注解
1			PID1_Table	VB300	PID 1的环路表起始地址
2			PID1_PV	VD300	归一化进程变量
3			PID1_SP	VD304	归一化进程设定点
4			PID1_Output	VD308	计算的归一化环路输出
5			PID1_Gain	VD312	环路增益
6			PID1_SampleTime	VD316	抽样时间（欲修改，请重新运行PID向导）
7			PID1_I_Time	VD320	积分时间
8			PID1_D_Time	VD324	微分时间
9			PID1_D_Counter	VW380	

用户1　POU符号　PID0_SYM　PID1_SYM

图12-15　子程序2的符号表

思考与练习

12-1　模拟量信号的电压传输和电流传输有什么区别？

12-2　什么是PID控制？其主要用途是什么？PID中各项的主要作用是什么？。

12-3　简述PID回路表中的变量的意义及编程时的配置方法。

12-4　在S7-200的应用程序中，最多可以使用几条PID指令？

12-5　试编写PLC程序，要求从模拟量输入通道AIW2读取0~10V的模拟量，并将其存入VW100中。

12-6　试编写PLC程序，要求从模拟量输出通道AQW0输出10V电压，EM232的输出电压范围是-10~10V，其数据范围为-32000~32000。

12-7　某一过程控制系统，其中一个单极性模拟量输入参数从AIW0采集到PLC中，通过PID指令计算出的控制结果从AQW0输出到控制对象。PID参数表起始地址为VB100。试设计一段程序完成下列任务：

（1）每200ms中断一次，执行中断程序；

（2）在中断程序中完成对AIW0的采集、转换及归一化处理，完成回路控制输出值的工程量标定及输出。

第 13 章

触摸屏的组态与应用——以自动伸缩门控制为例

导读

触摸屏作为一种简单、有效的人机交互设备,在工业现场大量使用。本章以自动伸缩门控制为例,介绍威纶通触摸屏的基本知识及其使用方法。

本章知识点

- 威纶通触摸屏的基本使用方法
- 组态王软件的基本使用方法

13.1 任务要求

自动伸缩门广泛应用于企业、学校和机关单位的大门口,如图 13-1 所示为某种自动伸缩门的示意图。图中,Y1 为开门指示灯,Y2 为关门指示灯,Y3 为动作指示灯;BG1、BG2 分别为关门和开门限位开关;BG3 为门暂停限位开关。在门内侧还安装了一个控制盒,控制盒有开门按钮 SF1、关门按钮 SF2 和暂停按钮 SF3,其中 SF3 为自锁式按钮。

要求设计其 PLC 控制系统,并能够通过触摸屏进行控制。具体控制要求如下:

1)按下开门按钮 SF1,延时 5s 后,自动伸缩门执行开门动作,电动机正转,同时 Y1 灯亮,直到开门限位开关 BG2 被触发,停止打开动作,灯 Y1 灭;

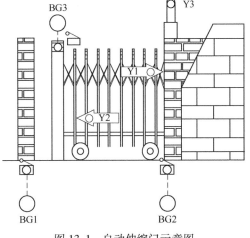

图 13-1 自动伸缩门示意图

2)按下关门按钮 SF2,延时 5s 后,自动伸缩门执行关闭动作,电动机反转,同时 Y2 灯亮,直至关门限位开关 BG1 被触发,停止关闭动作,灯 Y2 灭;

3）在自动伸缩门开关过程中，若闭合 SF3，可以使自动伸缩门暂时停止动作，断开 SF3，伸缩门继续动作；

4）在自动伸缩门关闭的过程中，若夹到物体，则触发限位开关 BG3，自动伸缩门停止关闭动作，直到 BG3 恢复，自动伸缩门才继续关闭动作；

5）在自动伸缩门门开关过程中，Y3 保持闪烁。

13.2 触摸屏概述

1. 人机界面

人机界面（Human Machine Interface，HMI）又称人机接口。从广义上说，人机界面泛指用于计算机（包括 PLC）与现场操作人员交换信息的设备。而在控制领域，人机界面一般特指用于操作员与控制系统之间对话和相互作用的专用设备。

人机界面用字符、图形和动画动态地显示现场数据和状态，操作员可以通过人机界面来控制现场的被控对象和修改工艺参数。此外，人机界面还有报警、用户管理、数据记录、趋势图绘制、配方管理、显示和打印报表以及通信等功能。

人机界面一般分为文本显示器、操作员面板和触摸屏三大类。

1）文本显示器是一种廉价的单色人机界面，一般只能显示几行数字、字母、符号和文字。如西门子公司的 TD 200 和 TD 200C，可以显示两行信息，每行 20 个数字或字符或每行显示 10 个汉字。

2）操作员面板使用液晶显示器和薄膜按键，有的操作员面板的按键多达数十个，操作员面板的面积大，直观性较差。如西门子公司的操作员面板 OP 270。

3）触摸屏是一种可接收触摸等输入信号的感应式液晶显示器，当操作员用手接触了屏幕上的图形按钮时，屏幕上的触觉反馈系统可根据预先编程的程式驱动各种装置，触摸屏可用以取代机械式的按钮面板，并借由液晶显示器的画面制造出生动的影音效果。

2. 触摸屏的工作原理及功能

触摸屏是人机界面的发展方向，用户可以在触摸屏的画面上设置具有明确意义和提示信息的触摸式按键，包括组合文字、按钮、图形和数字信息等，来处理或监控不断变化的信息。触摸屏的面积小，使用直观方便，用户只要用手轻轻触摸上面显示出的图形符号或文字就能实现对主机的操作，从而使人机交互更为简单直接，也方便了不懂计算机操作的用户。

触摸屏的基本原理是：用户手指或其他类似物体触摸安装在显示器上的触摸屏时，被触摸位置的坐标被触摸屏控制器检测，并通过通信接口（例如 RS-232C 或 RS-485 串行接口）将触摸信息传送到 PLC。

13.3 威纶通触摸屏编程软件的使用

触摸屏的品牌很多，威纶通触摸屏是源自我国台湾、崛起于大陆地区的品牌。它的编程软件先后有 EB8000 软件和 EBPro 软件，它们适用不同的产品系列。其中 EB8000 软件适用于 TK 系列和以前的 i 系列机型；EBPro 软件则适用于 cMT、MT（iE）、MT（iP）系列机型。EBPro 可以兼容 EB8000 程序，反之不可以。

下面以威纶通 MT8000 系列触摸屏的使用为例，介绍如何制作一个简单的工程。

1. 参数设置

1) 软件安装完成后，双击软件图标" "，进入 Project Manager 界面，然后选择机型为 MT 6000/8000 i Series，连接方式选择 USB 线，如图 13-2 所示。单击编辑工具中的"Easy Builder 8000"，进入 Easy Builder 8000 界面。

2) 单击"开启新文件"，进入机器型号选择界面，选择使用的型号。此处选择机器型号为"MT6070iH/MT8070iH/MT6100i/MT8100i/"，然后单击"确定"按钮，如图 13-3 所示。

图 13-2 Project Manager 界面

图 13-3 机器型号选择界面

3) 弹出"系统参数设置"界面，单击"新增"，进入"设备属性"界面，选择对应的"PLC 类型"，单击"确定"按钮，再次回到系统参数设置界面则可以看到增加了一个新的 PLC，如图 13-4、图 13-5 所示。

图 13-4 设备属性界面

图 13-5 新增 PLC 后的系统参数设置界面

2. 输入端子的组态

假设现在要增加一个"位状态切换开关"元件，可单击图标"_◆"（即位状态切换开关），弹出"位状态切换开关"元件设置界面，进行输入按钮的软件组态，如图 13-6 所示。若想设置一般属性，则应在读取地址栏中，选择 PLC 名称"SIEMENS S7/200"，选择设备类型"M"，地址设置为"0.0"；在写入地址栏中，选择 PLC 名称"SIEMENS S7/200"，选择设备类型"M"，地址设置为"0.0"；在属性栏中，选择开关类型为"复归型"。

设置图片类型：勾选"使用图片"，在图库中选择绿色按钮。

设置标签：勾选"使用文字标签"项，字体选择"宋体"，在内容选项中填入"起动"。正确设定各项属性后，单击"确定"按钮，并将元件放置在适当位置。

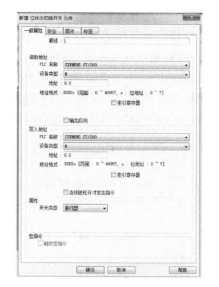

图 13-6 位状态切换开关元件一般属性设置界面

3. 输出端子的组态

假设现在要增加一个"位状态指示灯"元件，可单击位状态指示灯图标"_💡"，弹出"位状态指示灯"元件设置界面，进行输出状态的软件组态。如图 13-7 所示，设置一般属性：在读取地址栏中，选择 PLC 名称"SIEMENS S7/200"，选择设备类型"Q"，地址设置为"0.0"。

设置图片类型：勾选"使用向量图"，在图库中选择 system lamp（指示灯）。

设置标签：勾选"使用文字标签"项，字体选择"宋体"，在内容选项中填入"指示灯"。正确设定各项属性后，单击"确定"按钮，并将元件放置在适当位置。

图 13-7 位状态指示灯元件一般属性设置界面

4. 文件编译、模拟与下载

一个完整的设计步骤包括：画面编辑、编译、模拟与下载。在完成前面三步的设置后，最后生成的窗口界面将如图 13-8 所示，如此即完成一个简单的工程文件，将文件保存为 MTP 格式，文件名称可为"测试"。

1）编译：文件保存成功后，就可以使用编译功能检查画面规划是否正确，并将 MTP 文件编译为下载至 HMI 所需的 XOB 文件。单击编译图标"🔧"即可对文件进行编译。如果编译成功且不存在任何错误，即可执行模拟功能。

2）模拟：模拟可分为离线模拟与在线模拟两种，离线模拟不需接上 PLC，计算机会使用虚拟设备模拟 PLC 的行为；在线模拟则需接上 PLC，并需正确设定计算机与这些 PLC 的通信参数。

单击离线模拟图标"■",执行后画面如图 13-9 所示。如需进行在线模拟,在接上设备后单击在线模拟图标"■"即可。

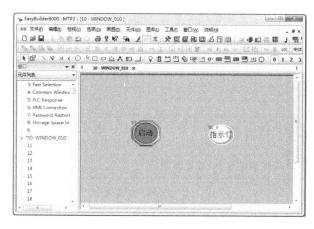

图 13-8 生成的窗口界面

图 13-9 离线仿真界面

3) 下载:完成模拟动作确认画面规划和结果均无误,下一步需将 XOB 文件下载到触摸屏中。下载 XOB 文件的一种方式是利用 Project Manager 的下载功能,另一种是单击工具条上的下载图标"■"完成下载。

需要说明的是,以上讲解的是威纶通触摸屏的基本使用方法,更详细的使用请读者参考相关使用手册。

13.4 控制系统设计

按照 13.1 节的任务要求,要对系统进行硬件设计、PLC 程序设计和触摸屏人机界面的设计。

13.4.1 任务分析

若想进行硬件设计,首先要进行设备的连接,要确保触摸屏、PLC 和计算机三者之间的正确连接。

威纶通 MT8000 系列触摸屏具备的接口有:

1) USB Host 接口:支持各种 USB 接口的设备,如鼠标、键盘、U 盘和打印机等。

2) USB Client 接口:连接计算机,用于项目上传及下载,包括工程文档、配方数据传送、事件记录和备份等。

3) 以太网接口:连接具网络通信功能的设备,如 PLC、笔记本式计算机等,通过网络进行信息交流。

4) CF 卡/SD 卡接口:用于项目上传及下载,包括工程文档、配方数据传送、事件记录和备份等。

5) 串行接口:串行接口可连接到 PLC 或其他设备使用,支持:RS-232、RS-485 2W/4W。在这里把串行接口的 RS-422 方式等同为 RS-485 4W 方式。

由前面的图 13-3 所示，触摸屏要通过串行接口连接到 S7-200 PLC CPU 模块的 RS-485 接口（CPU 模块不自带以太网接口）。而计算机一般通过 PPI 电缆连接 S7-200 PLC 的一个 RS-485 接口，所以在进行 PLC 的 CPU 模块选型时，应选择带有两个 RS-485 接口的 CPU 226。计算机和触摸屏之间通过 USB Client 接口进行连接。

连接好设备后，就可以分别进行 PLC 程序的设计和触摸屏人机界面的设计。由于整个系统要具备外部按钮控制和触摸屏控制两种控制方式，在进行系统调试时，应分别进行调试。

13.4.2 输入/输出地址分配

根据系统控制要求，进行输入/输出分配，见表 13-1。

表 13-1 自动伸缩门 PLC 控制的输入/输出分配表

输入设备				输出设备		
元件	功能	PLC 的地址	触摸屏的元件地址	元件	功能	PLC 的地址
SF1	开门按钮	I0.0	M1.0	接触器 QA1	电动机正转（开门）	Q0.0
SF2	关门按钮	I0.1	M1.2	接触器 QA2	电动机反转（关门）	Q0.1
SF3	暂停控制按钮	I0.2	M1.4	Y1	开门指示灯	Q0.2
BG1	关门限位开关	I0.3	M1.6	Y2	关门指示灯	Q0.3
BG2	开门限位开关	I0.4	M2.0	Y3	动作指示灯	Q0.4
BG3	暂停限位开关	I0.5	M2.2			

13.4.3 PLC 接线图设计

根据系统控制要求，设计系统的 PLC 接线图，如图 13-10 所示。

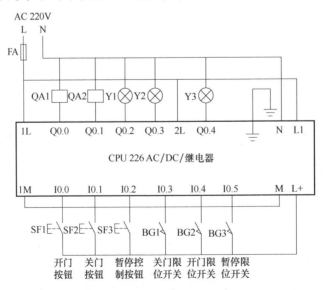

图 13-10 自动伸缩门控制 PLC 接线图

13.4.4 梯形图设计

根据系统控制要求，以及输入/输出分配表，进行 PLC 程序设计，如图 13-11 所示。

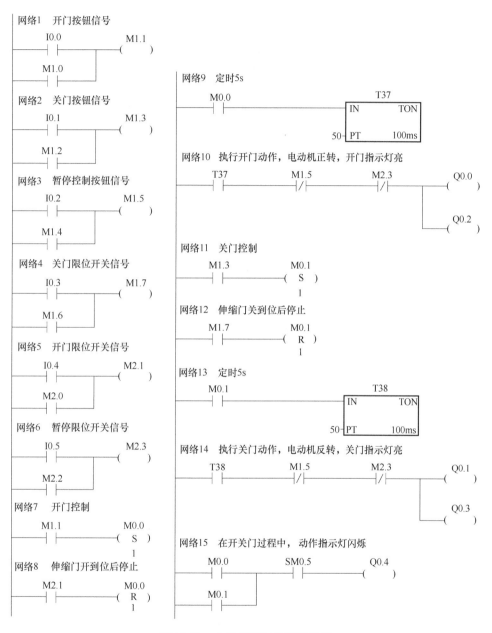

图 13-11 电动门控制梯形图程序

该程序的说明如下：

1) 网络 1~网络 6 是 PLC 输入端子与触摸屏画面中按钮的对接程序，M1.1 表示开门信号，M1.3 表示关门信号，M1.5 表示暂停控制按钮信号，M1.7 表示关门到位信号，M2.1 表示开门到位信号，M2.3 表示暂停限位开关信号（开关门过程中的触碰到物体的信号）。

2) 网络 7~网络 10 是控制自动伸缩门开门过程的程序；

3）网络 11~网络 14 是控制自动伸缩门关门控制过程的程序；

4）网络 15，在自动伸缩门开关的过程中，控制动作指示灯 Y3 闪烁。其中 SM0.5 的功能是产生 0.5s 接通/0.5s 断开的时钟脉冲，因此闪烁周期为 1s。

13.4.5 触摸屏人机界面设计

根据控制要求，设计触摸屏人机界面，首先要对显示画面进行全面的规划，包括开机时的初始画面、自动运行画面（主画面）、手动操作画面、设备状态画面和用户管理画面等。由于本系统工艺简单，直观起见只设计一个手动控制画面，如图 13-12 所示。这里用指示灯 Y1、Y2 来表示自动伸缩门的开门和关门。在组态时，要按照输入/输出分配表中的关系，设置位状态控制元件和位状态显示元件的地址。

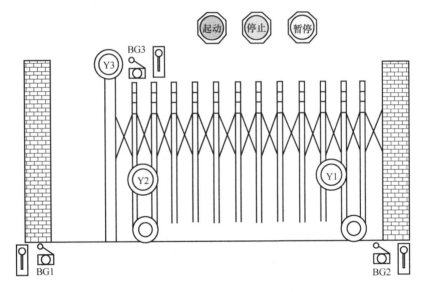

图 13-12　自动伸缩门触摸屏离线仿真画面

13.5　拓展与提高——组态软件功能及应用

在工业控制领域除了使用触摸屏对系统进行监控以外，还可以通过上位机中的组态软件，实现对系统数据的采集与过程控制。

1. 组态软件的定义及功能

组态软件是一种面向工业自动化的通用数据采集和监控软件，即 SCADA（Supervisory Control and Data Acquisition）软件，亦称 HMI/MMI 软件。

组态（Configuration）的含义是"配置""设定""设置"等，是指用户通过类似搭积木的方式完成自己所需要的软件功能，通常不需要编写计算机程序，即通过"组态"的方式就可以实现各种功能。有时也称此过程为"二次开发"，组态软件就称为"二次开发平台"。

组态软件具有丰富的用于工业自动化监控的功能，根据工程的需要进行选择、配置并建立需要的监控系统。组态软件提供了可视化监控画面，包括动画、实时趋势曲线、历史趋势曲线、实时数据报表、历史数据报表、实时报警窗口、历史报警窗口和配方管理等功能，可方便地监视系统的运行，并可在线修改程序参数，有利于系统的性能发挥。

2. 组态王软件简介

常见的组态软件不仅包括国外的 InTouch、IFix、Cietch、WinCC、Labview 等软件，还包括国内的组态王（Kingview）、MCGS、力控（ForceControl）、开物（Controx）、Kinco DTools 等软件。

组态王是一种工业自动化通用组态软件，它集过程控制设计、现场操作以及工厂资源管理于一体，将一个企业内部的各种生产系统和应用以及信息交流汇集在一起，实现最优化管理。目前较新的版本是组态王 7.5，支持 Windows XP/WIN7（32 位）操作系统。

组态王软件由工程管理器、工程浏览器、画面开发系统（Touchmake）、画面运行系统（Touchview）和信息窗口组成。

通过双击组态王软件图标可进入工程管理器界面，如图 13-13 所示。工程管理器可以用于新建工程、搜索工程、工程备份、工程恢复、变量导入和导出以及定义工程属性等操作。

图 13-13 组态王工程管理器界面

工程浏览器是组态王软件的核心部分，它具有管理开发系统的功能，将画面制作系统中设计的图形画面、命令语言、设备管理、变量管理、网络配置、配方管理、系统配置（包括开发系统配置、运行系统配置、警告配置、历史数据记录、网络配置、打印和用户配置等）以及工程资源进行了集中的管理，在一个窗口中进行树形结构的排列，界面上与 Windows 操作系统的资源管理器非常接近，如图 13-14 所示。左边部分为工程目录显示区，右边部分为目录内容显示区。

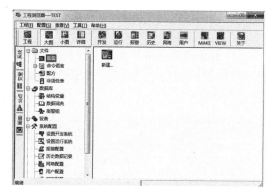

图 13-14 组态王工程浏览器

3. 使用步骤

建立一个新的应用程序，一般来有以下几个步骤：

（1）创建项目　启动组态王工程管理器，单击"新建"按钮，在随后出现的"新建工程向导"中单击"下一步"按钮，输入工程项目所在的目录，再单击"下一步"按钮，输入工程名称和工程描述（可省略），再单击"完成"按钮，此时在工程管理器中即显示出所建立的工程项目。

（2）进行设备配置　双击新建立的工程项目则进入工程浏览器。在组态王工程浏览器的工程目录显示区，单击"设备"大纲项下相应设备成员名，然后在工程浏览器目录显示区内双击"新建"图标，则出现"设备配置向导"窗口，在此窗口中完成与组态王进行数据通信的设备的配置工作。

（3）构造数据库　建立在数据库中的各种变量负责与各种外部设备进行数据交换，以及完成相关数据的存储。在工程浏览器中单击"数据库"大纲项下的"数据词典"成员名，然后在右边的目录内容显示区中双击"新建"图标，则弹出"定义变量"对话框，如图 13-15 所示。在此对话框中输入变量名，选择变量类型、数据范围、连接设备等，完成配置后，单击"确定"按钮即完成一个变量的配置。

（4）启动画面开发系统　在工程浏览器的工程目录显示区中，单击"文件"大纲项下面的"画面"成员名，再在工程浏览器目录内容显示区中，双击"新建"按钮，此时程序会切换到组态王开发系统（即画面开发系统），并且弹出"新画面"对话框，在此对话框中输入要新建的画面的名称，并设置画面属性，如图 13-16 所示，然后单击"确定"按钮，则出现了一个空白的新画面，如图 13-17 所示。用户可以在这个画面上利用各种绘图工具设计显示画面。

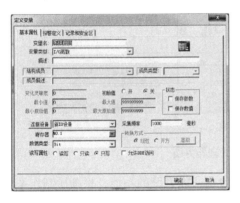

图 13-15　定义画面变量设置

图 13-16　新建画面

（5）定义动画连接　在建立好的画面上双击图形对象，则会弹出"动画连接"对话框，如图 13-18 所示，用户可以对一个图形对象同时定义若干个动画连接，构成比较复杂的显示效果。

图 13-17　新画面窗口

图 13-18　动画连接窗口

（6）运行与调试　启动组态王运行系统，通过对画面的观察和操作验证设计是否正确与完善，根据出现的问题可以重复进行步骤（3）~（6），直到系统的功能正常。

4. 组态王应用举例

下面以水位控制系统主画面的设计为例，用组态王软件 6.53 版本对其应用进行介绍。

在工程浏览器的工程目录显示区中单击"文件"大纲项下面的"画面"成员名，然后在目录内容显示区中双击"新建"图标，出现"新画面"对话框。在"画面名称"旁边的编辑框中输入"水位控制系统主画面"，画面宽度和高度分别设置为 800 像素和 600 像素，单击"确定"按钮，则返回工程浏览器，并且在目录内容显示区中增加了"水位控制系统主画面"图标。双击此图标，即进入了画面开发系统，并且已经打开了"水位控制系统"主画面。制作完毕的"水位控制系统"主画面如图 13-19 所示。

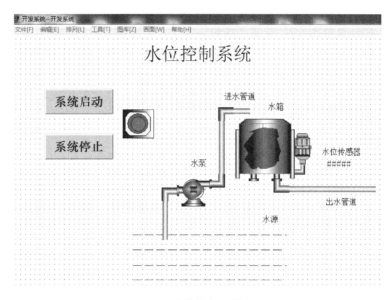

图 13-19　水位控制系统主画面

（1）画面的设计　用户可以充分利用组态王软件提供的各种绘图工具与图库来制作画面，使画面能够逼真地反映控制系统的工作状况，并且可以通过画面操作控制系统的运行状况。

1）利用文本工具、字体工具和调色板工具输入文本。具体方法是：用鼠标单击"工具箱"中的"文本"工具按钮（或者利用"工具"→"文字"菜单命令），然后将鼠标指针移动到画面上适当位置并单击，此时光标在屏幕上闪动，用户便可以打开中文输入法输入文字。输入完毕后，用鼠标在屏幕上再单击一次，则文字输入完毕。画面中的各段文字输入完毕后，也可用鼠标拖曳到最合适的位置进行调整。如图 13-20 所示，输入"水位控制系统"。

2）利用按钮工具制作按钮。水位控制系统中要发出系统启动和系统停止这两个命令，可以通过两个按钮来完成，如图 13-20 所示。

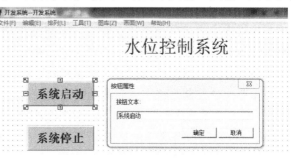

图 13-20　修改按钮文本

单击"工具箱"中的"按钮"工具,然后将指针移动到画面上的合适位置,拉出一个合适大小的方框,然后右键单击这个按钮,在弹出菜单中单击"字符串替换"菜单项,弹出"按钮属性"对话框,在"按钮文本"编辑框中输入"系统启动",再单击"确定"按钮,则"系统启动"按钮制作完成。用同样方法也可以制作出"系统停止"按钮。

3)"水源"的绘制。在"工具箱"中单击"显示线形"按钮,然后在出现的"线形"窗口中单击第一排左起第三个按钮,即选中虚线,然后单击"工具箱"中的"直线"按钮,并用鼠标在画面的适当位置拉出四根水平线,如图 13-21 所示,即完成了"水源"的绘制。

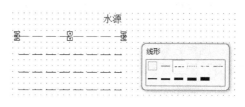

图 13-21 选择直线的线形

4)利用图库绘制指示灯、水泵、水箱、水位传感器和管道等图形。单击"图库"→"打开图库"菜单项(或者按键盘上的 F2 键),出现"图库管理器"窗口,如图 13-22 所示。选中"指示灯"类别中的左起第四个指示灯,双击之后,将指针移动到画面上适当的位置并单击鼠标,则指示灯出现在画面上。将它的大小调整合适后,即完成了"指示灯"的绘制。按照同样的方法,依次绘制水泵、水箱、水位传感器、管道等图形。

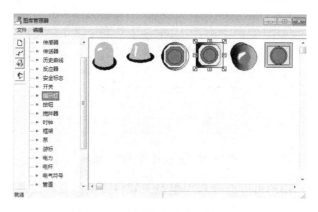

图 13-22 从图库中取出"指示灯"

5)"水位显示"文本的设置。在"水位传感器"文字的下方放置一文本,随便输入一字符串即可。此字符串在运行时将用于显示水位的数值。

至此,水位控制系统主画面的绘制全部结束。

(2)动画连接 以上绘制出的画面还不能真实反映出系统运行时的情形,必须把各个图形与数据库中的相应变量建立联系,才能真正让画面"动"起来。组态王软件中,把建立画面中图形与数据库变量对应关系的过程称为"动画连接"。建立动画连接后,根据数据库中变量的变化,图形可以按照动画连接的要求进行变化。

以下是水位控制系统主画面的动画连接过程。

1)双击"系统启动"按钮,出现"动画连接"对话框,单击"命令语言连接"中的"弹起时"按钮,则出现"命令语言"窗口。在其中输入以下命令语言:"\\本站点\系统启动=1;"(双引号不输入),如图 13-23 所示。单击"确定"按钮,返回到"动画连接"对话框,再单击"确定"按钮,则"系统启动"按钮的动画连接完成。

2) 双击"系统停止"按钮,出现"动画连接"对话框,单击"命令语言连接"中的"弹起时"按钮,则出现"命令语言"窗口。在其中输入以下命令语言:"\\本站点\系统启动=0;",如图 13-24 所示。单击"确定"按钮,返回到"动画连接"对话框,再单击"确定"按钮,则"系统停止"按钮的动画连接完成。

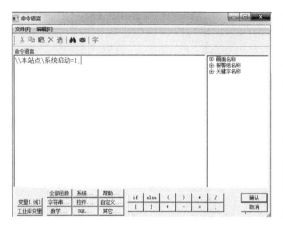

图 13-23 "系统启动"按钮命令语言　　　　图 13-24 "系统停止"按钮命令语言

3) 双击"指示灯",出现"指示灯向导"对话框。将"变量名"设定为"\\本站点\系统启动",并将"正常色"设定为绿色,"报警色"设定为红色,如图 13-25 所示。再单击"确定"按钮,则"指示灯"动画连接完成。在运行状态下,此指示灯的颜色将指示系统的运行状态:红色表示系统处于停止状态,绿色表示系统处于运行状态。

图 13-25 "指示灯"的动画连接

4) 双击"水泵",出现"泵"对话框,将其中的"变量名"设置为"\\本站点\水泵运行",如图 13-26 所示。单击"确定"按钮,则"水泵"动画连接完成。在运行时,水泵中央若显示绿色,则表示水泵正在工作;若显示红色,则表示水泵处于停止状态。

5) 双击"水箱",出现"反应器"对话框。将其中的"变量名"设置为"\\本站点\水位","填充颜色"设置为红色,并把"最大值"设置为3,如图 13-27 所示。单击"确定"按钮,则完成"水箱"的动画连接。在运行时,水箱中填充颜色的高度表示了水箱水位的高低。

图 13-26 "水泵"的动画连接　　　　图 13-27 "水箱"的动画连接

6）双击"水位显示"文本，出现"动画连接"对话框，单击"模拟值输出"按钮，则弹出"模拟值输出"对话框。将其中的"表达式"设置为"\\本站点\水位"，整数位数为1，小数位数为1。随后单击"确定"按钮即完成"水位显示"文本的动画连接。

思考与练习

13-1 什么是人机界面？它的英文缩写是什么？
13-2 人机界面的产品分为哪几类？各有什么特点？
13-3 简述触摸屏的工作原理。
13-4 简述威纶通触摸屏组态程序设计的一般过程？
13-5 按要求完成下面的控制：
（1）按触摸屏上的"正转起动"按钮，电动机正转运行；
（2）按"反转起动"按钮，电动机反转运行；
（3）正转运行、反转运行或者停止时均有文字显示；
（4）同时具有电动机运行时间设置及运行时间显示功能；
（5）运行时间到或按"停止"按钮，电动机即停止。
13-6 使用威纶通触摸屏设计一个画面：当按动按钮时，其对应的指示灯点亮并闪烁。
13-7 使用组态王软件设计一个十字路口交通信号灯的控制界面。

第 14 章

S7-200 PLC通信指令及应用
——以灌装生产线的PLC控制为例

导读

随着制造业数字化、网络化、智能化的快速发展，PLC 之间的联网通信和 PLC 与上位计算机的联网通信已得到广泛应用。本章以灌装生产线的 PLC 控制为例，介绍西门子 S7-200 PLC 所支持的网络通信协议、相关指令及使用方法。

本章知识点

- 网络通信协议
- PPI 通信
- 自由口通信
- USS 通信
- Modbus 通信

14.1 任务要求

灌装生产线在食品、医药和日化等企业的生产过程中得到广泛使用。以黄油的灌装生产为例，某条黄油灌装生产线将灌装好的黄油桶输送到打包机上进行包装，共有一台分流机和三台打包机。打包机把 10 个黄油桶装入一个纸箱中，分流机通过带式输送机将黄油桶分配给各个打包机，带式输送机由变频器驱动。四台机器分别由四个 PLC 单独控制，分流机还受人机界面控制。系统组成如图 14-1 所示。

分流机对打包机的控制主要是负责将纸箱、黏合剂和黄油桶分配给不同的打包机。而分配的依据就是各个打包机的工作状态，因此分流机要实时地知道各个打包机的工作状态。如打包机是否缺少黄油桶、纸箱或黏合剂等信息。为了统计的方便，各个打包机打包完成的纸箱数量也应上传至分流机，以便记录和通过人机界面查阅。

在图 14-1 中，分流机由 CPU 226 控制，三台打包机分别由三个 CPU 222 控制，站地址

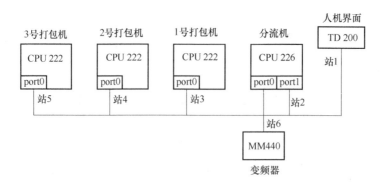

图 14-1　灌装生产线控制系统组成示意图

依次为 2~5；人机界面采用 TD200，站地址为 1；变频器型号为西门子 MM440。

在本例中，整个控制系统包含多台 S7-200 PLC，可以采用通信的方式来实现系统的控制。

14.2　S7-200 PLC 的网络通信概述

14.2.1　通信的基本概念

1. 串行通信与并行通信

串行通信是数据以二进制的位为单位的传输方式，这样一个字节的数据要分八次由低位到高位按顺序一位位地传输，每次只传输一位，可见数据传输效率低。但串行通信至少只需两根线就可以连接多台设备进而组成控制网络，通信线路简单、成本低，适合速度要求不高的远距离传输，距离可以从几米到数千千米。在工业通信系统中，一般都采用串行通信。计算机和 PLC 都有通用的串行通信接口，例如 RS-232C 或 RS-485 接口。

并行通信是数据以一个字或字节为单位在多条并行的通道上同时传输的方式。如传输一个字节，除了八根数据线、一根公共线外，还需要通信双方联络用的控制线。并行通信的特点是数据传输速度快，适合于短距离、高速率的数据传输，通常传输距离小于 30m。

2. 异步通信与同步通信

在串行通信中，接收方和发送方的传输速率应相同，即保持接收端和发送端同步。按照同步方式的不同，串行通信分为异步通信和同步通信。

异步通信是利用起止法来达到收发同步的。该方法是以字符为单位发送数据，一次传输一个字符，每个传输的字符都有一个附加的起始位，用来指明字符的开始；每个传输的字符后面还要附加一个或多个中止位，用来指明字符的结束。在异步通信中有两个比较重要的指标：字符帧格式和波特率。异步通信的缺点是传输效率低，每个字符都要加上冗余的起始位和中止位，主要用于中、低速通信。

同步通信中数据的传输是以字节为单位进行传输的，每次传输 1~2 个同步字符、若干个数据字符和校验字符（CRC）组成。其中同步字符位于帧开头，用于确认数据字符的开始。数据字符在同步字符之后，个数没有限制，由所需传输的数据块长度来决定；校验字符有一到两个，用于接收端对接收到的字符序列进行正确性的校验。由于同步通信中，数据块的每个字节之间不需要附加起始位和停止位,因而传输效率高,一般用于高速通信。同步通信的缺点是必须要求发送时钟和接收时钟保持严格的同步。

3. 数据通信方式

在通信线路上,按照数据传输的方向可将串行通信分为单工、半双工和全双工通信方式。

单工通信是指数据的传输始终保持同一方向,而不能进行反向传输。常见的如无线电广播、电视广播等就属于单工通信。半双工通信是指在一条传输线上相互通信的两台设备,既可以作为发送设备也可以作为接受设备。数据流可以在两个方向上传输,但同一时刻只限于一个方向传输。全双工通信是指相互通信的两台设备双方能够同时进行数据的发送和接收,有两条传输线。

4. 串行通信接口

在工业网络中,设备或网络之间大多采用串行通信方式传输数据,常用 RS-232、RS-485 及 RS-422 标准的串行通信接口。

RS-232 接口是工控计算机普遍配备的接口,其数据传输速率低,抗干扰能力差,但在通信距离近、对传输速率和环境要求不高的场合应用较广泛。

RS-422 接口采用差动接收和差动发送的方式传输数据,具有较高的通信速率(波特率可达 10Mbit/s 以上)和较强的抗干扰能力,适合远距离传输,在工厂应用较多。

RS-485 接口采用二线差分平衡传输,有较高的通信速率和较强的抑制共模干扰能力,是工业设备的通信中应用最多的一种接口。RS-485 接口是 RS-422 接口的变形,区别在于 RS-485 采用的是半双工传送方式、只用一对差分信号线,RS-422 采用的是全双工传送方式、使用两对差分信号线。RS-485 接口通常采用9针连接器。

14.2.2 S7-200 PLC 支持的通信协议

通信双方就如何交换信息所建立的一些规定和过程,称作通信协议。S7-200 PLC 支持多种通信协议,可根据实际需要选择合适的通信方式,见表 14-1。

表 14-1 S7-200 PLC 支持的通信协议简表

协议类型	端口位置	接口类型	传输介质	通信速率/(bit/s)	备注
PPI	EM241	RJ11	模拟电话线	33.6k	
	端口 0/1	DB-9 针	RS-485	9.6k、19.2k、187.5k	主站、从站
MPI	端口 0/1	DB-9 针	RS-485	19.2k、187.5k	仅作从站
	EM277	DB-9 针	RS-485	19.2k~12M	仅作从站(速率自适应)
PROFIBUS DP	EM277	DB-9 针	RS-485	9.6k~12M	
S7 协议	CP243-1/CP243-1IT	RJ45	以太网	10/100M	速率自适应
AS-i	CP243-2	接线端子	AS-i 网络	167k	主站
USS	端口 0	DB-9 针	RS-485	1200~12M	主站,自由口库指令
Modbus RTU	端口 0	DB-9 针	RS-485	1200~12M	主/从站,自由口库指令
	EM241	RJ11	模拟电话线	33.6k	
自由口	端口 0/1	DB-9 针	RS-485	1200~12M	

在通信网络中定义了主站和从站，主站向网络中的从站发出请求，从站只能响应主站发出的请求，自己不能发出请求。主站也可以响应网络中的其他主站的请求，而从站不能访问其他从站。安装了 STEP 7-Micro/WIN 的计算机和人机界面是通信主站，与 S7-200 PLC 通信的 S7-300/400 PLC 往往也作为主站。在多数情况下，S7-200 PLC 在通信网络中作为从站。

PPI 协议、MPI 协议和 PROFIBUS 协议的物理层均为 RS-485。一个网络中有 127 个地址（0~126），最多可以有 32 个主站，网络中各设备的地址不能重叠。运行 STEP 7-Micro/WIN 的计算机默认地址为 0，人机界面的默认地址为 1，PLC 的默认地址为 2。

14.3 S7-200 PLC 之间的 PPI 通信

14.3.1 PPI 通信简介

1. PPI 通信协议

点对点接口协议（Point to Point Interface，PPI）是西门子专门为 S7-200 PLC 开发的一种通信协议，是主/从协议，主要应用于对 S7-200 PLC 的编程、S7-200 PLC 之间的通信以及 S7-200 PLC 与人机界面产品的通信。PLC 上的编程接口也是 PPI 的通信接口，可以通过 PC/PPI 电缆或两芯屏蔽双绞线进行联网。支持的波特率为 9.6kbit/s、19.2kbit/s 和 187.5kbit/s。

PPI 是一个主从协议，主站设备将请求发送至从站设备，然后从站设备进行响应。从站不主动发送信息，只是等待主站发送的请求。主站通过由 PPI 协议管理的共享连接与从站通信。PPI 协议不限制能够与任何一台从站通信的主站数目，但是不能在网络上安装超过 32 个主站。

网络上所有 S7-200 PLC 都默认为从站，如果在用户程序中使能 PPI 主站模式，S7-200 PLC 在运行模式下可以作主站。在使能 PPI 主站模式之后，可使用网络读/写指令从其他 S7-200 PLC 读取数据或写入数据。当 S7-200 PLC 作为 PPI 主站时，它仍然可以响应到其他主站的请求。S7-200 PLC 是主站还是从站，取决于 SMB30/SMB130 的设置。

2. PPI 主站的定义

S7-200 PLC 使用 SMB30/SMB130 来分别定义通信用端口 0 和端口 1 的工作模式，其控制字节的定义格式见表 14-2。

表 14-2 特殊存储器 SMB30 和 SMB130

端口 0	端口 1	描 述
SMB30 的格式	SMB130 的格式	控制字节的定义格式： MSB 7　p p d b b b m m　0 LSB
SM30.6 和 SM30.7	SM130.6 和 SM130.7	pp：奇偶校验选择，00 和 10 为无校验，01 为偶校验，11 为奇校验
SM30.5	SM130.5	d：每个字符的数据位，0 表示每个字符 8 位，1 表示每个字符 7 位

(续)

端口 0	端口 1	描述							
SM30.2~SM30.4	SM130.2~SM130.4	bbb：自由口波特率（单位：bit/s）							
		bbb	000	001	010	011	100	101	110	111
		波特率	38400	19200	9600	4800	2400	1200	115.2k	57.6k
SM30.0 和 SM30.1	SM130.0 和 SM130.1	mm：协议类型，00 为 PPI 从站模式，01 自由口协议模式，10 为 PPI 主站模式，11 保留							

通信模式由控制字节的最低两位"mm"决定，只要将 SMB30 或 SMB130 的最低两位赋值为 2#10，即可将通信口设置为 PPI 主站模式，此时才允许 PLC 执行网络读/写指令。控制字节的"pp"位是奇偶校验选择，"d"位是每个字符的数据位选择，"bbb"位是波特率选择。在 PPI 模式下忽略控制字节的第 2~7 位。

14.3.2 网络读/写指令

1. 指令格式及功能

当某个 S7-200 PLC 被定义为 PPI 主站时，就可以应用网络读（NETR）/写（NETW）指令对另外的 S7-200 PLC（从站）进行读/写操作。网络读/写指令只能由主站的 PLC 执行，从站 PLC 只准备通信的数据。指令格式及功能见表 14-3。

表 14-3 NETR/NETW 指令的格式及功能

指令名称	网络读指令	网络写指令
梯形图	NETR EN ENO TBL PORT	NETW EN ENO TBL PORT
语句表	NETR TBL, PORT	NETW TBL, PORT
指令功能	通过指定的通信端口（port）读取远程设备的数据，并存储在数据表（TBL）中	通过指定的通信端口（port）向远程设备写入数据表（TBL）中的数据
数据类型	TBL 和 PORT 均为字节型，PORT 为常数	

2. 指令说明

TBL 指定被读/写的网络通信数据表缓冲区首地址，操作数为字节，可寻址的寄存器为 VB、MB、*VD 和 *AC。

网络读指令可以从远程站点读取最多 16 个字节的信息，网络写指令可以向远程站点写最多 16 个字节的信息。在程序中，可以使用任意条网络读/写指令，但是在同一时间最多只能同时执行八条网络读/写指令。

在多个 PLC 之间进行通信时，必须保证网络中同一时刻只有一个 PLC 在发送数据。

3. 数据表的格式

在执行网络读/写指令时，PPI 主站与从站间传输数据的数据表参数的格式如图 14-2 所示。

字节偏移量	位7	位6	位5	位4	位3	位2	位1	位0
字节0	D	A	E	0	错误代码			
字节1	远程站的地址							
字节2	远程站的数据指针							
字节3									
字节4									
字节5									
字节6	数据长度							
字节7	数据字节0							
字节8	数据字节1							
⋮	⋮							
字节22	数据字节15							

通信操作的状态信息字节。其中
D：操作是否完成，　0=未完成，1=完成
A：激活(操作已排队)，0=未激活，1=激活
E：操作是否错误，　0=无错误，1=错误
远程站的地址：要访问其数据指令的PLC的地址。
远程站的数据指针：要访问数据的间接指针。
数据长度：要访问的数据字节数。
数据区：执行网络读指令后，从远程站读到的数据放在这个数据区；执行网络写指令后，要发送到远程站的数据放在这个数据区。

图 14-2　网络读/写指令数据表的 TBL 参数格式

14.3.3　两台 S7-200 PLC 之间的 PPI 通信实例

两台 S7-200 PLC 之间 PPI 通信时，一台为主站，另一台为从站。下面用一个实例介绍具体的实现方法。

例 14-1　某设备的两个站组成一个 PPI 网络，PLC 使用 CPU 226CN，其中，第一站的 PLC 为主站，第二站的 PLC 为从站。其工作任务是，当按下主站上的按钮 SF1 时，从站上的电动机起动，当按下主站上的按钮 SF2 时，从站的电动机停止；当按下从站上的按钮 SF1 时，主站上的电动机起动，当按下从站上的按钮 SF2 时，主站上的电动机停止。

（1）硬件配置　首先进行硬件的连接，用一根 PROFIBUS 网络电缆连接主站 PLC 的端口 1（port1）和从站 PLC 的端口 1。注意：端口 0 和端口 1 可以随意连接，但必须与系统块配置一致。PPI 通信的硬件配置如图 14-3 所示，PLC 接线图如图 14-4 所示。

图 14-3　PPI 通信硬件配置

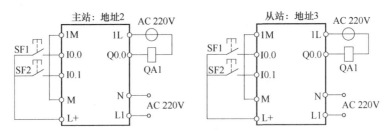

图 14-4　主站和从站 PLC 接线图

然后，进行网络通信设置。在编程软件环境下，单击浏览条下的系统块，在"系统块"对话框中分别对两台 PLC 进行系统配置，设置 PPI 网络中 PLC 的地址号与通信波特率。在 PLC 通信端口设置对话框中，把主站端口 1 的 PLC 地址号配置为 2；把从站端口 1 的 PLC 地址号配置为 3；其他参数为默认值（注意：主站与从站的波特率必须相等）。

（2）网络读写指令的数据缓冲区 列出主站的发送数据缓冲区，见表14-4，对应的从站的接收数据缓冲区地址为VB100。列出主站的接收数据缓冲区，见表14-5，对应的从站的发送数据缓冲区为VB50。

表14-4 主站发送数据缓冲区

VB300	状 态 字
VB301	从站的地址（3）
VD302	&VB100 从站的接收缓冲区地址
VB306	1（字节）
VB307	主站的IB0

表14-5 主站接收数据缓冲区

VB200	状 态 字
VB201	从站的地址（3）
VD202	&VB50 从站的发送缓冲区地址
VB206	1（字节）
VB207	从站的IB0

（3）编写程序 主站和从站的程序如图14-5所示。

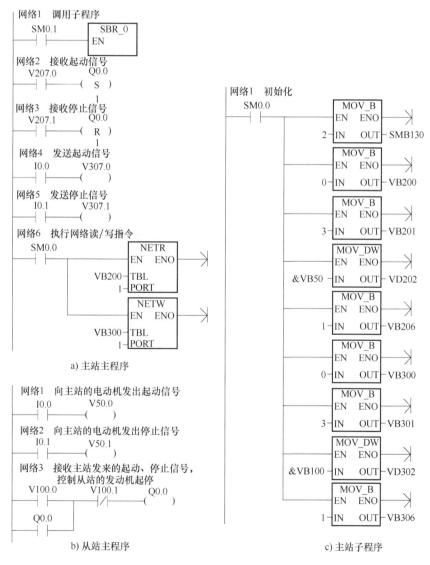

图14-5 PPI通信程序

14.4 上位机与 PLC 之间的自由口通信

14.4.1 自由口通信简介

自由口通信协议（Freeport Mode）是指 PLC 串行通信接口可由用户程序控制，自定义与其他串行通信设备进行通信的协议。其中 Modbus RTU 通信、USS 通信就是建立在自由口模式基础上的通信协议。应用此种方式，可以通过用户程序对通信接口进行操作，从而使 S7-200 PLC 可以与具有串行接口的外设智能设备和控制器进行通信。诸如打印机、条形码阅读器、调制解调器、变频器和上位机等。当然也可以用于两个 PLC 之间的简单数据交换。

只有当 S7-200 的 CPU 处于 RUN 模式时，才能进行自由口通信。此时，通信接口不能再与编程软件通信。当 S7-200 的 CPU 处于 STOP 模式时，自由口通信被禁止，通信接口自动切换为正常的 PPI 协议模式，编程软件 STEP 7 Micro/WIN 可以与 PLC 通信。如果需要在自由口模式和 PPI 模式之间切换，可以使用 SM0.7 决定通信接口的模式。它反映的是 PLC 运行状态开关的位置。SM0.7=0，PLC 处于 TERM 模式；SM0.7=1，处于 PLC RUN 模式。

S7-200 PLC 使用 SMB30/SMB130 定义端口 0/1 的工作模式，其控制字节的定义格式见 14.3.1 节的表 14-2。只要将 SMB30 或 SMB130 的最低两位赋值为 2#01，即可将端口设置为自由口模式。

14.4.2 发送/接收指令

在自由口模式下，用户可以使用发送指令和接收指令来控制端口的操作。

发送（XMT）/接收指令（RCV）指令用于当 S7-200 PLC 被定义为自由口模式时，由端口发送或接收数据。其格式及功能见表 14-6。

表 14-6 发送/接收指令的格式及功能

指令名称	发 送 指 令	接 收 指 令
梯形图	XMT EN ENO TBL PORT	RCV EN ENO TBL PORT
语句表	XMT TBL, PORT	RCV TBL, PORT
指令功能	通过指定的端口，将以 TBL 为首地址的数据缓冲区的数据发送到远程设备	通过指定的端口，接收远程设备的数据，并将其放入以 TBL 为首地址的数据缓冲区中
数据类型	TBL 和 PORT 均为字节型，PORT 为常数	

（1）发送指令（XMT） 以字节为单位，发送指令向指定端口发送一串数据字符，要发送的字符以数据缓冲区指定，一次发送的字符最多 255 个字节。发送指令缓冲区格式见表 14-7。

发送完成后，会产生一个中断事件9（端口0）或中断事件26（端口1）。也可以利用特殊标志位SM4.5（对应端口0）或SM4.6（对应端口1）的状态来判断发送是否完成，如果状态为1，说明发送完成。

（2）接收指令（RCV） 以字节为单位，接收指令通过指定通信口接收一串数据字符，接收的字符保存在指定的数据缓冲区，一次接收的字符最多255个字节。接收指令缓冲区格式见表14-8。

表14-7 发送指令缓冲区的格式

序号	字节编号	内容
1	T+0	发送字节的个数
2	T+1	数据字节
3	T+2	数据字节
⋮	⋮	⋮
256	T+255	数据字节

表14-8 接收指令缓冲区的格式

序号	字节编号	内容
1	T+0	接收字节的个数
2	T+1	起始字符（如果有）
3	T+2	数据字节
…	…	…
255	T+255	结束字符（如果有）

接收完成后，产生一个中断事件23（端口0）或中断事件24（端口1）。也可以不使用中断，通过监控SMB86（端口0）或者SMB186（端口1）的状态来判断接收信息是否完成。如果状态为非0时，说明接收指令未被激活或接收已经结束。正在接收报文时，它们为0。接收指令使用接收信息控制字节（SMB87或SMB187）中的位来定义信息起始和结束条件。SMB86/SMB186和SMB87/SMB187的含义见表14-9。

表14-9 SMB86/SMB186和SMB87/SMB187含义

对于端口0	对于端口1	控制字节各位的含义
SM86.0	SM186.0	为1说明奇偶校验错误而终止接收
SM86.1	SM186.1	为1说明接收字符超长而终止接收
SM86.2	SM186.2	为1说明接收超时而终止接收
SM86.3	SM186.3	为0
SM86.4	SM186.4	为0
SM86.5	SM186.5	为1说明是正常接收到结束字符
SM86.6	SM186.6	为1说明输入参数错误或者缺少起始和终止条件而结束接收
SM86.7	SM186.7	为1说明用户通过禁止命令结束接收
SM87.0	SM187.0	0
SM87.1	SM187.1	1=使用中断条件，0=不使用中断条件
SM87.2	SM187.2	1=使用（0=不使用）SMW92或者SMW192时间段结束接收
SM87.3	SM187.3	1=定时器是信息定时器，0=定时器是是内部字符定时器
SM87.4	SM187.4	1=使用（0=不使用）SMW90或者SMW190检测空闲状态
SM87.5	SM187.5	1=使用（0=不使用）SMB89或者SMB189终止符检测终止信息
SM87.6	SM187.6	1=使用（0=不使用）SMB88或者SMB188起始符检测起始信息
SM87.7	SM187.7	1=禁止接收，0=允许接收

与自由口通信相关的其他重要特殊控制字/字节见表 14-10。

表 14-10　其他重要特殊控制字/字节

对于端口 0	对于端口 1	控制字节或者控制字的含义
SMB88	SMB188	信息字符的开始
SMB89	SMB189	信息字符的结束
SMW90	SMW190	空闲线时间段，按毫秒设定。空闲线时间用完后接收的第一个字符是新信息的开始
SMW92	SMW192	中间字符/消息定时器溢出值，按毫秒设定。如果超过这个时间段，则终止接收信息
SMW94	SMW194	要接收的最大字符数（1~255 字节）。此范围必须设置为期望的最大缓冲区大小，即使不使用字符计数消息终端

14.4.3　S7-200 PLC 与超级终端的自由口通信实例

在工业控制系统中，PLC 作为下位机完成现场各种信号和数据的采集、运算和控制，而工控计算机作为上位机可提供人机界面，实现数据的处理、现场数据的实时显示灯监视和远程控制等功能。上位机可以用 VC 或 VB 编程语言编写程序，实现计算机与 PLC 的通信，也可以使用超级终端实现与 PLC 的通信。超级终端（Hyper Terminal）是 Windows 自带的一个串行通信接口调试工具，其使用较为简单，被广泛使用在串行通信接口设备的初级调试上。

例 14-2　用一台计算机的超级终端接收来自 CPU 226CN 发送来的数据，数据从 1 开始递增，并进行显示。

（1）硬件配置　自由口通信硬件配置如图 14-6 所示。

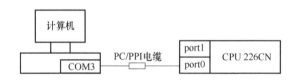

图 14-6　自由口通信硬件配置图

（2）编写 PLC 程序　设置 PLC 的发送缓冲区首地址为 VB100，发送字节数为 14。PLC 的主程序、中断程序和子程序如图 14-7 所示。

（3）设置 Hyper Terminal（超级终端）　设置步骤如下：

1）打开超级终端。在 Windows 中按照 "开始"→"所有程序"→"附件"→"通信"→"超级终端" 的路径打开超级终端，弹出如图 14-8 所示界面，并在界面中指定名称，本例为 "TEST"，单击 "确定" 按钮，弹出如图 14-9 所示界面。

2）选择串行通信接口。在图 14-9 中选择 "COM3"（区号和电话号码可以根据实际情况），最后单击 "确定" 按钮，弹出如图 14-10 所示界面。

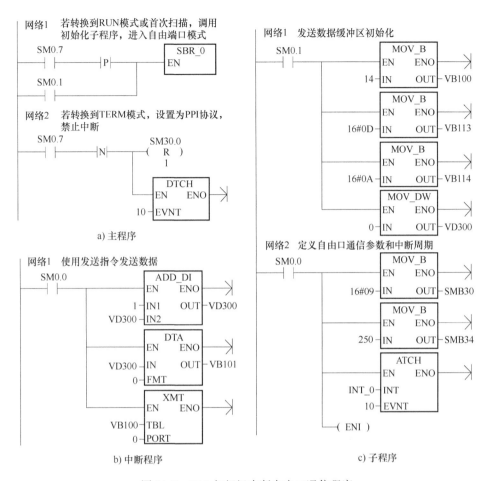

图 14-7　PLC 与超级中断自由口通信程序

图 14-8　指定连接名称

图 14-9　选择串行通信接口

3）设置通信参数。如图 14-10 所示，设置串行通信接口参数，"每秒位数"处为通信的波特率，应与 PLC 编写的程序波特率一致，否则将不能通信；将"数据流控制"处的选项改为"无"，最后单击"确定"按钮。

4）建立和终止超级终端与 PLC 通信。如图 14-11 所示，单击图中的"☎"（呼叫）图标，则 PLC 向计算机的超级终端发送数据，并显示到超级终端的界面上，数据会不断向上自动滚动。单击"☎"（断开）图标，计算机的超级终端终端接收数据。

图 14-10　设置通信参数

图 14-11　建立超级终端与 PLC 通信

14.5　PLC 与变频器的 USS 通信

14.5.1　USS 通信概述

通用串行接口协议（Universal Serial Interface Protocol，USS 协议）是西门子公司专为变频器、伺服驱动器等开发的通信协议，它是一种基于串行总线进行数据通信的协议。USS 协议因其协议简单、硬件要求较低，虽可实现一般水平的通信控制，但不能用在对通信速率和数据传输量有较高要求的场合。

USS 协议是主-从结构的协议，规定了在 USS 总线上可以有一个主站和最多 31 个从站，总线上每个从站都有站地址。USS 通信总是由主站发起，主站不断轮询各个从站，从站根据收到的指令，决定是否以及如何响应。从站不能主动发送数据，各个从站之间也不能直接进行信息的传输。另外还有一种广播通信方式：主站可以同时给所有从站发送报文，而从站在接收到报文并作出相应的响应后可以不回送报文，但必须在接收到主站报文之后的一定时间内向主站发回响应，否则主站将视为从站出错。

USS 的字符传输格式符合 UART 规范，在串行数据总线上的字符传输帧为 11 位长度。连续的字符传输帧组成 USS 报文，报文帧格式见表 14-11。每条报文都以 STX（=02hex）开始，接着是长度的说明（LGE）和地址字节（ADR），然后是传输的数据字符构成的净数据区，报文以数据块的检验符（BCC）结束。

表 14-11　通信报文帧格式结构

STX	LGE	ADR	净数据区					BCC
			1	2	3	…	n	

其中 LGE（报文长度）占用 1 个字节，指明这条信息中后跟的字节数目；ADR 表示从站（即变频器）的地址及报文类型，占用 1 个字节，位 0~4 是从站地址；位 5 是广播位，设置 1 表示该信息是广播信息；位 6 表示镜像报文；位 7 为 0。净数据区由 PKW 区和 PZD 区组成，具体构成见表 14-12。

表 14-12 净数据区

PKW 区						PZD 区			
PKE	IND	PWE1	PWE2	…	PWEm	PZD1	PZD2	…	PZDn

PKW 区（参数标识 ID-数值区）用于读写参数值、参数定义或参数描述文本，并可修改和报告参数的改变。PKW 区前两个字（即 PKE 和 IND）是关于主站的请求任务（任务识别标记 ID）或应答报文的类型（应答识别标记 ID）。PKW 区的第三、四个字（PWE1、PWE2）规定了报文要访问的变频器的参数号（PNU）。PNU 的编号与 MM4 系列变频器的参数号相对应，例如，1082=P1082。

PZD 区（过程数据区）用于在主站和从站之间传递控制和过程数据。控制参数按设定好的固定格式在主从站之间对应往返。例如，PZD1-主站发送给从站的控制字/从站返回主站的状态字；PZD2-主站发送给从站的给定/从站返回主站的实际反馈。

14.5.2　USS 协议库及指令

STEP 7-Micro/WIN 提供 USS 协议库来实现 USS 通信，标准指令库包括 14 个子程序和三个中断程序，但是只有八条指令可供用户使用。一些子程序和所有中断服务程序都在调用相关的指令后自动起作用。使用 USS 指令库必须满足下列需求：

1) 初始化 USS 协议会将一个 S7-200 PLC 的 CPU 端口专用于 USS 通信。可使用 USS_INIT 指令为端口 0 选择 USS 通信协议或 PPI 通信协议。也可使用 USS_INIT_P1 分配 USS 通信的端口 1。当一个端口设置为使用 USS 协议与变频器通信时，该端口将不能用于其他任何操作。

2) 在使用 USS 协议的程序开发过程中，应使用带两个通信用端口的 CPU 226、CPU 226XM 或 EM 277 PROFIBUS 模块（与计算机中 PROFIBUS CP 卡连接的 DP 模块）。这样第二个通信端口就可以用来在 USS 协议运行期间监视控制程序。

3) USS 指令影响与所分配端口上自由口通信相关的所有特殊继电器 SM。

4) USS 协议指令还要占用 2300~3600B 的用户程序空间和 400B 的变量存储区。某些 USS 指令需要一个 16B 的通信缓冲区，该缓冲区的起始地址由用户指定。建议为每一条 USS 协议指令分配一个单独的缓冲区。在中断程序中不能使用 USS 指令。

USS 协议指令：包括初始化指令 USS_INIT、变频器控制指令 USS_CTRL、读取变频器参数指令 USS_RPM_x、改写变频器参数指令 USS_WPM_x 等。使用 USS 指令，首先要安装指令库，正确安装结束后，打开指令树中的"库"项，即出现多个 USS 协议指令。

USS 指令库分为 0 和 1 两个端口的库文件，端口 1 的库文件其后有下标_P1。如端口 0 的 USS 初始化指令为"USS_INIT"，而端口 1 的 USS 初始化指令为"USS_INIT_P1"。在使用时，其设置定义均相同。

注意：STEP7-Micro/WIN V4.0 SP4（含）以前的版本，指令库只有从站，之后的版本才有主站指令库，本书所使用的库指令版本为 USS Protocol（V2.1）。下面以端口 0 为例对 USS 指令进行讲解。

1. USS 初始化指令

USS_INIT 指令用于启用、初始化或禁止变频器通信。在使用任何其他 USS 指令之前，必须执行初始化指令，且确保指令没有错误。一旦该指令完成，立即设置"完成"位，才能继续执行下一条指令。USS_INIT 指令格式及功能见表 14-13。

表 14-13 USS_INIT 指令格式及功能

梯形图	输入/输出	数据类型	功能
USS_INIT ―EN ―Mode Done― ―Baud Error― ―Active	EN	BOOL	使能
	Mode	BYTE	模式选择，输入数值选择通信协议
	Baud	DWORD	通信的波特率
	Active	DWORD	激活的变频器
	Done	BOOL	初始化完成标志
	Error	BYTE	错误代码

指令说明：

1）EN 输入有效时，在每次扫描时执行该指令。要改动初始化参数，执行一条新的 USS_INIT 指令，用边沿脉冲指令使指令的 EN 输入以脉冲方式打开。

2）Mode 为 1 时，将端口 0 分配给 USS 协议，并启用该协议；为 0 时将端口 0 分配给 PPI，并禁止 USS 协议。

3）Baud（波特率）为 1200bit/s、2400bit/s、4800bit/s、9600bit/s、19200bit/s、38400bit/s、57600bit/s 或 115200bit/s。

4）Active 表示将要激活的变频器的从站号。用一个 32 位长的双字来映射 USS 从站有效地址表，每一位的位号表示 USS 从站的地址号。例如，要激活地址为 3 的 MM440 变频器，则需要把位号为 3 的位单元格设置为二进制"1"，其他不需要激活的地址对应的位置位为"0"，计算出的 Active 值为 16#00000008，也等于十进制数 8。

2. USS 控制指令

USS_CTRL 用于对单个变频器进行控制，每台变频器只能使用一条该指令。USS_CTRL 指令将选择的命令放在通信缓冲区中，然后送至编址的变频器，条件是已在 USS_INIT 指令的 Active（激活）参数中选择该变频器。USS_CTRL 指令格式及功能见表 14-14。

表 14-14 USS_CTRL 指令格式及功能

梯形图	输入/输出	数据类型	功能

USS_CTRL
―EN
―RUN
―OFF2
―OFF3
―F_ACK
―DIR
―Drive Resp_R―
―Type   Error―
―Speed_SP Status―
         Speed―
         Run_EN―
         D_Dir―
         Inhibit―
         Fault―
	EN	BOOL	使能端，使用 SM0.0

	RUN	BOOL	运行，表示变频器是 ON 还是 OFF 状态
	OFF2	BOOL	允许变频器滑行至停止
	OFF3	BOOL	命令变频器迅速停止
	F_ACK	BOOL	故障确认
	DIR	BOOL	变频器应当移动的方向
	Drive	BYTE	变频器的地址
	Type	BYTE	选择变频器的类型
	Speed_SP	REAL	变频器的速度
	Resp_R	BOOL	收到应答
	Error	BYTE	通信请求结果的错误字节
	Status	DWORD	变频器返回的状态字原始数值
	Speed	BYTE	全速百分百
	Run_EN	BOOL	表示变频器是运行（1）还是停止（0）
	D_Dir	DWORD	表示变频器的旋转方向
	Inhibit	BOOL	变频器上的禁止位状态
	Fault	BOOL	故障位状态

指令说明：

1）EN 位必须为 ON，才能启用 USS_ CTRL 指令。该指令应当始终启用。

2）RUN 表示变频器的起动/停止控制。0 为停止，1 为起动。当 RUN 位为"1"时，变频器收到一条指令，按指定的速度和方向开始运行。为了使变频器运行，必须符合以下三个条件：Drive（变频器）在 USS_INIT 中必须被选为 Active（激活）；OFF2 和 OFF3 必须被设为 0；Fault 和 Inhibit 必须为 0。当 RUN 位为"0"时，会向变频器发出一条指令，使电动机按照设置的斜坡减速，直至停止。

3）OFF2 表示停止信号 2。此信号为"1"时，变频器将封锁主回路输出，电动机自由降速至停止。

4）OFF3 表示停止信号 3。此信号为"1"时，变频器将使电动机快速停止。

5）F_ACK 位被用于确认变频器中的故障。当 F_ACK 从 0 转为 1 时，变频器清除故障。

6）DIR 位用来控制电动机转动方向。

7）Drive 表示变频器在 USS 网络上的站号，向该地址发送 USS_CTRL 命令。从站必须先在初始化时激活才能进行控制。有效地址：0~31。

8）Type 输入选择变频器的类型。0 为 MM3 系列（或更早版本）；1 为 MM4 系列。

9）Speed_SP 是速度设定值。速度设定值必须是一个实数，给出的数值是变频器的频率范围百分比还是绝对的频率值，取决于变频器的中的参数设置。Speed_SP 的负值会使变频器反方向旋转。

10）Resp_R 位确认从变频器收到应答。所有的激活变频器会接受轮询，以查找最新变频器状态信息。每次 S7-200 PLC 从变频器收到应答时，Resp_R 位均会打开，进行一次扫描，所有数值均被更新。

11）Error 包含最近一次向变频器发出通信请求的执行结果。USS 协议的执行错误代码定义了执行该指令而产生的错误状况。

12）Status 是变频器返回的状态字原始数值。表示了变频器当时的实际运行状态，详细的状态字信息请参考相应的变频器手册。

13）Speed 是以全速百分比表示的变频器速度，其范围为 -200.0%~200.0%。

14）Run_EN 表示变频器是在运行（1）还是停止（0）。

15）D_Dir 表示变频器的旋转方向。某些变频器仅将速度作为正值报告。如果速度为负值，变频器将速度绝对值作为正值报告，但翻转 D_Dir 位。

16）Inhibit 表示变频器上的禁止位状态（0 为不禁止，1 为禁止）。欲清零禁止位，故障位必须为 OFF，RUN、OFF2 和 OFF3 输入也必须为 0。

17）Fault 表示故障位的状态（0 为无故障，1 为有故障）。变频器处于故障状态时，会显示故障代码。欲清零故障位，应纠正引起故障的原因，并使 F_ACK 位为 0。

3. USS 参数读/写指令

USS 指令库中共有六种参数读/写指令，包括 USS_RPM_W、USS_RPM_D、USS_RPM_R、USS_WPM_W、USS_WPM_D 和 USS_WPM_R，它们分别用于读/写变频器中不同规格的参数。参数类型包括无符号字型、无符号双字型和实数（浮点数）型参数。参数读/写指令必须与参数的类型配合，且同时只能有一个读或写指令激活。

（1）USS 读指令　以 USS_RPM_W 指令为例说明读参数的使用，见表 14-15。

表 14-15 USS_RPM_W 指令格式及功能

梯形图	输入/输出	数据类型	功能
USS_RPM_W —EN —XMT_REQ —Drive Done— —Param Error— —Index Value— —DB_Ptr	EN	BOOL	使能。要使能读指令，此输入端必须为1
	XMT_REQ	BOOL	读取请求。必须使用一个边沿脉冲指令以触发读操作
	Drive	BYTE	变频器的站地址。每个变频器的有效地址是0~31
	Param	WORD	参数号（仅数字）。此处也可以是变量
	Index	WORD	参数下标。有些参数由多个带下标的组成一个参数组，下标用来指出具体的某个参数。无下标的参数可设置为0
	DB_Ptr	DWORD	读指令需要一个16个字节的数据缓冲区，用间接寻址表示
	Done	BOOL	读功能完成标志位，读完后置1
	Error	BYTE	错误代码。0为无错误
	Value	WORD	读到的参数值。需指定一个单独的数据存储单元

（2）USS 写指令 以 USS_WPM_W 指令为例说明写参数的使用，见表 14-16。

表 14-16 USS_WPM_W 指令格式及功能

梯形图	输入/输出	数据类型	功能
USS_WPM_W —EN —XMT_REQ —EEPROM —Drive Done— —Param Error— —Index —Value —DB_Ptr	EN	BOOL	使能。要使能读指令，此输入端必须为1
	XMT_REQ	BOOL	发送请求。必须使用一个边沿脉冲指令以触发写操作
	EEPROM	BOOL	向EEPROM写入，1时写入，0时不写入
	Drive	BYTE	变频器的站地址。每个变频器的有效地址是0~31
	Param	WORD	参数号（仅数字）。此处也可以是变量
	Index	WORD	参数下标
	Value	WORD	要写入的参数值。需指定一个单独的数据存储单元
	DB_Ptr	DWORD	写指令需要一个16个字节的数据缓冲区，用间接寻址表示
	Done	BOOL	写功能完成标志位，写完后置1
	Error	BYTE	错误代码。0为无错误

（3）读/写多个参数 在任一时刻，USS 主站内只能有一个参数读/写指令有效，否则会出错。因此如果需要读/写多个参数（来自一个或多个变频器），在编程时应进行读/写指令之间的轮替处理。

14.5.3 S7-200 PLC 与 MM440 变频器的 USS 通信实例

PLC 通过通信来监控变频器，并通过通信传输大量信息，而且可以连续对多台变频器进行监视和控制。还可以通过通信修改变频器的参数，实现多台变频器的联动控制和同步控制。MM440 是西门子公司生产的用于控制三相交流电动机速度的变频器，具有一个串行接口。串行接口采用 RS-485 双线连接。单一的 RS-485 链路最多可以连接 30 台变频器，而且根据各变频器的地址或者采用广播信息都可以找到需要通信的变频器。

1. USS 通信的硬件接线

使用 USS 通信协议,用户程序可以通过子程序调用的方式实现,这使得编程的工作量很小。通信网络由 PLC 和变频器内置的 RS-485 接口和双绞线组成。

如图 14-12 所示,用一台 CPU 226CN 对一台变频器进行控制和读/写参数。已知电动机的技术参数为:额定功率为 0.37kW,额定转速为 1400r/min,额定电压为 380V,额定电流为 1.05A,额定频率为 50Hz。

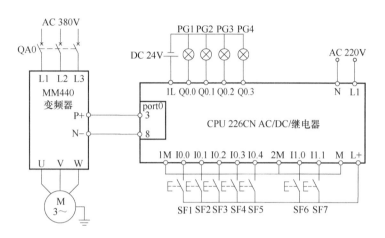

图 14-12 硬件接线图

图 14-12 中,端口 0 的第 3 脚与 MM440 变频器的 P+脚相连,端口 0 的第 8 脚与 MM440 变频器的 N-脚相连。需要指出的是,STEP 7-Micro/WIN SP5(含)之后的版本,USS 通信时可以用端口 0 和端口 1,而 SP5 之前的版本只能用端口 0 进行 USS 通信。调用不同的端口所使用的子程序不同。

2. MM440 变频器的 USS 通信参数设置

使用 USS 通信协议进行通信之前,应对 MM440 有关的参数进行设置。首先依据已知的电动机技术参数,对变频器进行快速调试,见表 14-17。

表 14-17 电动机参数设置表

变频器参数	出厂值	设置值	功 能 说 明
P0010	0	1	快速调试
P0100	0	0	使用地区:欧洲[kW],f=50Hz
P0304	230	380	电动机额定电压(380V)
P0305	3.25	1.05	电动机额定电流(1.05A)
P0307	0.75	0.37	电动机额定功率(0.37kW)
P0310	50.00	50.00	电动机额定频率(50Hz)
P0311	0	1400	电动机额定转速(1400r/min)
P3900	0	1	结束快速调试

然后,设置 USS 通信参数,见表 14-18。

表 14-18 变频器参数设置表

变频器参数	出厂值	设置值	功能说明
P0700[0]	2	5	选择命令源(COM 链路的 USS 设置)
P1000[0]	2	5	频率设定值的选择(通过 COM 链路的 USS 设定)
P2010[0]	6	6	USS 波特率(9600bit/s)
P2011[0]	0	1	USS 地址(从站地址为 1)
P2012[0]	2	2	USS 协议的 PZD 区长度,(PZD 长度为 2 字长)
P2013[0]	127	0	USS 协议的 PKW 区长度(PKW 长度可变)

3. USS 通信参数说明

1) P0700:该参数的功能是选择命令源,它决定了变频器从何处途径接收控制信号;此参数有分组,在此仅设第一组即可。本例设定值为 5。

2) P1000:该参数的功能是选择频率设定值的信号源,它决定了变频器从哪里接收设定值;此参数同样有分组,在此仅设第一组即可。本例设置 P1000[0] = 5。

3) P2010:该参数用于定义 USS 通信采用的波特率。S7-200 PLC 支持的通信速率共九种:4 = 2400bit/s、5 = 4800bit/s、6 = 9600bit/s、7 = 19200bit/s、…、12 = 115200bit/s。此设定值应与 PLC 程序中的值一致,本例中设定值为 6。

4) P2011:该参数用于为变频器指定一个唯一的串行通信地址,即变频器在整个 USS 通信网络上的从站地址,设定值范围为 0~31。注意网络上不能有任何两个从站的地址相同。本例中设定值为 1。

5) P2012:该参数用于定义 USS 报文中 PZD 区 16 位字的数目。USS 报文中 PZD 区用于传输频率主设定值,并控制变频器的运行。本例中设定值为 2,即 USS 的 PZD 区长度为两个字长。

6) P2013:该参数用于定义 USS 报文中 PKW 区 16 位字的数目。USS 报文中 PKW 区用于读写各个参数的数值。本例设定值为 0,即 USS 的 PKW 区的长度可变。

4. PLC 的输入/输出分配

图 14-12 中 PLC 的输入/输出端子的对应关系,见表 14-19。

表 14-19 灌装生产线 PLC 控制的输入/输出分配表

输入设备			输出设备		
元件	功能	地址	元件	功能	地址
SF1	起/停控制	I0.0	PG1	运行状态信号	Q0.0
SF2	自由停止控制	I0.1	PG2	运转方向信号	Q0.1
SF3	快速停止控制	I0.2	PG3	禁止运行状态信号	Q0.2
SF4	故障复位	I0.3	PG4	故障指示	Q0.3
SF5	方向控制	I0.4			

(续)

输 入 设 备			输 出 设 备		
元件	功能	地址	元件	功能	地址
SF6	USS/PPI 切换	I1.0			
SF7	读/写操作控制	I1.1			

USS 通信是由 S7-200 PLC 和变频器配合，因此相关参数一定要配合设置。如通信速率设置不一样当然无法通信。S7-200 PLC 与变频器的通信程序如图 14-13 所示。

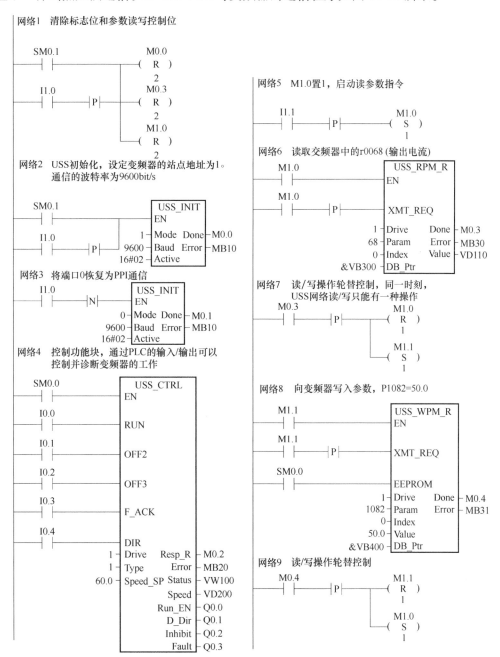

图 14-13　S7-200 PLC 与变频器的通信程序

14.6 主从站之间的 Modbus 通信

14.6.1 Modbus 简介

Modbus 是全球第一个真正用于工业现场的总线协议。许多工业设备，包括 PLC、DCS、变频器和智能仪表等都在使用 Modbus 协议作为它们之间的通信标准。

这种协议根据传输网络类型的不同，分为串行链路上的 Modbus 协议和基于 TCP/IP 协议的 Modbus 协议。Modbus 串行链路协议是一个主-从协议，采用请求-响应方式，主站发出带有从站地址的请求报文，具有该地址的从站接收到后发出响应报文进行应答。串行总线上只能有一个主站存在，主站在 Modbus 网络上没有地址，从站的地址范围为 0~247，不过其中 0 为广播地址，从站的实际地址范围为 1~247。Modbus 通信只能由主站发起，从站在没有收到来自主站的请求时不会发送数据，从站之间也不会互相通信。

Modbus 协议有两种报文传输模式：ASCII 和远程终端单元（RTU）。它们定义了数据如何打包、解码。在 ASCII 模式下，信息中的每八位字节作为两个 ASCII 字符传输，这种模式的主要优点是允许字符之间的时间间隔长达 1s，并且不会出现错误。在 RTU 模式下，信息中的每八位字节分成两个四位十六进制的字符传输，这种模式的主要优点是在相同波特率下其传输字符的密度高于 ASCII 模式，每个信息必须连续输出。

RTU 模式下，传输的每个字符应包括一个起始、八个数据位、一个奇偶校验位（无校验时 0 位）以及一个停止位（带校验），无校验时两位停止位。S7-200 PLC 只支持 Modbus RTU 模式，不支持 Modbus ASCII 模式。

14.6.2 S7-200 PLC Modbus 协议库指令

STEP 7-Micro/WIN 指令库包括专门为 Modbus 通信设计的预先定义的子程序和中断服务程序，通过 Modbus 协议库指令可以将 S7-200 PLC 组态为 Modbus 主站或从站设备。

1. Modbus 的地址

Modbus 地址通常是包含数据类型和偏移量的五个字符值。第一个字符确定数据类型，后面四个字符选择数据类型内的正确数值。

（1）主站寻址 Modbus 主站指令可将地址映射到正确功能，然后发送至从站设备。Modbus 主站指令支持下列 Modbus 地址：00001~09999 是离散输出（线圈）、10001~19999 是离散输入（触头）、30001~39999 是输入寄存器（通常是模拟量输入）、40001~49999 是保持寄存器。每个寄存器表示一个 16 位有符号整数。

所有的 Modbus 地址都是基于 1，即从地址 1 开始第一个数据值。有效地址范围取决于从站设备。不同的从站设备支持不同的数据类型和地址范围。

（2）从站地址 Modbus 从站设备将地址映射到正确功能。Modbus 从站指令支持以下地址：00001~00128 是实际输出，对应于地址 Q0.0~Q15.7；10001~10128 是实际输入，对应于 I0.0~I15.7；30001 到 30032 是模拟输入寄存器，对应于 AIW0~AIW62；40001~4xxxx 是保持寄存器，对应于 S7-200 PLC 的变量存储器中的相应区域。

所有的 Modbus 地址都是从 1 开始编号，Modbus 地址与 S7-200 地址的对应关系见表 14-20。其中 HoldStart 为 MBUS_INIT 指令的输入参数，用来定义变量存储器中保持寄存器的起始地址。

表14-20为Modbus地址与S7-200 PLC地址的对应关系。

表14-20　Modbus地址与S7-200 PLC地址的对应关系

序号	Modbus地址	S7-200 PLC地址	序号	Modbus地址	S7-200 PLC地址
1	00001	Q0.0	3	30001	AIW0
	00002	Q0.1		30002	AIW2
	00003	Q0.2		30003	AIW4
	…	…		…	…
	00128	Q15.7		30032	AIW62
2	10001	I0.0	4	40001	HoldStart
	10002	I0.1		40002	HoldStart+2
	10003	I0.2		40003	HoldStart+4
	…	…		…	…
	10128	I15.7		4xxxx	HoldStart+2*(xxxx-1)

2. Modbus主站指令

Modbus主站协议库有两个版本：一个版本使用CPU模块的端口0，为"Modbus Master Port0"；另一个版本使用CPU模块的端口1，为"Modbus Master Port1"。端口1库在POU名称后附加了一个_P1（如MBUS_CTRL_P1），用于指示POU使用端口1。两个主站库在其他方面均完全相同。

（1）MBUS_CTRL指令（初始化主站）　该指令用于端口0（或用于端口1的MBUS_CTRL_P1指令）可初始化、监视或禁用Modbus通信。在使用MBUS_MSG指令之前，必须先正确执行MBUS_CTRL指令，指令执行完成后，立即设定完成（Done）位，才能继续执行下一条指令。其各输入/输出参数见表14-21。

表14-21　MBUS_CTRL指令的参数表

子程序	输入/输出	说　明	数据类型
MBUS_CTRL ―EN ―Mode ―Baud　Done― ―Parity　Error― ―Timeout	EN	使能	BOOL
	Mode	为1时CPU模块的端口分配给Modbus并启用该协议；为0时分配给PPI并禁用Modbus	BOOL
	Baud	将波特率设置为1200bit/s、2400bit/s、4800bit/s、9600bit/s、19200bit/s、38400bit/s、57600bit/s或115200bit/s	DWORD
	Parity	奇偶性设置。0为无奇偶校验；1为奇校验；2为偶校验	BYTE
	Timeout	等待来自从站应答的毫秒时间数	WORD
	Done	指令完成后，Done置位输出	BOOL
	Error	出错时返回错误代码	BYTE

（2）MBUS_MSG指令　该指令用于启动对Modbus从站的请求并处理应答。当使能输入和"首次"输入打开时，MBUS_MSG指令启动对Modbus从站的请求。随后主站发送请求、等待应答并处理应答。这一过程中使能输入必须打开以启用请求的发送，并保持打开，直到

指令执行完成，完成（Done）位被置位。此指令在一个程序中可以执行多次。其输入/输出参数见表 14-22。

表 14-22　MBUS_MSG 指令的参数表

子 程 序	输入/输出	说　　明	数据类型
MBUS_MSG ─EN ─First ─Slave　Done─ ─RW　　Error─ ─Addr ─Count ─DataPtr	EN	使能	BOOL
	First	只有在发送一个新请求时，参数 First 才能接通一个扫描周期。First 输入应当通过一个边沿检测元件接通，这将保证请求被传送一次	BOOL
	Slave	Modbus 从站的地址。允许范围为 0~247，地址 0 是广播地址	BYTE
	RW	指定是否读或写该消息，0 为读，1 为写	BYTE
	Addr	Modbus 的起始地址地址	DWORD
	Count	指定要在该请求中读取或写入的数据元素的数目	INT
	DataPtr	变量存储器中与读取或写入请求相关的数据的间接地址指针	DWORD
	Done	指令完成后，Done 置位输出	BOOL
	Error	出错时返回错误代码	BYTE

3．Modbus 从站指令

Modbus 从站库仅支持端口 0 通信。

（1）MBUS_INIT 指令（初始化从站）　该指令用于启用、初始化或禁用 Modbus 通信。在使用 MBUS_SLAVE 指令之前，必须先正确执行 MBUS_INIT。指令执行完成后，立即置位完成（Done）位，才能继续执行下一条指令。其各输入/输出参数见表 14-23。

表 14-23　MBUS_INIT 指令的参数表

子 程 序	输入/输出	说　　明	数据类型
MBUS_INIT ─EN ─Mode　Done─ ─Addr　Error─ ─Baud ─Parity ─Delay ─MaxIQ ─MaxAI ─MaxHold ─HoldStart	EN	使能，在每次通信状态改变时程序只执行一次	BOOL
	Mode	选择通信协议。为 1 时将 CPU 模块的端口分配给 Modbus 协议并启用该协议；为 0 时将 CPU 模块的端口分配给 PPI 协议并禁用 Modbus 协议	BYTE
	Addr	参数 Add 设置 Modbus 的起始地址，数值为 1~247	BYTE
	Baud	波特率，可设置为 1200、2400、4800、9600、19200、38400、57600 或 115200bit/s	DWORD
	Parity	奇偶校验设置。0 为无奇偶校验；1 为奇校验；2 为偶校验	BYTE
	Delay	Delay 通过增加超时时间，来延迟标准 Modbus 信息结束超时条件 Delay 的数值可以是 0~32767ms	WORD
	MaxIQ	用于设定 Modbus 地址 0xxxx 和 1xxxx 可用的输入/输出端子数，取值范围为 0~128。取值为 0 时，将禁用所有对输入和输出的读写操作	WORD
	MaxAI	用于设定将 Modbus 地址 3xxxx 使用的模拟量输入寄存器的数目设为 0~32 的数值。数值为 0 时，禁止读取模拟量输入	WORD
	MaxHold	用于设定 Modbus 地址 4xxxx 使用的变量存储器中字保持寄存器数目	WORD
	HoldStart	变量存储器中保持寄存器的起始地址，字数为 MaxHold	DWORD
	Done	指令完成后，Done 置位输出	BOOL
	Error	出错时返回错误代码	BYTE

(2) MBUS_SLAVE 指令 该指令用于处理来自 Modbus 主站的请求，并且必须在每个扫描周期都执行，以便检查和响应 Modbus 请求。其输入/输出参数见表 14-24。

表 14-24 MBUS_SLAVE 指令的参数表

子 程 序	输入/输出	说　　明	数据类型
MBUS_SLAVE —EN Done— Error—	EN	使能，MBUS_SLAVE 指令在每次扫描时都执行	BOOL
	Done	当 MBUS_SLAVE 指令响应 Modbus 请求时，Done 置位输出；如果没有服务的请求，Done 复位断开	BOOL
	Error	Error 输出包含指令的执行结果。仅当 Done 置位时，该输出才有效。如果 Done 复位，则错误代码不会改变	BYTE

14.6.3　两台 S7-200 PLC 之间的 Modbus 通信实例

下面利用 Modbus 通信协议指令实现两台 S7-200 PLC 之间的 Modbus 现场总线通信。

某模块化生产线的主站使用的 CPU 模块为 CPU 226CN，从站使用的 CPU 模块为 CPU 226CN，当按下主站上的按钮 SF1 时，从站接收信息，并控制从站上的电动机起动运行；当按下主站上的按钮 SF2 时，从站上的电动机停止。

（1）硬件配置 使用一根 PROFIBUS 网络电缆将主站 PLC 的端口 0 接从站 PLC 的端口 0。Modbus 现场总线通信硬件配置如图 14-14 所示。注意：由于 Modbus 从站库仅支持端口 0 通信，所以从站的 PLC 需要连接端口 0，主站 PLC 的端口 0 和端口 1 可以随意连接。

图 14-14　Modbus 现场总线通信硬件配置图

（2）主站编程 主站程序的梯形图如图 14-15 所示。

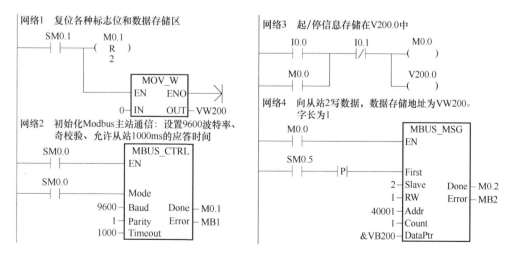

图 14-15　Modbus 通信主站程序

在调用了 Modbus 指令库的指令后,还要对库存储区进行分配。分配库存储区的方法如下:先选中"程序块"中的"库",再单击右键,弹出快捷菜单,并单击"库存储区",如图 14-16 所示。在"库存储区"中填写 Modbus 指令所需要用到的存储区的起始地址。单击"建议地址"按钮,系统将自动计算存储区地址范围。

(3) 从站编程　从站程序如图 14-17 所示,注意要对库存储区进行分配。

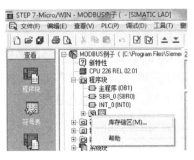

图 14-16　选定库存储区

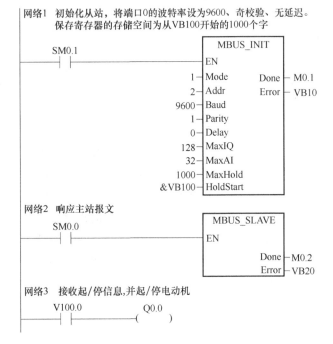

图 14-17　Modbus 通信从站程序

14.7　控制系统设计

14.7.1　任务分析

从 14.2 节可知,西门子 S7-200 PLC 支持多种通信协议。其通信接口采用的是九针 D 型 RS-485 串行通信接口,该通信接口支持的通信协议包括 PPI 协议、MPI 协议和自由口通信。如果想采用其他的通信协议,如以太网通信,还需要连接扩展模块。

PPI 协议用于 S7-200 PLC 与编程计算机之间、S7-200 PLC 之间和 S7-200 PLC 与人机界面之间的通信。本例包括四台 PLC 和一台人机界面,因此可以采用 PPI 协议。在用户程序中使用 PPI 主站模式,主站通过网络读(NER)和网络写(NETW)指令读写其他 PLC 中的数据。

MPI 协议是西门子公司 S7 系列产品之间一种专用通信协议,一般用于 S7-300/400 PLC 之间、S7-300/400 PLC 与 S7-200 PLC 之间的通信。不适合本例。

在自由口通信模式下,S7-200 PLC 可以使用任何公开的通信协议,并能与具有串行接口的外设智能设备和控制器进行通信,如打印机、条码阅读器、调制解调器、变频器和上位机等。S7-200 PLC 之间则可以使用发送（XMT）和接收（RCV）指令进行通信，也可以通过自由口通信模式实现 Modbus 通信。

在 14.1 节中，整个系统是由多台 S7-200 PLC、人机界面和变频器组成的通信控制系统，可以采用 PPI 协议和自由口通信的方式，这样不必添加扩展模块。

下面采用 PPI 通信方式对控制系统进行程序设计，其他通信方法读者可以参考本章的对应内容进行设计。另外，对于 MM440 变频器的控制可参考 14.5 节的方法，通过 USS 通信的方式实现，此处不再赘述。

14.7.2 系统梯形图设计

实现 PPI 通信协议通常两种编程方法，一是用网络读（NETR）和网络写（NETW）指令编写通信程序；二是使用编程软件中的网络读/写指令向导来实现。下面采用上述两种方法分别进行程序设计。

1. 网络读/写指令编程方法

在 14.1 节的任务中，TD200 的站地址为 1，分流机的站地址为 2，三台打包机的站地址分别为 3、4 和 5，MM440 变频器的站地址为 6。参考 14.3.3 节所讲的方法，将各个站的站地址在系统块中设定好，随程序一起下载到 PLC 中，TD200 的地址则在 TD200 中直接设定。

TD200（1 号站）和分流机（2 号站）作为 PPI 网络的主站，其他 PLC 作为从站。分流机的程序包括控制程序、与 TD200 的通信程序以及与从站的通信程序，从站只有控制程序，MM440 变频器（6 号站）需要进行参数设置。

在网络连接中，2 号站所用的网络连接器带编程接口，以便连接 TD200 和从站，从站用不带编程接口的网络连接器。

假设各个打包机的工作状态存储在各自 PLC 的 VB100 中，控制字节的格式如图 14-18 所示。

图 14-18 控制字节（VB100）的格式

其中：

t 为是否有要打包的黄油桶的标志，t=1 表示没有黄油桶；

b 为纸箱是否缺少的标志，b=1 表示必须在 30min 内添加纸箱；

g 为黏合剂是否缺少的标志，g=1 表示必须在 30min 内添加黏合剂；

eee 为识别出现的错误类型的错误代码；

f 为故障指示器，f=1 表示打包机检测到错误。

各个打包机已完成的打包箱数分别存储在各自 PLC 的 VW101 中。

现定义 2 号站对 3~5 号站接收数据的缓冲区起始地址为：VB200、VB210 和 VB220；发送数据的缓冲区起始地址为：VB300、VB310 和 VB320。

图 14-19 中给出了 2 号站接收缓冲区（VB200）和发送缓冲区（VB300）的数据格式。S7-200 PLC 使用网络读指令不断地读取每个打包机的控制和状态信息。某个打包机每包装完 100 箱，分流机就会注意到，并用网络写指令发送一条消息清除状态字。

a) 用于读1号打包机(3号站)的分流机接收缓冲区

	7				0
VB200	D	A	E	O	错误代码
VB201	远程站地址=3				
VB202	指向远程站(&VB100)的数据区指针				
VB203					
VB204					
VB205					
VB206	数据长度=3字节				
VB207	1号打包机的工作状态信息				
VB208	完成箱数(MSB)				
VB209	完成箱数(LSB)				

b) 清除1号打包机(3号站)读数的分流机发送缓冲区

	7				0
VB300	D	A	E	O	错误代码
VB301	远程站地址=3				
VB302	指向远程站(&VB101)的数据区指针				
VB303					
VB304					
VB305					
VB306	数据长度=2字节				
VB307	0				
VB308	0				

图 14-19　2 号站读取 3 号站缓冲区的数据格式

分流机（2 号站）读/写 1 号打包机（3 号站）的工作状态和完成打包数量的程序如图 14-20 所示。对其他站的读写操作程序只需将站地址编号与缓冲区指针作相应改变即可。

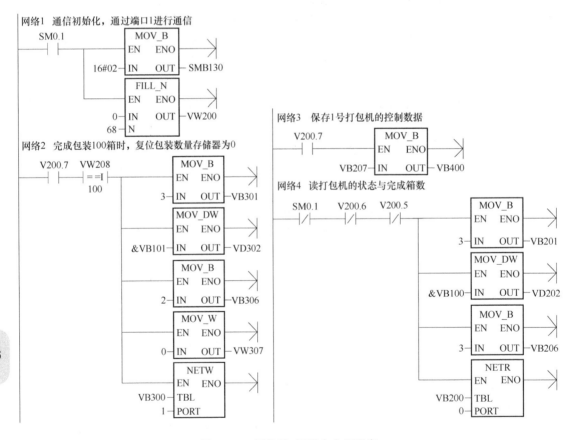

图 14-20　网络读/写指令应用程序

2. 指令向导的编程方法

从上面的编程过程来看，用网络读/网络写指令编写程序比较麻烦，因此用户也可以使用更简单的网络读/写指令向导来生成网络读写程序，向导允许用户最多配置 24 个网络操作。

下面以"指令向导"的方法进行编程。以 2 号站（分流机，作为主站）的向导配置过程为例。

1）打开"NETR/NETW 指令向导"。单击菜单栏中的"工具"→"指令向导"，弹出指令向导画面，选择"NETR/NETW"选项，单击"下一步"按钮。也可直接单击指令树窗口中的"向导"文件夹，随后打开此向导。

2）指定需要的网络操作数目。在"NETR/NETW 指令向导"界面中设置需要多少次网络读写操作。由于本例中主站需要分别向三个从站（1 号~3 号打包机）分别进行一个网络读取和一个网络写，故设为"6"即可，单击"下一步"按钮。

3）指定端口号和子程序名称。由于所用的 CPU 226 有端口 0 和端口 1 两个通信端口，网络连接器插在哪个端口，配置时就选择哪个端口，本例中使用的是端口 1 进行 PPI 通信，在端口选项的下拉窗口中选择 1，子程序的名称可以不更改，单击"下一步"按钮。

4）指定网络操作。对 3 号站的网络读操作如图 14-21 所示，这个的界面相对比较复杂，需要设置五项参数。在图中的位置①选择"NETR"（网络读），主站读取从站信息；在位置②输入 3，因为需要读取三个字节的数据；在位置③输入"3"，从站 PLC 地址为"3"；位置④输入 VB200，因为主站对 3 号站接收缓冲区的起始地址 VB200；位置⑤输入 VB100，因为从站的控制和状态信息的起始地址 VB100，单击"下一项操作"按钮。

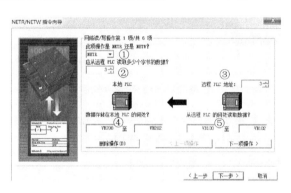

图 14-21　指定网络读操作（对 3 号站的读操作）

对 3 号站的网络写操作如图 14-22 所示，在图中的位置①选择"NETW"（网络写），主站向从站发送信息；在位置②输入 2，因为需要发送两个字节的数据；在位置③输入"3"，从站 PLC 地址为"3"；位置④输入 VB300，因为主站对 3 号站发送缓冲区的起始地址 VB300；位置⑤输入 VB101，因为打包箱数存储在 VW101 中，单击"下一项操作"按钮。

仿照图 14-21 和图 14-22 对 3 号站进行网络读写操作的两个步骤，进行网络操作 3~6 的设置，完成对 4 号和 5 号站网络读写操作的设置。注意：三个从站的发送和接收缓冲区的地址应当不同。

5）分配变量存储区（V 存储区）。在图 14-23 所示的界面中分配系统要使用的存储区，通常选用默认值，分配的 V 存储区地址在程序中不能被使用，否则会导致程序执行中出现错误。分配好变量存储区后，单击"下一步"按钮。

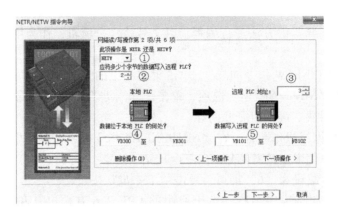

图 14-22 指定网络写操作（对 3 号站的写操作）

图 14-23 分配变量存储区

6）生成程序代码。在上述步骤完成之后，单击"完成"按钮，至此通信子程序"NET_EXE"生成完毕，在后面的程序中可以方便地调用。

接下来即可继续编写主程序，如图 14-24 所示。

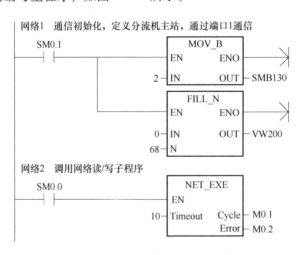

图 14-24 指令向导产生的程序

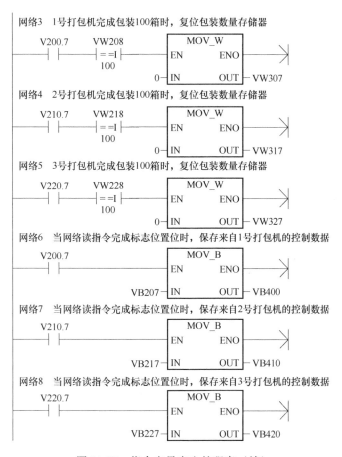

图 14-24 指令向导产生的程序（续）

14.8 拓展与提高——西门子 S7 系列其他 PLC 的通信功能

前面已经介绍了 S7-200 PLC 所具备的通信功能，下面再介绍一下 S7 系列其他 PLC 的通信功能。

1. S7-200 SMART PLC 的通信接口及协议

在通信能力方面，紧凑型 SMART PLC（C 型）和标准型 SMART PLC（S 型）有很大差别，前者没有以太网接口，不支持信号板和通信模块的扩展功能。而标准型 SMART PLC 的 CPU 模块集成了一个以太网接口和一个 RS-485 接口（端口 0），还可以选装一块 RS-485/RS-232 信号板 SB CM01（端口 1）。另外标准型 PLC 还可以扩展 PROFIBUS-DP 模块 EM DP01，使其作为 PROFIBUS 从站接入网络中。

以太网接口提供一个编程设备（PG）连接、八个专用 HMI/OPC 连接、八个支持 S7-200 SMART PLC 或其他以太网设备的连接或者八个 PROFINET 的连接，每个 PROFINET 控制器可支持八个连接（输入/输出设备或变频器）。也就是说，STEP 7-Micro/WIN SMART 编程软件可以通过以太网接口连接到 S7-200 SMART PLC。

集成的 RS-485 接口和 RS-485/RS-232 信号板支持 Modbus RTU、PPI、USS 协议和自由口通信，它们分别可以与变频器、人机界面等设备通信，每个端口支持四个人机界面设备。

需要指出的是，此处的 PPI 协议只支持用于 PLC 与人机界面之间的通信，不再支持 PLC 之间 PPI 通信。集成的 RS-485 接口还支持使用 USB-PPI 电缆编程。

2. S7-1200 PLC 的通信接口及协议

S7-1200 PLC 的 CPU 模块集成了一个 PROFINET 通信接口，支持以太网和基于 TCP/IP 协议的通信。使用这个通信接口可以实现 S7-1200 PLC 与编程设备的通信和与人机界面的通信，以及与其他 PLC 之间的通信。该通信接口由一个抗干扰的 RJ-45 连接器组成。该连接器具有自动交叉网线功能，支持最多 23 个以太网连接，数据传输速率达 10~100Mbit/s。同时，还可使用附加的通信模块（CM）和通信处理器（CP）基于如下网络和协议进行通信：PROFIBUS、GPRS、LTE、WAN（广域网）、RS-485、RS-232、RS-422、IEC、DNP3（Distributed Network Protocol 3.0 协议的简称）、USS 和 MODBUS。

S7-1200 PLC 串行通信接口模块有三种型号，分别是 CM1241 RS-232 接口模块、CM1241 RS-485 接口模块和 CM1241 RS-422/485 接口模块。CM1241 RS-232 接口模块支持基于字符的点到点通信，如自由口通信和 MODBUS RTU 主从协议。CM1241 RS-485 接口模块支持基于字符的点到点通信，如自由口通信、MODBUS RTU 主从协议及 USS 协议。两种串行通信接口模块都必须安装在 CPU 模块的左侧，且数量之和不能超过三块，它们都由 CPU 模块供电，不必外部供电。

此外，借助 CM1242-5 模块，S7-1200 PLC 的 CPU 模块可以作为 PROFIBUS-DP 从站运行，或是借助 CM1243-5 模块以作为 1 类 PROFIBUS-DP 主站运行。通过 CM1243-2 模块，可将 AS-i 网络连接到 S7-1200 PLC 的 CPU 模块。

3. S7-300/400 PLC 的通信网络

S7-300/400 PLC 的 CPU 模块集成有 MPI 和 DP 通信接口，有 PROFIBUS-DP 和工业以太网的通信模块，以及点对点通信模块。通过 PROFIBUS-DP 或执行器-传感器接口（AS-i）现场总线，CPU 模块与分布式输入/输出模块之间可以周期性地自动交换数据。

（1）MPI 网络 S7-300/400 PLC 的 CPU 模块都集成有 MPI 通信协议。PLC 通过 MPI 能同时连接运行 STEP 7-Micro/WIN 的编程器、计算机、人机界面及其他西门子公司的控制器产品。联网的 CPU 模块可以通过 MPI 接口实现全局数据服务，周期性地相互进行数据交换。每个 CPU 模块可以使用的 MPI 连接总数与 CPU 模块的型号有关，一般为 6~64 个。MPI 允许主-主通信和主-从通信。

（2）PROFIBUS S7-300/400 PLC 可以通过通信处理器或通过集成在 CPU 模块上的 PROFIBUS-DP 接口连接到 PROFIBUS-DP 网络上。带有 PROFIBUS-DP 主站/从站接口的 CPU 模块能够实现高速和使用方便的分布式输入/输出控制。

可以通过 CP342/343 通信处理器将 S7-300 PLC 与 PROFIBUS-DP 或工业以太网总线系统连接。可以连接的设备包括 S7-300/400 PLC、编程器、计算机、人机界面、数控系统、机器人控制系统、变频器和非西门子装置。S7-400 PLC 使用 CP443-5 通信处理器。

（3）工业以太网 工业以太网是用于工厂管理层和单元层的通信系统，用于对时间要求不严格、需要传送大量数据的通信场合，可以通过网关来连接远程网络。它支持广域的开放型网络模型，可以采用多种传输媒体。

（4）点对点连接 点对点连接通常用于对时间要求不严格的数据交换，用于 S7-300/400 PLC 和带有串行通信接口的设备（计算机、打印机、机器人控制系统、扫描仪和条码阅读器等非西门子设备）。CPU 313C-2PtP 和 CPU 314C-2PtP 有一个集成的串行通信接口 RS-

422/485，可以建立起经济而方便的点对点连接。其他 CPU 模块的点对点通信需要使用 CP340、CP341、CP440 和 CP441 通信处理器模块。

（5）AS-i　AS-i 是执行器-传感器接口的简称，是位于自动控制系统的最底层的网络，可以将二进制的传感器和执行器连接到网络上。只能传送少量数据，例如开关的状态等。AS-i 属于主从式网络，每个网段只能有一个主站。

CP342-2 通信处理器是用于 S7-300 PLC 和分布式输入/输出接口模块 ET200M 的 AS-i 主站，它最多可以连接 62 个数字量或 31 个模拟量 AS-i 从站。通过 AS-i 接口，每个 CP 最多可以访问 248 个数字量输入和 184 个数字量输出。通过内部集成的模拟量处理程序，可以处理模拟量值。

思考与练习

14-1　网络通信时数据传输的方式有哪几种？各有什么特点？

14-2　在工业通信网络中，常用的传输介质是什么？

14-3　S7-200 PLC 可在哪些通信协议中完成通信工作？

14-4　如何设置 PPI 通信时 S7-200 PLC 的站地址？

14-5　如何将 S7-200 PLC 设置为 PPI 主站模式？

14-6　三台 CPU 224 组成的通信网络，其中一台为主站，两台为从站。拟用主站的 I1.0～I1.7 分时控制两从站的输出端子 Q1.0～Q1.7，每 15s 为一周期交替切换 1 号从站及 2 号从站。试用 PPI 和自由口通信两种方式设计程序，完成以上功能。

14-7　利用自由口通信的功能和指令，试设计一个计算机与 PLC 通信程序，要求上位计算机能够对 S7-200 PLC 中 VB100～VB107 内的数据进行读写操作。

14-8　使用 USS 协议如何控制电动机的起动、停止和反转？

14-9　如果某 USS 网络有两台地址为 1 和 2 的 MM440 变频器，试设计 S7-200 PLC 与 MM440 进行 USS 通信的程序。

第 15 章

S7-200 SMART PLC以太网通信技术及应用——以矿井带式输送机集中控制为例

导读

随着网络技术的发展,以太网通信技术进入到工业控制领域,形成了工业以太网,有助于"推动制造业高端化、智能化、绿色化发展"。本章以矿井带式输送机的集中控制为例,介绍以太网通信技术和 S7-200 SMART PLC 的应用。

本章知识点

- 以太网通信协议
- S7-200 SMART PLC
- GET/PUT 指令

15.1 任务要求

带式输送机是矿井运输系统中的关键设备,井下布置的带式输送机少则几条,多则数十条,运输距离总计可达上万米。某煤矿的带式输送机运输能力为 980t/h,运输距离约为 4000m,系统整体由三台带式输送机搭接而成,分别是 1 号、2 号和 3 号机。采用 PLC 控制的集中控制系统,由地面控制中心、传输线路、井下分站和相关保护装置组成。本着"逆煤流开、顺煤流停"的设计理念,在各带式输送机之间设置有联锁和单机起动,同时安装有带式输送机的保护装置。

主要技术要求如下:

1) 每台带式输送机要分别设置一套独立的控制装置,可实现单机的起动、停止以及故障急停等控制功能,控制方式包括远程、现场、检修和手动控制。

2) 带式输送机具备完善的输送带保护系统:如驱动滚筒防打滑、防跑偏、堆煤、烟雾、超温洒水、撕裂和张力等保护。防打滑保护是通过速度传感器检测输送带的速度变化,来判断驱动滚筒是否打滑(当输送带打滑时,转速会低于正常值的 50%)。防跑偏保护是指通过跑偏传感器检测输送带在运行中的偏斜位置,当输送带的中心线偏离驱动滚筒的中心线达到一定距离时即发出跑偏信号,跑偏达到限定位置并持续一定时间时,停止带式输送机的运行。堆煤保护是通过堆煤传感器监测输送带是否发生堆积堵塞,若发生则使带式输送机停止运行。烟雾保护是指当驱动滚筒连续打滑、输送带磨损或由于其他原因使输送带燃烧出现烟雾时,发出声光警告和停止信号。超温洒水保护是指通过温度传感器检测输送带的温度,当温度过高时,起动超温洒水装置降低输送带温度。撕裂保护是指通过撕裂传感器,检测输送带发生撕裂的情况。当发生输送带撕裂故障时,发出停车信号。张力保护是指通过传感器检测输送带的张力,一旦超过张力设定值,系统停止,防止输送带在运行中被拉断。此外还设有电动机过电流保护。在每台带式输送机的控制台上可显示所对应的输送带电动机的运行状态以及上述各种故障警告信息。

3) 带式输送机在现场可设置预警装置,设备起动前几秒发出预警信号,提示提醒周围人员注意安全和有关操作员远离设备。

4) 地面控制中心的操作台可实现地面自动集中控制和地面远程单机控制。操作员在操作室可根据实际需要实现设备的单起、单停、联起、联停等操作。当某台带式输送机设置为远程控制时,操作员在操作室就可以完成对该输送机的地面远程起动、停止操作。而通过地面自动集中控制,可使三条带式输送机联合运行。设备起动前先发出几秒钟预警信号,延时后设备按程序设定顺序自动起动。同时,系统给下一台带式输送机发信号,通知其起动或停车。

5) 地面控制中心安装有上位机,具有实时工作状态监视、实时报警显示、实时温度显示、电动机电流显示、输送带速度显示等功能,能够根据每台带式输送机所安装的传感器传送的信号监控带式输送机的运行状态。

目前矿井带式输送机的集中控制主要采用现场总线技术,采用远程分布式控制结构来监控输送系统,随着工业以太网的发展,这一通信技术已经完全可以满足工矿企业自动化控制系统实时性的要求,因此,可以采用基于工业以太网的控制方案。

15.2 S7-200 SMART PLC 的以太网通信

1. 工业以太网简介

工业以太网(Industrial Ethernet)通俗地讲就是应用于工业的以太网,它是为工业应用专门设计的,其在技术上与商用以太网(IEEE802.3 标准)兼容,但材料的选用、产品的强度和适用性方面可以满足工业现场的需要。工业以太网已经广泛地应用于控制网络的最高层,在工厂自动化系统网络中属于管理级和单元级,并且有向控制网络的中间层和底层(即现场层)发展的趋势。如 Ethernet/IP、PROFINET、EtherCAT、MODBUS/TCP 和 POW-ERLINK 等。

2. S7-200 SMART PLC 支持的以太网协议

S7-200 SMART PLC 集成了以太网接口和强大的以太网通信功能,它所支持的以太网协议有 S7 协议、开放式以太网协议(TCP、UDP、ISO_ON_TCP、Modbus TCP)和 PROFINET 协议。

(1) S7 协议 S7 协议属于西门子公司的内部协议。它集成在每一个 SIMATIC S7、M7 和 C7 的系统中,属于 OSI 参考模型第七层应用层的协议。它独立于各个网络,可以应用于多种网络(MPI、PROFIBUS、工业以太网)。在 STEP 7 中,S7 通信需要调用功能块 SFB (S7-400 PLC) 或功能 FB (S7-300 PLC),最大的通信数据可达 64KB。

(2) TCP 协议　TCP 协议是一个因特网核心协议，支持第四层 TCP/IP 协议的开放数据通信。TCP 协议提供了可靠、有序并能够进行错误校验的数据发送功能，能保证接收和发送的所有字节内容和顺序完全相同。TCP 协议在主动设备（发起连接的设备）和被动设备（接受连接的设备）之间创建连接。一旦连接建立，任一方均可发起数据传输。TCP 协议是一种"流"协议。这意味着数据中不存在结束标志，所有接收到的数据均被认为是数据流的一部分。该协议支持大数据量的数据传输（最大 8KB），数据可以通过工业以太网或 TCP/IP 网络（拨号网络或因特网）传输。

(3) UDP 协议　UDP 协议属于第四层协议，适用于简单的、交叉网络的数据传输，没有数据确认报文，不检测数据传输的正确性。UDP 协议中没有握手机制。该协议支持较大数据量的数据传输，数据可以通过工业以太网或 TCP/IP 网络传输。SIAMTIC S7 通过建立 UDP 连接，提供了发送/接收通信功能，与 TCP 协议不同，UDP 协议实际上并没有为通信双方建立一个固定的连接。

(4) ISO-on-TCP 协议　ISO-on-TCP 协议支持第四层 TCP/IP 协议的开放数据通信。用于 SIMAITC S7 和计算机以及非西门子支持的 TCP/IP 以太网系统。ISO-on-TCP 协议符合 TCP/IP 协议，但相对于标准的 TCP/IP 协议还附加了 RFC 1006 协议。ISO-on-TCP 协议的主要优点是数据有一个明确的结束标志，这样就可以知道何时接收到了整条数据。ISO-on-TCP 协议会对接收到的每条数据进行划分。这是 ISO-on-TCP 协议与 TCP 协议的不同之处。

(5) Modbus TCP 协议　Modbus TCP 协议是通过工业以太网 TCP/IP 网络传输的 Modbus 通信。Modbus TCP 通信报文被封装于以太网 TCP/IP 数据包中。S7-200 SMART PLC 支持成为 Modbus TCP 的客户端或者服务器，可以实现 PLC 之间的通信，也可以实现与支持此通信协议的第三方设备间的通信。

(6) PROFINET 协议　PROFINET 协议是基于工业以太网的开放的现场总线协议。使用 PROFINET 协议可以将分布式输入/输出设备直接连接到工业以太网。PROFINET 协议可以用于对实时性要求很高的自动化控制场合，例如运动控制。它通过工业以太网可以实现从管理层到现场层的直接、透明的访问，融合了自动化领域和 IT 领域。目前 S7-200 SMART PLC 只支持成为 PROFINET 的输入/输出控制器。

3. S7-200 SMART PLC 的以太网功能

S7-200 SMART PLC 通过以太网端口可以实现以下以太网通信：

1) 与上位机、人机界面的设备通信。
2) PLC 之间通过 GET/PUT 指令向导实现 S7 协议通信。
3) 与其他西门子产品（S7-300 PLC、S7-1200 PLC 等）通信。
4) 和其他支持 TCP/IP 协议的产品进行开放以太网通信（V2.2 及以上版本）。
5) 和其他支持 Modbus TCP 协议的产品通信。
6) CPU 模块与输入/输出设备或变频器之间的 PROFINET 通信（V2.4 及以上版本）。

S7-200 SMART PLC 上的以太网接口不包含以太网交换设备。编程设备或人机界面与 PLC 之间的直接连接也不需要以太网交换机。但是，含有两个以上的 PLC 或人机界面设备的网络则需要以太网交换机。可以使用 CSM1277 四端口以太网交换机来连接多个 PLC 和人机界面设备。注意：必须为网络上的每台设备设定一个唯一的 IP 地址。

4. S7-200 SMART PLC 的以太网网络组态方法

(1) 用通信对话框组态 IP 信息　单击导航栏"通信"按钮或双击项目树中的"通信"

图标,打开"通信"对话框,如图 15-1 所示。在"网络接口卡"下拉列表选中使用的网卡,单击"添加 CPU"按钮,可直接输入位于本地网络中的 CPU 模块的 IP 地址。也可单击"查找 CPU"按钮,将会显示出网络上所有可访问的设备的 IP 地址。通过"通信"对话框进行的 IP 信息更改会立即生效,不必下载项目。

通常情况下,STEP 7-Micro/WIN SMART 每次只能与一个 PLC 进行通信。如果网络上有多个 PLC,选中需要与计算机通信的 PLC,单击"确定"按钮,就建立起了和对应的 PLC 的连接,可以监控该 PLC 和下载程序到该 PLC。

(2) 用系统块对话框组态 IP 信息 双击项目树或导航栏中的"系统块",打开"系统块"对话框,自动选中模块列表中的 PLC 和左边窗口中的"通信"结点,在右边窗口设置 PLC 的以太网接口和 RS-485 接口的参数。如图 15-2 所示,图中是默认的以太网接口的参数,S7-200 SMART PLC 出厂时默认的 IP 地址为 192.168.2.1,默认的子网掩码为 255.255.255.0,修改这些参数也可以。

图 15-1 用通信对话框组态通信参数

图 15-2 用系统块组态通信参数

如果选中多选框"IP 地址数据固定为下面的值,不能通过其它方式更改",则输入的是静态 IP 信息,只能在"系统块"对话框中更改,并将它下载到 PLC。如果未选中该多选框,此时的 IP 地址信息为动态信息。可以在"通信"对话框中更改,或使用用户程序中的 SIP_ADDR 指令更改。静态和动态 IP 信息均存储在永久性存储器中。

"背景时间"是用于处理通信请求的时间占扫描周期的百分比。增加背景时间将会增加扫描时间,从而减慢控制过程的运行速度,一般采用默认的 10%。设置完成后,单击"确定"按钮,确认设置的参数,需要通过系统块将新的设置下载到 PLC。

(3) 在用户程序中组态 IP 信息 SIP_ADDR(设置 IP 地址)指令用参数 ADDR、MASK 和 GATE 分别设置 PLC 的 CPU 模块 IP 地址、子网掩码和网关。设置的 IP 地址信息存储在 PLC 中的永久存储器中。

15.3 GET/PUT 指令

S7 协议是面向连接的协议,在进行数据交换之前,必须与通信伙伴建立连接。S7-200 SMART PLC 只有 S7 协议的单向连接功能。单向连接中的客户机是向服务器请求服务的设备,客户机调用 GET/PUT 指令读、写服务器的存储区。服务器是通信中的被动方,用户不用编写服务器的 S7 协议通信程序,S7 协议通信是由服务器的操作系统完成的。

GET/PUT 连接可以用于 S7-200 SMART PLC 之间的以太网通信,也可以用于 S7-200 SMART PLC 和 S7-300/400/1200 PLC 之间的以太网通信。

1. 指令格式及功能

S7-200 SMART PLC 提供了 GET 和 PUT 指令,用于 S7-200 SMART PLC 之间的以太网通信。PUT/GET 指令只需要在主动建立连接的 PLC 中调用执行,被动建立连接的 PLC 不需要进行通信编程,其指令格式及功能见表 15-1。

表 15-1 GET/PUT 指令的格式及功能

指令	指令格式		功能
	梯形图	语句表	
GET 指令	GET EN ENO TABLE	GET table	GET 指令启动以太网接口上的通信操作,从远程设备获取数据(如说明表 TABLE 中的定义)
PUT 指令	PUT EN ENO TABLE	PUT table	PUT 指令启动以太网接口上的通信操作,将数据写入远程设备(如说明表 TABLE 中的定义)

2. 指令使用说明

程序中可以有任意数量的 GET 和 PUT 指令,但在同一时间最多只能激活共 16 个 GET 和 PUT 指令。例如,在给定的 PLC 中可以同时激活八个 GET 和八个 PUT 指令,或六个 GET 和十个 PUT 指令。

当执行 GET 或 PUT 指令时,PLC 与输入参数 TABLE 所定义的远程 IP 地址建立以太网连接。该 PLC 可同时保持最多八个连接。连接建立后,该连接将一直保持到在 PLC 进入 STOP 模式为止。如果尝试创建第九个连接(第九个 IP 地址),PLC 将在所有连接中搜索,查找处于未激活状态时间最长的一个连接并将断开该连接,然后再与新的 IP 地址创建连接。

针对所有与同一 IP 地址直接相连的 GET/PUT 指令,PLC 采用单一连接。例如,远程 IP 地址为 192.168.2.10,如果同时启用三个 GET 指令,则会在一个 IP 地址为 192.168.2.10 的以太网连接上按顺序执行这些 GET 指令。

3. TABLE 参数

GET 指令启动以太网接口的通信操作,按 TABLE 参数的定义从远程设备读取最多 222B 的数据。PUT 指令启动以太网端口上的通信操作,按 TABLE 参数的定义将最多 212B 的数据写入远程设备。而 S7-200 PLC 之间使用的网络读/写指令,只能读/写 MPI 网络上远程站点最多 16B 的数据。

如表 15-2,TABLE 定义了一个 16B 的表格,该表格定义了三个状态位、错误代码、远程站 PLC 的 CPU 模块 IP 地址、指向远程站中要访问的数据的指针和数据长度以及指向本地站中要访问的数据的指针。

表 15-2 GET 和 PUT 指令 TABLE 参数的定义

字节偏移量	位7	位6	位5	位4	位3	位2	位1	位0
字节 0	D	A	E	0	错误代码			
字节 1	远程站的 IP 地址（将要访问的数据所处 PLC 的地址）							
字节 2								
字节 3								
字节 4								
字节 5	保留=0（必须设置为零）							
字节 6	保留=0（必须设置为零）							
字节 7	指向远程站的数据区指针（间接指针）							
字节 8								
字节 9								
字节 10								
字节 11	数据长度数据的字节数（PUT 为 1~212B，GET 为 1~222B）							
字节 12	指向本地站的数据区指针（间接指针）							
字节 13								
字节 14								
字节 15								

说明：表 15-2 中状态信息字节的三个状态位（即字节 0 的位 4~7）的含义为：

D：操作是否完成，其中 0 为未完成，1 为完成；

A：激活（操作已排队），其中 0 为未激活，1 为激活；

E：操作是否错误，其中 0 为无错误，1 为错误。

15.4 控制系统设计

15.4.1 任务分析

根据 15.1 节的任务要求，控制方案采用基于工业以太网的集中控制系统，具体方案如下：

此系统中共有三台带式输送机，每条用一台 PLC 进行控制，故采用三台 PLC 分别控制三台带式输送机。地面控制中心再用一台 PLC 用于远程控制，实现对三台带式输送机的协调控制。单台带式输送机的 PLC 能够完成该带式输送机的现场数据采集和发出控制信号，并与控制中心的 PLC 进行以太网通信，实现控制中心对带式输送机运行状态的监控。

此外，控制中心的 PLC 还与上位机连接，上位机通过组态软件的监控界面反映现场的工作情况，并有故障警告信号、故障历史记录、电动机电流曲线、各种报表文件和控制按钮以实现对现场的控制，方便对系统的集中控制和管理。控制系统总体结构图如图 15-3 所示。

根据控制要求，每台带式输送机具备完善的输送带保护系统。因此需要接入各种传感器和控制信号，控制执行机构动作，以满足对系统的保护要求。根据要实现的保护功能，系统组成所需硬件为：传感器包括跑偏传感器、堆煤传感器、打滑传感器、烟雾传感器、撕裂传感器、张力传感器、温度传感器、速度传感器和电流传感器,通过这些传感器检测带式输送机的运行状态;执行机构包括用于带式输送机调速的变频器、超温洒水装置、声光警告信号等。以1号分站为例,其PLC控制系统的结构框图如图15-4所示,另外两台带式输送机相同。

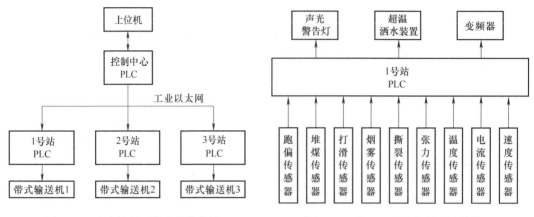

图15-3 集中控制系统总体结构图　　　图15-4 井下1号站控制系统结构图

考虑到S7-200 SMART PLC的CPU模块自带以太网接口,无需扩展模块,所以在PLC选型方面,选择四台S7-200 SMART PLC组成一个工业以太网控制系统。如图15-5所示。

根据图15-4所示的分站控制系统结构图,跑偏传感器、堆煤传感器、烟雾传感器、撕裂传感器和张力传感器为五个数字量输入信号,洒水装置的控制信号、变频器的启动信号、声光报警灯的控制信号为三个数字量输出信号,温度传感器、速度传感器和电流传感器为三路模拟量输入信号。再加上操作面板上的起动按钮、停止按钮、急停按钮和复位按钮及相应的指示灯信号,同时考虑一定的裕量,估算每台带式输送机PLC的输入/输出端子数,最终确定CPU模块选用CPU SR40,模拟量输入/输出扩展模块选用AM06(4输入/1输出)。

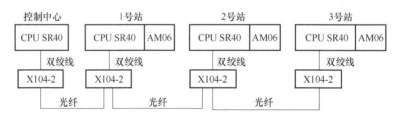

图15-5 输送机以太网通信硬件配置

由于系统共有四台PLC,所以需要配置交换机。由于带式输送机总长度约4000m,信号传输距离较远,因此采用光纤传输。可选择西门子工业以太网交换机X104-2(带有四个RJ-45接口、两个光纤接口)。

15.4.2 系统梯形图设计

1. 通信设置

设置四台PLC的IP地址分别为:192.168.2.10(地面控制中心)、192.168.2.11(1号带式输送机)、192.168.2.12(2号带式输送机)和192.168.2.13(3号带式输送机)。

假设各带式输送机的工作状态信息存储在各自 PLC 的 VB100~VB106 中,具体见表 15-3。

表 15-3　各带式输送机的工作状态信息一览表

序号	信　号	数据类型	本地存储区地址	功　能
1	联锁信号	BOOL	V100.0	操作台处于全线自动控制状态
2	运行状态信号	BOOL	V100.1	监测单台带式输送机的运行状态
3	拉绳闭锁开关	BOOL	V100.2	用作带式输送机沿线拉绳急停闭锁保护
4	跑偏传感器信号	BOOL	V100.3	输送带跑偏检测和保护
5	堆煤传感器信号	BOOL	V100.4	检测带式输送机机头仓满时,报警并停机
6	烟雾传感器信号	BOOL	V100.5	当输送带和滚筒打滑摩擦冒烟时,发出警告信号,使输送带停止,同时自动控制灭火洒水
7	撕裂传感器信号	BOOL	V100.6	当输送带发生纵撕故障,报警并急停
8	张力传感器信号	BOOL	V100.7	用于带式输送机张紧力的检测控制,当输送带张紧水平到达极限位移时,发出警告信号
9	温度传感器信号	WORD	VW101	检测电动机的温度,当温度超过规定值时,报警并停机,同时起动洒水装置
10	速度传感器信号	WORD	VW103	用于检测带式输送机速度
11	电流传感器信号	WORD	VW105	用于检测电动机工作电流

定义地面控制中心 PLC 对各台带式输送机 PLC 的接收和发送缓冲区起始地址分别为:VB200、VB230、VB260 和 VB300、VB320 和 VB340;地面控制中心要发送的控制信号存储在本地 PLC 的 VB110 中,见表 15-4。

表 15-4　控制中心控制信号一览表

序号	信　号	数据类型	本地存储区地址	功　能
1	控制中心起动信号	BOOL	V110.0	控制中心发出系统起动信号
2	控制中心停止信号	BOOL	V110.1	控制中心发出系统停止信号
3	控制中心急停信号	BOOL	V110.2	控制中心发出系统急停信号
4	控制中心复位信号	BOOL	V110.3	控制中心发出系统复位信号

要实现地面控制中心对三台带式输送机的监控,需要将各带式输送机的状态信息从各站的存储区读取到控制中心相应的接收缓冲区,同时,将远程控制信号由地面控制中心的发送缓冲区发送到各站对应的接收缓冲区。假设三台带式输送机各自 PLC 的接收缓冲区均为 VB120,则地面控制中心与各站之间的数据交换信息如图 15-6 所示。

下面给出地面控制中心与 1 号带式输送机(1 号站)的通信程序,其他程序可根据控制要求编写,另外,对其他站的通信程序只需将站地址号与缓冲区指针依据站的不同相应改变即可。

2. 编写程序

(1) 新建项目　打开 STEP 7-Micro/WIN SMART,单击快捷访问工具栏最左边的"新建"按钮,生成一个新项目。如图 15-7 所示。

(2) 硬件组态　硬件组态的任务就是用系统块生成一个与实际的硬件系统相同的系统,组态的模块和信号板与实际硬件型号和安装位置最好完全一致。

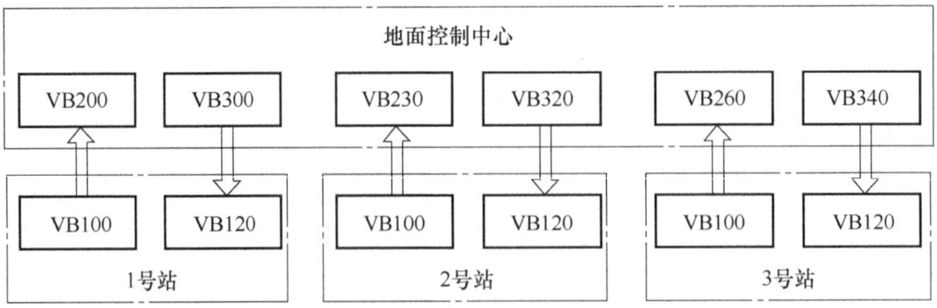

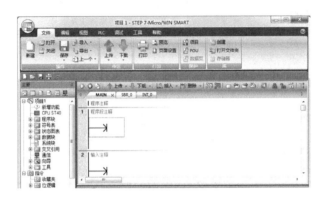

图 15-6 地面控制中心与三个站之间的数据交换

STEP 7-Micro/WIN SMART 界面图

图 15-7 STEP 7-Micro/WIN SMART 的界面

单击导航栏上的系统块按钮"▦",或双击项目树栏中的"系统块",打开"系统块"对话框。单击 CPU 模块所在行的"模块"列单元最右边隐藏的下拉按钮,在下拉式列表中选择实际使用的 CPU 模块(CPU SR40)。类似的方法还可以设置信号板的型号和扩展模块的型号。如果没有使用,该行为空白。如图 15-8 所示,硬件组态给出了 PLC 的输入/输出端子的地址。

(3)对通信进行组态 在图 15-8 中,单击"系统块"对话框的"通信"节点组态以太网接口、背景时间和 RS-485 接口。在右边窗口设置 PLC 的以太网端口的参数。选中多选框"IP 地址数据固定为下面的值,不能通过其他方式更改",显示的是出厂默

图 15-8 系统块窗口

认的以太网接口的参数,将"IP 地址"改为地面控制中心 PLC 的地址 192.168.2.10,其余参数选默认值。单击"确定"按钮,确认设置的参数,并自动关闭。

(4)编写程序 在地面控制中心中使用 GET/PUT 指令编写通信程序,其他三个站不需要编写任何通信程序。如图 15-9 所示。当然也可以用 GET/PUT 指令向导的方法生成通信程序。

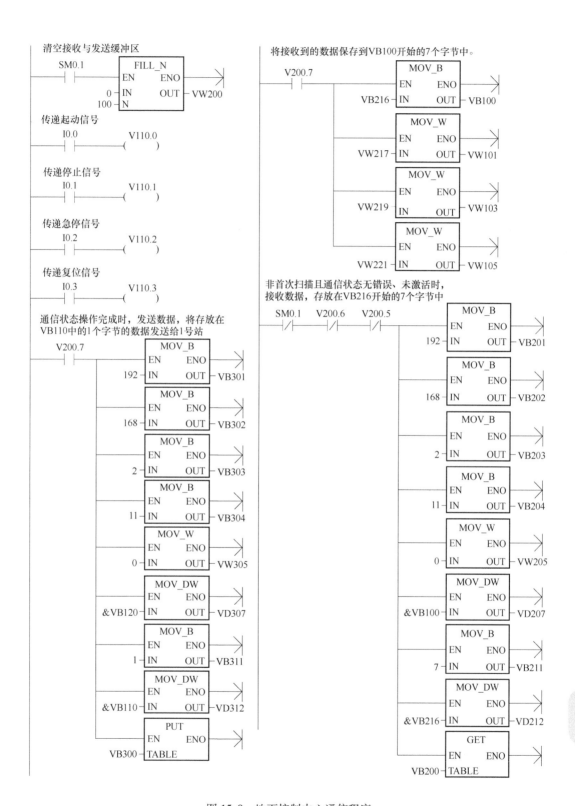

图 15-9 地面控制中心通信程序

15.5 拓展与提高——开放式用户通信指令

开放式以太网通信属于双边通信，即通信双方都需要编写程序，一个为主动发送数据，一个为被动接收数据，编程时利用系统提供的库指令。

1. 开放式用户通信指令库

CPU 模块固件版本为 V2.2 版本及以上的 PLC 支持开放式通信，使用开放式通信可以使 S7-200 SMART PLC 与第三方设备实现以太网的通信。针对基于以太网的三种应用层开放式用户协议 TCP、UDP 和 ISO-ON-TCP，STEP 7-Micro/WIN SMART 提供了开放式用户通信指令库，来实现 PLC 之间的信息交互。

支持 TCP/IP 通信，UDP 通信、ISO-ON-TCP 通信的库指令中包含建立指令、断开连接指令以及发送和接收指令，共有七条，其梯形图如图 15-10 所示。

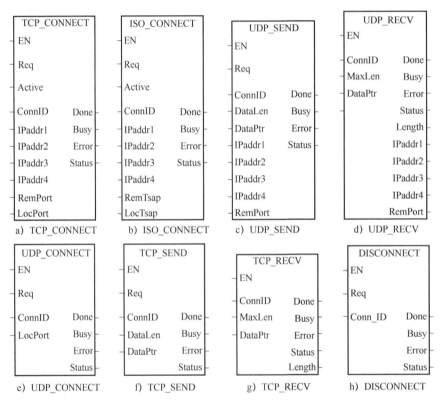

图 15-10 开放式用户通信指令库

其中：

1) TCP_CONNECT：创建 TCP 连接。
2) ISO_CONNECT：创建 ISO-on-TCP 连接。
3) UDP_CONNECT：创建 UDP 连接。
4) TCP_SEND：发送用于 TCP 和 ISO-on-TCP 连接的数据指令。
5) TCP_RECV：接收用于 TCP 和 ISO-on-TCP 连接的数据指令。
6) UDP_SEND：发送用于 UDP 连接的数据指令。
7) UDP_RECV：接收用于 UDP 连接的数据指令。

8) DISCONNECT：终止所有协议的连接。

2. 库指令输入/输出数据类型及其意义

1) EN（BOOL）：将 EN 输入设置为 1 以调用指令。必须将 EN 输入置为 1，直到指令完成（即直到 Done 或 Error 置位）。仅当程序置位 EN 并且调用指令时，PLC 才会更新输出。

2) Req（BOOL）：Req（请求）输入用于发起操作。Req 输入位由高电平触发。应通过上升沿指令将 Req 输入连接到库指令，以便操作仅启动一次。指令为 Busy 时程序会忽略 Req 输入。

3) Active（BOOL）：用于指定连接指令是创建主动客户端连接（Active 为 1）还是创建被动服务器连接（Active 为 0）。在主动连接中，本地 PLC 启动到远程设备的通信。在被动连接中，本地 PLC 等待远程设备启动通信。对于开放式用户通信，S7-200 SMART PLC 支持八个主动连接和八个被动连接。UDP 连接视为被动连接，因为没有建立主动通信。

4) Done（BOOL）：当操作完成且没有错误时，用 OUC 指令置位 Done。如果指令置位 Done，Busy、Error 和 Status 的输出即为零。仅当 Done 置位时，其他输出（例如接收到的字节数）才有效。

5) Busy（BOOL）：Busy 置位指示有操作正在进行。通过将 Req 设为 1 启动操作时，OUC 指令置位 Busy。对于对指令的所有后续调用，Busy 保持置位，直到操作完成。

6) Error（BOOL）：Error 置位指示操作完成但有错误。如果 OUC 指令置位 Error，则 Done 和 Busy 将置为 0，Status 输出错误原因。如果 Error 置位，所有其他输出均无效。

7) ConnID（WORD）：ConnID 编号是连接的标识符。通过 TCP_CONNECT、ISO_CONNECT 或 UDP_CONNECT 创建连接时也会创建 ConnID。可以为 ConnID 选择 0~65534 范围内的任何值。每个连接必须具有唯一的 ConnID。程序使用 ConnID 指定后续发送、接收和断开操作所需的连接。

8) IPaddr1、IPaddr2、IPaddr3 和 IPaddr4（BYTE）：这些是远程设备 IP 地址的四个八位有效字节。IPaddr1 是 IP 地址的最高有效字节，IPaddr4 是 IP 地址的最低有效字节。例如对于 IP 地址 192.168.2.15，则设置以下值：IPaddr1 = 192、IPaddr2 = 168、IPaddr3 = 2 以及 IPaddr4 = 15。

IP 地址不能为以下值：0.0.0.0（针对主动连接而言）、任何广播 IP 地址（例如，255.255.255.255）、任何多播地址及本地 PLC 的 IP 地址。

可以将 IP 地址 0.0.0.0 用于被动连接。通过选择 IP 地址 0.0.0.0，S7-200 SMART PLC 可以接受来自任何远程 IP 地址的连接。如果为被动连接选择一个非零的 IP 地址，PLC 将仅接受来自指定地址的连接。

9) RemPort（WORD）：RemPort 是远程设备上的端口号。端口号可用于 TCP 和 UDP 协议，从而路由设备内的消息。

远程端口号的规则如下：有效端口号范围为 1~49151，建议采用的端口号范围为 2000~5000。对于被动连接，PLC 会忽略远程端口号（可以将其设置为零）。

10) LocPort（WORD）：LocPort 参数是本地 PLC 上的端口号。端口号可用于 TCP 和 UDP 协议，从而路由设备内的消息。对于所有被动连接，本地端口号必须唯一。

本地端口号的规则如下：有效端口号范围为 1~49151；不能使用端口号 20、21、25、80、102、135、161、162、443 以及 34962~34964，因为这些端口具有特定用途。建议采用的端口号范围为 2000~5000。对于被动连接，本地端口号必须唯一。

11) RemTsap（DWORD）：RemTsap 即远程传输服务访问点（TSAP）参数，是指向 S7-200 SMART PLC 字符串数据类型的指针。只能将 RemTsap 参数用于 ISO-on-TCP 协议。对于将消息路由到适当的连接这一操作，远程 TSAP 字符串与端口号作用相同。

RemTsap 的规则如下：TSAP 为 S7-200 SMART PLC 字符串数据类型（长度字节，后接字符）。TSAP 字符串长度必须至少为两个字符，但不得超过 16 个字符。

12）LocTsap（DWORD）：LocTsap 即本地传输服务访问点参数，是指向 S7-200 SMART PLC 字符串数据类型的指针。只能将本地 TSAP 参数用于 ISO-on-TCP 协议。对于将消息路由到适当的连接这一操作，本地 TSAP 字符串与端口号作用相同。

LocTsap 的规则如下：TSAP 为 S7-200 SMART PLC 字符串数据类型（长度为字节，后接字符）；TSAP 字符串长度必须至少为两个字符，但不得超过 16 个字符。如果 TSAP 为两个字符，第一个字符必须是十六进制"E0"。TSAP 不能以字符串"SIMATIC-"开头。

13) Status（BYTE）：如果指令置位 Error，Status 会显示错误代码。如果指令置位 Busy 或 Done，Status 为 0（无错误）。

14) DataLen（WORD）是要发送的字节数（1~1024）。

15) DataPtr（WORD）是指向待发送数据的指针。这是指向输入、输出、通用辅助或变量存储器的 S7-200 SMART PLC 指针（例如 &VB100）。

16) MaxLen（WORD）是要接收的最大字节数（例如 DataPtr 中缓冲区的大小为 1~1024）。

17) Length（WORD）是实际接收的字节数。仅当指令置位 Done 或 Error 时，Length 才有效。如果指令置位 Done，则指令接收整条消息。如果指令置位 Error，则消息超出缓冲区大小（MaxLen）并被截短。

3. 开放式通信指令库应用举例

例 15-1 有两台 S7-200 SMART PLC 需要进行 TCP/IP 通信，1 号 PLC 作为客户端，IP 地址为 192.168.0.101，通信端口号 2001。2 号 PLC 作为服务器，IP 地址为 192.168.0.102，通信端口号 2002。要将 1 号 PLC 中 VB100~VB109 的数据传送到 2 号 PLC 的 VB200~VB209 中。

（1）客户端编程 其步骤如下：

1) 首先建立 TCP 连接。在客户端设置 IP 地址为 192.168.0.101，调用 TCP_CONNECT 指令建立 TCP 连接。设置地址为 192.168.0.102，远程端口为 2002，本地端口 2001，连接标识 ID 为 1。利用 SM0.0 使能 Active，设置为主动连接。

2) 发送数据。调用 TCP_SEND 指令发送以 VB100 为起始，数据长度为 10 个字节的数据，发送到连接标识 ID 为 1 的远程设备。

3) 终止通信连接。调用 DISCONNECT 指令终止指定 ID 的连接。

客户端的程序如图 15-11a 所示。

（2）服务器端编程 其步骤如下：

1) 首先建立 TCP 连接。在服务器端设置 IP 地址为 192.168.0.102，调用 TCP_CONNECT 指令建立 TCP 连接。设置地址为 192.168.0.101，远程端口为 2001，本地端口 2002，连接标识 ID 为 1。利用 SM0.0 常闭触头使能 Active，设置为被动连接。

2) 接收数据。调用 TCP_RECV 指令接收指定连接标识 ID 的数据。接收的缓冲区长度为 10 个字节，数据接收缓冲区以 VB200 为起始地址。

3）终止通信连接。用户可通过 DISCONNECT 指令终止指定 ID 的连接。
服务器的程序如图 15-11b 所示。

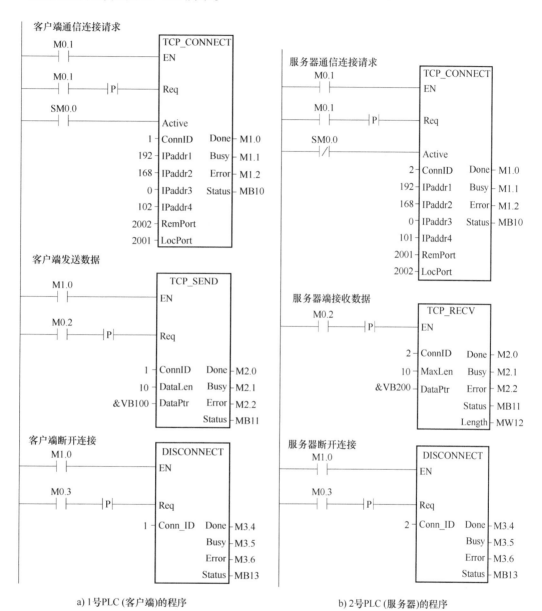

a）1号PLC（客户端）的程序　　　　　　b）2号PLC（服务器）的程序

图 15-11　基于 TCP/IP 的开放式协议通信

（3）分配库存储区　客户端和服务器编程时均需要分配库指令数据区地址。

开放式用户通信库需要使用 50B 的变量存储器，需用户手动分配。如图 15-12 所示，在指令树的程序中，以鼠标右键单击程序块，在弹出的快捷菜单中选择库存储器。在弹出的选项卡中设置库指令数据区，单击"建议地址"按钮进行地址分配，如图 15-13 所示。

在图 15-11 所示的程序中，1号PLC（客户端）与 2号PLC（服务器）触发信号见表 15-5。

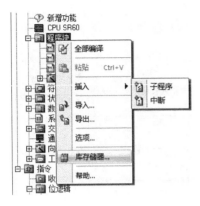

图 15-12　分配库存储区

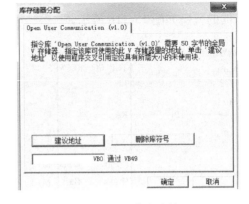

图 15-13　分配地址

表 15-5　触发信号说明表

站点	触发信号	作　用
1号 PLC（客户端）	M0.1	连接请求触发信号，本例中当 M0.1 有上升沿变化时，程序会开始向服务器端发起连接请求；若此时服务器端有回应，则 Done 置 1，否则 Error 置 1
	M0.2	发送触发信号，在 TCP_CONNECT 中的连接标志位 M1.0 为 1 的时候才能正确触发。在本例中每出现一次上升沿变化，它就会发送一次数据
	M0.3	断开连接触发信号，在本例中当它出现上升沿变化时，断开客户端与服务器端的连接
2号 PLC（服务器）	M0.1	连接请求响应触发信号，本例中当它置 1 时，服务器端准备好连接请求响应，Busy 置 1；当客户端发送连接请求时 Done 置 1，Busy 置 0。注意：必须要先启动服务器端的接收响应，再在客户端建立通信连接
	M0.2	接收触发信号，与连接状态无关。在本例中每出现一次上升沿变化，它就会接收到对应连接号的客户端发送的数据，可能一次接收数据包含多次发送的数据，数据总长度要小于设定最大数据长度。超过的字节会被丢弃
	M0.3	断开连接触发信号，在本例中当它出现上升沿变化时，断开客户端与服务器端的连接

思考与练习

15-1　写出 S7-200 SMART CPU 默认的 IP 地址和子网掩码。

15-2　简述工业以太网的特点、构成和特性。

15-3　TCP 和 UDP 协议的主要区别是什么？

15-4　TCP 和 ISO-on-TCP 协议的主要区别是什么？

15-5　参照例 15-1，试设计 15.1 节中地面控制中心与 2 号带式输送机（2 号站）的通信程序。

15-6　试使用开放式协议中的 TCP、UDP 和 ISO-on-TCP 协议，分别设计出对应的发送端和接收端通信程序，要求把发送端地址为 VB200~VB209 的数据发送给接收端的 VB300~VB309。

第 16 章

PROFIBUS通信技术及应用
——以柔性自动化生产线实训平台的控制为例

导读

"加快建设制造强国、数字中国"将有力推动制造业的数字化转型发展。要实现数字化工厂，最重要的基础就是要实现设备与设备之间的互联。本章以柔性自动化生产线实训平台的控制为例，介绍 PROFIBUS 通信技术及其应用。

本章知识点

- 现场总线
- PROFIBUS-DP
- DP 主站/从站
- 硬件组态

16.1 任务要求

图 16-1 所示为一个柔性自动化生产线实训平台。该平台是以工业生产中的自动化装配生产线为原型开发的教学、实验和实训综合应用平台，用以模拟现代工厂产品的自动化生产过程，即从原料加工出发，经过多道生产工序成为成品后，自动分拣入库的整个流程。

整个系统平台是由 10 个相对独立的工作单元组成，包括上料单元、下料单元、加盖单元、穿销单元、模拟单元、伸缩换向单元、检测单元、液压单元、分拣单元和码垛机立体仓库单元。每个单元完成特定的工作任务，以装配、检验、分拣和入库的方式顺序完成各种装配操作和物流处理过程。此外还有一个总站控制台，如图 16-2 所示。

各单元的主要功能如下所述：

（1）上料单元　上料单元是整个生产线的起点，该单元的主要功能是根据工件的位置情况，从料槽中抓取工件主体送入数控铣床或将铣床加工后的工件主体转送下料单元。

（2）下料单元　将前站送入本单元下料仓的工件主体，通过直流电动机拖动间歇机构

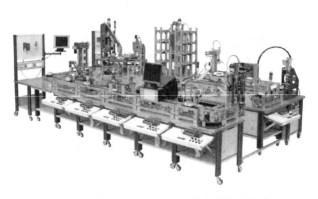

图 16-1 某柔性自动化生产线实训综合平台

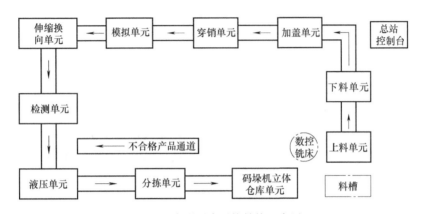

图 16-2 实训平台系统结构示意图

带动同步带使之下落，工件主体下落至托盘后经带式输送机向下个单元输送。

（3）加盖单元　通过直流电动机拖动蜗杆，经减速器驱动摆臂将上盖装配于工件主体上，完成装配后工件随托盘向下个单元输送。

（4）穿销单元　通过旋转推筒推送销钉的方法，完成工件主体与上盖的实体连接装配，完成装配后的工件随托盘向下个单元输送。

（5）模拟单元　本平台增加了模拟量控制的 PLC 特殊功能模块，以实现对完成装配好的工件进行模拟喷漆和烘干，完成模拟喷漆和烘干后的工件随托盘向下个单元输送。

（6）伸缩换向单元　将上个单元输送过来的托盘及组装好的工件经换向、提升、旋转、伸出和下落后送至带式输送机，向下个单元输送。

（7）检测单元　运用各类检测传感装置对装配好的工件成品进行全面检测，判断是否为合格品，并将检测结果送至 PLC 进行处理，以此作为后续单元控制方式选择的依据（如分拣单元根据合格品和不合格品进行分拣）。

（8）液压单元　通过液压换向回路实现对合格工件的盖章操作，完成这一操作后，再将工件经 90°旋转换向输送至下一单元。

（9）分拣单元　根据检测单元的检测结果，采用气动机械手对工件进行分类，合格产品随托盘进入下个单元入库；不合格产品分拣进入相应通道，空托盘向下个单元输送。该不合格品通道为变频器控制的带式输送机。

（10）码垛机立体仓库单元　本单元由码垛机与立体仓库两部分组成，可进行工件的入库和出库。分拣单元输送过来的工件为合格品时，码垛机将工件入库；若输送至本单元的为分拣后的空托盘，则将其放行。

为便于协调整个生产线的全程控制，系统设置了一个总站作为控制台。总站是整个装配生产线连续运行的指挥调度中心，其主要功能是实现全程运行的总体控制，完成全系统的通信连接等。总站控制按钮盒上的按钮为整个生产线的总控按钮，其控制功能定义为：

（1）起动按钮　当所有单元均处于预备工作状态时按下此按钮，总站三色指示灯中的绿灯亮，首先起动生产线的输送电动机且点亮各单元的红色指示灯，此后根据系统设计的程序，各单元按顺序进行相应的动作。

（2）停止按钮　当按下此按钮时，总站三色指示灯中的红灯亮，同时所有单元的动作均处于停止状态，按起动按钮后可继续工作。

（3）复位按钮　当按下此按钮时，总站的三色指示灯熄灭，同时对各个单元进行初始化复位，所有标志位或计数器都清零，重新计算。

（4）急停按钮　当发生突发事故时，应立即拍下急停按钮，系统即刻处于停止工作状态（此时所有其他按钮都不起作用），同时三色指示灯中的黄灯亮。排除故障后需旋起急停按钮，并按下复位按钮，待各单元恢复初始状态后按下起动按钮，系统方可重新开始运行。

在装配生产线运行过程中，各个单元既可以自成体系，彼此又可以有一定的关联。因此可以采用现场总线技术，构成一个自动化生产线通信系统，实现各个单元之间的通信联系。

16.2　PROFIBUS 技术

国际电工委员会（IEC）对现场总线（Fieldbus）的定义是"安装在制造和过程区域的现场装置与控制室内的自动控制装置之间的数字式、串行及多点通信的数据总线"。现场总线输入/输出的接线极为简单，只需一根电缆，从主机开始，沿数据链从一个现场总线输入/输出接口连接到下一个现场总线输入/输出接口。使用现场总线后，可以节约配线、安装、调试和维护等方面的费用，现场总线与 PLC 可以组成高性能价格比的集散控制系统（DCS）。

1. PROFIBUS 的组成

过程现场总线（Process Field Bus，PROFIBUS）是目前国际上通用的现场总线标准之一。主要用于过程控制和制造业的分布式控制，其数据传输速率和网络规模可以按使用场合不同调整改变。它既可用于有高速要求的数据传输，也可用于大范围的复杂通信场合，因此广泛应用于加工制造、过程控制、电力、交通和楼宇自动化等领域。

PROFIBUS 由三个相互兼容的部分组成，即现场总线报文规范（Fieldbus Message Specification，PROFIBUS-FMS）、分布式外部设备（Decentralized Periphery，PROFIBUS-DP）和过程自动化（Process Automation，PROFIBUS-PA）。

2. PROFIBUS-DP

在 PROFIBUS 中，DP 是应用最广的通信方式，可以连接不同厂商符合 PROFIBUS-DP 协议的设备。PROFIBUS-DP 协议主要用于 PLC 与分布式输入/输出设备（远程输入/输出设备、变频器和阀门等）进行高速通信。分布式输入/输出可以减少大量的接线，并取代 4~20mA 模拟信号传输。PROFIBUS-DP 是一种高速低成本数据传输，特别适合于 PLC 与现场分布式输入/输出设备（如西门子 ET200）设备之间的通信。

PROFIBUS-DP 最大的优点是使用简单方便,在大多数实际应用中,只需要对网络通信做简单的组态,不用编写任何通信程序,就可以实现 DP 网络的通信。用户程序对远程输入/输出设备的编程,与对集中式系统的编程基本上没有什么区别。

(1) PROFIBUS-DP 设备的分类　PROFIBUS 网络的硬件由主站、从站、网络部件和网络组态与诊断工具组成。根据不同的任务,PROFIBUS-DP 设备可以分为以下三种不同类型:1 类主站、2 类主站和 DP 从站。

1 类主站(DPM1)是系统的中央控制器,DPM1 在预定的周期内与分布式的站(如 DP 从站)循环地交换信息,并对总线通信进行控制和管理。典型的设备有 PLC、运行专用软件的计算机等。2 类主站(DPM2)是 DP 网络中的编程、诊断和管理设备。属于这类的设备有编程器、诊断装置和上位机等,主要用于与 DP 设备通信和诊断。DP 从站是进行输入信息采集和输出信息发送的外围设备,它只与组态它的主站交换用户数据,可以向该主站报告本地诊断中断和过程中断。典型的设备有分布式输入/输出设备、ET200、变频器、驱动器、阀和操作面板等。

在 PROFIBUS-DP 网络中,一个从站只能被一个主站控制,这个主站就是这个从站的 1 类主站;如果网络上还有编程器和人机界面控制该从站,那么这个编程器和人机界面是这个从站的 2 类主站。在多主站网络中,一个从站只有一个 1 类主站,1 类主站可以对从站执行发送和接收数据操作,其他主站只能选择性地接收从站发送给 1 类主站的数据,这样的主站也是这个从站的 2 类主站,它不能直接控制该从站。

(2) PROFIBUS-DP 从站的分类　根据 DP 从站的用途和配置,可将 S7 系列 PLC 的 DP 从站设备分为以下三种:紧凑型 DP 从站、模块式 DP 从站和智能 DP 从站。ET 200B 是紧凑型 DP 从站。ET 200M 是典型的模块化的分布式输入/输出设备,需要一个接口模块(IM 153)与 DP 主站连接,构成模块式 DP 从站。带有集成 DP 接口的 PLC,或 CP 342-5 通信处理器可作智能 DP 从站。

3. PROFIBUS DP 网络配置

PROFIBUS 网络通常有一个主站与多个 DP 输入/输出设备。组态后的主站能够识别所连 DP 设备的类型及地址,并初始化网络及验证网络中的 DP 设备是否与组态相符。主站会不断将输出数据写入 DP 设备并从这些设备读取输入数据。在 PROFIBUS-DP 主站成功组态了 DP 设备后,才能操作该 DP 设备。若网络中还存在另一个主站设备,则其访问第一个主站所拥有的 DP 设备时,将受到很大的限制。

图 16-3 所示为一个简单的 DP 网络。该系统由一个主站和两个从站组成。主站为 S7-300 PLC(带 DP 接口),它通过组态可以知道所连接的从站的型号和地址。主站初始化网络时,核对网络上的从站设备与组态的从站设备是否匹配。运行时,主站循环地把输出数据写到从站,并且自从站处读取输入数据。

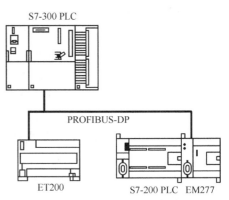

图 16-3　一个简单的 PROFIBUS-DP 网络

S7-200 PLC 作为 S7-300 PLC 的一个从站,通过扩展模块 EM277 连接到 DP 网络中。S7-300 PLC 作为主站对从站进行控制。从站 ET200 本身没有用户程序,其输入/输出端子直接作为主站的输入/输出端子由主站直接进行读写操作,而且主站在网络配置时就将 ET200

的输入/输出端子与主站本身的输入/输出端子一起编址；主站通过 EM277 读取 S7-200 PLC 的变量存储区中的数据。

16.3　DP 主站与智能从站之间的通信

用户可以将自动化任务划分为用多台 PLC 控制的若干个子任务。这些子任务分别用几台 PLC 独立地处理，这些 PLC 在 DP 网络中作 DP 主站和智能从站。主站和从站之间的数据交换是由 PLC 的操作系统周期性自动完成的，不需要用户编程，但是用户必须对主站和从站之间的通信连接和用于数据交换的地址区组态。这种通信方式称为主/从（Master/Slave）通信方式，简称 MS 方式。DP 主站不是直接访问智能从站的物理输入/输出地址区，而是通过从站组态时指定的通信双方的输入/输出地址区来交换数据。该输入/输出地址区不能占用分配给输入/输出模块的物理输入/输出地址区。

带集成 DP 接口和 PROFIBUS 通信模块的 S7-300 PLC、S7-400 PLC 都可以作为 DP 从站。使用自带有 DP 接口的 PLC（如 CPU 314C-2DP），进行 PROFIBUS 通信时，只需要将两台 S7-300 PLC 的 DP 接口用 PROFIBUS 通信电缆连接即可。

下面以一台 S7-300 PLC 作为主站，另一台 S7-300 PLC 作为从站为例，讲解 PROFIBUS-DP 连接智能从站的应用。

例 16-1　有两台设备，分别由使用 CPU 315-2 DP 的一台 S7-300 PLC 控制，设备 1 的 PLC 发出起/停控制命令，设备 2 的 PLC 接收到命令后，对设备 2 进行起/停控制，同时设备 1 上的 PLC 能够监控设备 2 的运行状态。

1. 硬件连接

CPU 315-2 DP 有两个 DP 接口。将 PROFIBUS 电缆通过 PROFIBUS-DP 总线连接器将两台 PLC 的 DP 接口相连。PROFIBUS 现场总线硬件配置如图 16-4 所示。

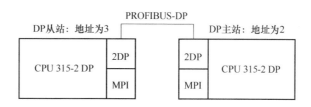

图 16-4　PROFIBUS 现场总线硬件配置图

PROFIBUS 电缆是二线屏蔽双绞线，两根线为 A 线和 B 线，电缆绝缘皮上印有 A、B 字样，A 线与总线连接器的端子 A 相连，B 线与总线连接器的端子 B 相连即可。B 线实际与 DB9 的第 3 针相连，A 线实际与 DB9 的第 8 针相连。两台 PLC 的接线图及总线连接器如图 16-5 所示。

2. 硬件组态

（1）打开 STEP7 V5.5 软件　双击桌面上的 SIMATIC Manage 图标"　"，打开 SIMATIC Manager（SIMATIC 管理器）。当然也可以单击"开始"→"所有程序"→"SIMATIC"→"SIMATIC Manager"打开该软件。将会出现"STEP7 向导：'新建项目'"对话框。单击"取消"按钮，将打开上一次退出 STEP7 时打开的所有项目。

（2）新建项目　单击新建"□"，弹出"新建项目"对话框，在"名称（M）"中输入

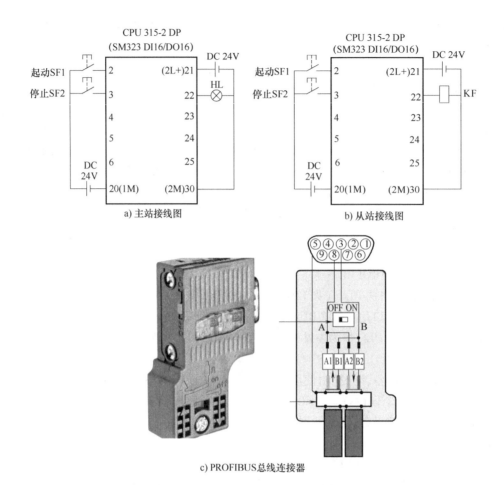

图 16-5 PLC 接线图及总线连接器实物

一个名称，本例为"DP-300"，再单击确定按钮，也可以执行菜单命令"文件"→"新建"，创建一个项目。

(3) 插入站点　选中"DP-300"项目名，执行菜单栏"插入"→"站点"→"SIMATIC 300 站点"，则在此项目下插入了一个 S7-300 PLC 站点。本例需要插入两个站点，并将站点重命名为"Client"和"Server"，如图 16-6 所示。

(4) 插入导轨　在管理器窗口中选中已经生成的从站"Client"，双击窗口右边的"硬件"，弹出"HW Config"（硬件组态）窗口，如图 16-7 所示。然后展开窗口右侧的"配置文件"处的"SIMATIC 300"下的

图 16-6 SIMATIC 管理器窗口

"RACK-300"，双击导轨"Rail"，弹出导轨，在右边的硬件目录窗口选择相应的模块插入到 (0) UR 的槽位中去。

各模块的订货号可查看硬件实物的下方标识。切记选中的模块号要与实际的模块号一致。本例中槽位 1 插入电源模块 PS；槽位 2 插入 CPU 模块；槽位 3 空白；槽位 4 及后面的槽位如有扩展的输入/输出模块插入，则模块要对应实际输入/输出模块的安装顺序。

(5) 插入电源模块　先选中机架的槽位 1，再展开"SIMATIC 300"→"PS-300"，双击

"PS 307 5A",也可以直接用鼠标左键选中"PS 307 5A"并按住左键不放,直接将其拖入槽位 1,如图 16-7。注意,若使用的是开关电源,硬件配置时就不需要加入电源,但槽位 1 必须空缺。

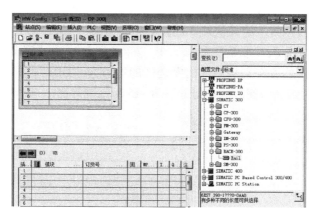

图 16-7 插入导轨

(6)插入 CPU 模块 先选中机架的槽位 2,再依次展开右侧硬件目录下的"SIMATIC 300"→"CPU-300"→"CPU 315-2 DP"→"6ES7 307-1EA00-0AA0",双击"V2.6",弹出"属性-PROFIBUS 接口"对话框,如图 16-8 所示。

(7)新建 PROFIBUS 网络并设置通信参数 先选定从站的地址为 3,再单击"新建"按钮,弹出"属性-新建子网 PROFIBUS"对话框,如图 16-9 所示。选定"网络设置"选项卡,设置传输速率为"1.5Mbps"、配置文件为"DP",再单击"确定"按钮。弹出如图 16-10 所示界面。

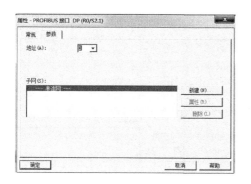 

图 16-8 新建 PROFIBUS 网络　　　　图 16-9 设置 PROFIBUS 网络参数

图 16-10 硬件组态窗口

(8)选择工作模式 双击图中的 DP 栏,弹出如图 16-11 所示界面。选定"工作模式"选项卡,选定"DP 从站"模式选项,再选定"组态"选项卡。

(9)组态从站接收区和发送区的数据 在图 16-12 所示界面中,单击"新建"按钮,弹出如图 16-13 所示的界面,定义从站 3 的接收区地址为"IB3"。在"地址类型"栏选择"输入","地址"栏填入 3,"长度"栏填入 1,"单位"栏中选"字节",单击"确定"按钮,接收区定义完成。然后定义从站 3 的发送区的地址为"QB3",如图 16-14 所示。单击"确定"按钮,发送区定义即完成。弹出如图 16-15 所示的界面。

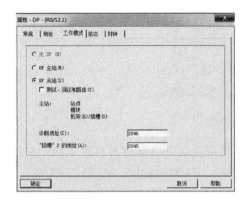

图 16-11 工作模式选择

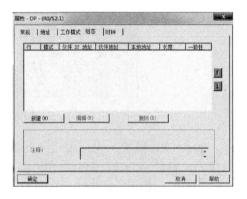

图 16-12 组态通信接口数据区

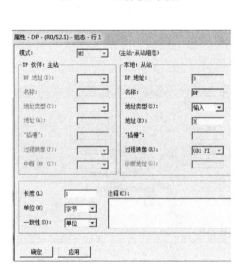

图 16-13 组态接收区数据

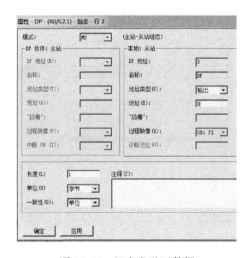

图 16-14 组态发送区数据

(10)插入信号模块 返回到硬件组态窗口,先选中机架的槽位 4,再依次展开右侧配置文件窗口的"SIMATIC 300"→"SM-300"→"DI/DO-300",双击"SM 323 DI16/DO16x24V/0.5A"。然后,单击"保存"按钮。最后关闭"HW Config"窗口。

(11)配置主站 主站组态时与从站组态类似,依次插入导轨、电源模块、CPU 模块和信号模块。以下从设置通信参数开始讲解,如图 16-16 所示,先设置主站 2 的通信地址为 2,再选定已建的子网"PROFIBUS(1)",单击"确定",弹出如图 16-17 所示的界面。

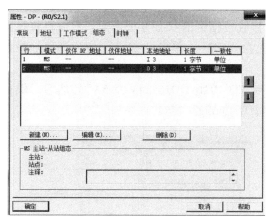

图 16-15 从站数据区组态完成

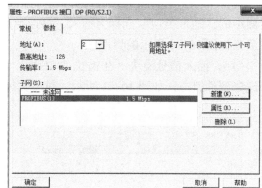

图 16-16 主站通信参数设置

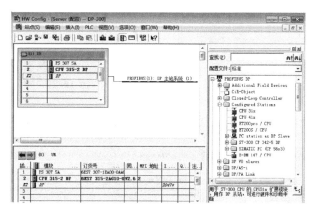

图 16-17 主站 2 组态配置

（12）将从站 3 连接到 PROFIBUS 网络上　在图 16-17 所示界面中，先用鼠标选中 PRO-FIBUS（1）网络总线，再依次点击右侧窗口"PROFIBUS DP"→"Configured Stations"，双击"CPU 31x"，弹出如图 16-18 所示的界面。然后单击"连接"按钮，弹出如图 16-19 所示的界面。

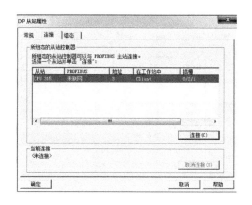

图 16-18 激活从站 3

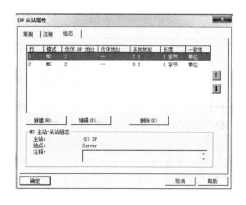

图 16-19 组态主站通信接口数据区

（13）组态主站通信接口数据区　在图 16-19 所示界面中，选中"组态"选项卡，再双击"行1",在弹出的界面中,先选择主站"地址类型"为输出,再选定"地址(A)"为3,单击"确定"按钮,发送数据区组态完成。接收数据区的状态方法类似,只需要将弹出界面中的"地址类型"选择为输入,再选定地址为"IB3",单击"确定"按钮即可。最终显示出如图16-20所示的界面。

(14)插入信号模块　在槽位4中插入"SM 323 DI16/DO16x24V/0.5A",然后,保存和编译硬件组态,如图16-21所示,最后关闭"HW Config"窗口。

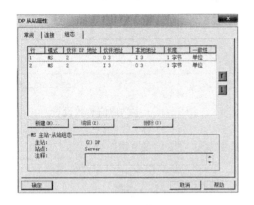

图16-20　DP主从通信地址的组态

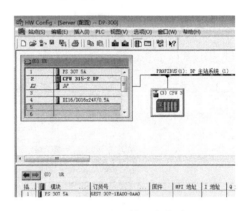

图16-21　硬件组态完成

(15)返回到管理器窗口　组态完成后的DP网络如图16-22所示。

图16-22　生成智能从站后的SIMATIC管理器窗口

3. 编写程序

激活"SIMATIC Manager-DP 300"界面,如图16-23所示。选中"块",单击"OB1",弹出"属性-组织块"对话框,选定"创建语言"为梯形图。再单击"确定"按钮,之后弹出"LAD/STL/FBD"界面,如图16-24所示,实际上就是程序编辑界面。

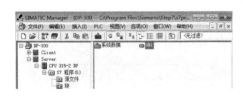

图16-23　管理器窗口

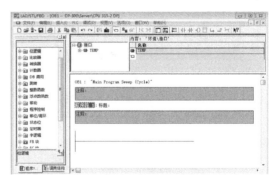

图16-24　程序编程器窗口

主站和从站之间的数据交换关系见表16-1。

表 16-1 主站和从站的发送接收数据区对应关系

序号	主站的 S7-300 PLC	对 应 关 系	从站的 S7-300 PLC
1	QB3	→	IB3
2	IB3	←	QB3

主站程序如图 16-25 所示，在程序编辑结束后，要单击"保存"以保存本程序块内容。从站程序如图 16-26 所示。

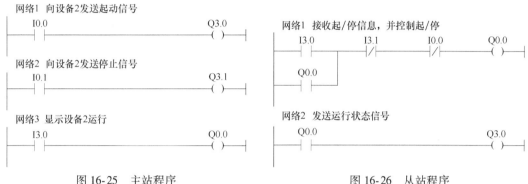

图 16-25 主站程序　　　　图 16-26 从站程序

注意：当使用 PROFIBUS 通信方式的时候，必须在"块"中插入 OB82（诊断中断）和 OB86（导轨故障）组织块并下载到 PLC 中，否则只要 PROFIBUS 总线上的任何一个结点出现问题，都会导致 PLC 停机。

当需要下载的硬件组态和程序完成了编译，且没有任何错误时，在 SIMATIC 管理器窗口，选中要下载的工作站，单击下载按钮"▇"（或执行菜单命令"PLC"→"下载"；或单击鼠标右键执行"PLC"→"下载"），将工作站下载到 PLC。

16.4　S7-300 和 S7-200 PLC 的 DP 通信

由于 S7-200 PLC 的 CPU 模块本身没有 DP 接口，所以只能通过 EM277 连接到 PROFIBUS-DP 网络上。EM277 经过串行输入/输出总线连接到 S7-200 PLC 的 CPU 模块。PROFIBUS 网络经过其 DP 接口连接 EM277，这个接口支持 9.6kbit/s～12Mbit/s 之间的任何传输速率。

1. 安装 GSD 文件

常规站说明文件（General Station Description，GSD）是可读的 ASCII 文本文件，包括通用的和与设备有关的通信技术规范。PROFIBUS-DP 是通用的国际标准，符合该标准的第三方设备可以成为 DP 网络的主站或从站，在第三方设备为主站时，用于组态软件由第三方提供。而第三方设备为从站时，需要在 HW Config 中安装 GSD 文件，才能在硬件目录窗口看到第三方设备以及对它进行组态。用户可以在制造商的网站下载 GSD 文件。

EM277 是 S7-200 PLC 的 PROFIBUS 从站模块，它的 GSD 文件名为"siem089d.gsd"。通过执行硬件组态窗口中的菜单命令"选项"→"安装 GSD 文件"，出现"安装 GSD 文件"的对话框。用最上面的选择框选中 GSD 文件"来自目录"。单击"浏览"按钮，即可找到 GSD 文件所在的文件夹，单击"确定"按钮，该文件夹中的 GSD 文件"siem089d.gsd"出现在列表框中。选中该文件,再单击"确定"按钮即开始安装。安装结束后,在能在 HW Config 窗口右边的硬件目录窗口的"\PROFIBUS-DP\Additional Field Devices\PLC\SIMATIC"文件夹中,可以看到新安装的 EM277。

2. 实例

下面以一台使用 CPU 315-2 DP 的 PLC 与一台使用 CPU 226CN 的 PLC 之间的 PROFIBUS 的现场总线通信为例。

例 16-2 某模块化生产线的主站为使用 CPU 315-2 DP 的 PLC,从站使用 CPU 226CN 和 EM277 的组合。通过主站上的起动/停止按钮,可以控制从站上的指示灯的亮灭,同时主站能监控从站指示灯的输出状态。

PROFIBUS 现场总线硬件配置如图 16-27 所示,PLC 接线图如图 16-28 所示。

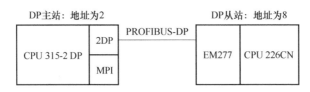

图 16-27 S7-200 PLC 通过 EM277 连接到 PROFIBUS 网络

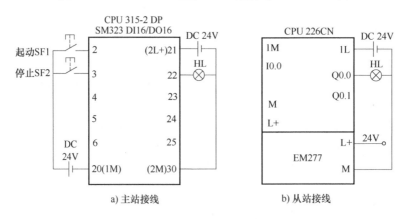

图 16-28 PROFIBUS 现场总线通信 PLC 接线图

(1) 组态 DP 主站 其步骤如下:

1) 打开 STEP 7 软件,新建一个项目,项目名称为"DP-EM277",然后执行菜单命令"插入"→"站点"→"SIMATIC 300 站点",在此项目下插入一个 S7-300 PLC 的站。

2) 在管理器窗口中,选择已经生成的"SIMAITC 300"对象,双击窗口右边的"硬件"图标,进入"HW Config"窗口后,插入导轨,然后在导轨中添加电源模块(PS 307 5A)、CPU 模块(CPU 315-2DP)、信号模块(SM323 DI16/DO16)。方法与 16.3 节相同。

3) 配置网络。双击导轨中的 CPU 模块内标有"DP"的行,打开"属性-DP"对话框。然后单击"属性",弹出"属性-PROFIBUS 接口 DP"对话框。设定主站的站地址为 2,单击"新建"按钮,打开"属性-新建子网"对话框,在对话框的"网络设置"选项卡中,选择默认的网络参数,传输速率为 1.5Mbit/s,配置文件选 DP。

单击"确认"按钮后,回到"HW Config"窗口,在 CPU 315-2 DP 的导车右侧出现 PROFIBUS-DP 主站系统(1)的网络线,如图 16-29 所示。从站便可以挂在 PROFIBUS 总线上。

(2) 插入 EM277 从站　配置从站地址。导入 GSD 文件后，先选中"PROFIBUS：DP 主站系统"，再展开项目，先后展开"PROFIBUS DP"→"Additional Field Device"→"PLC"→"SIMATIC"，再双击"EM277 PROFIBUS DP"，弹出"属性-PROFIBUS 接口 EM 277"对话框，如图 16-30 所示。将其中的"地址（A）"改为"8"，最后单击"确定"按钮，出现图 16-31 所示界面。

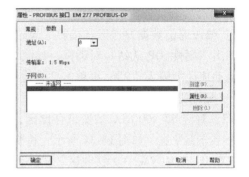

图 16-29　主站硬件组态　　　　　　　　图 16-30　配置从站地址

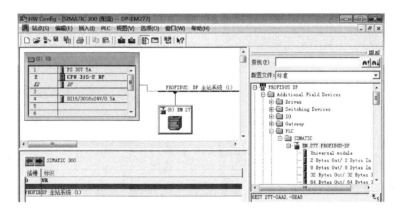

图 16-31　插入 EM277 从站

说明：站内的地址为 EM277 在 PROFIBUS-DP 网络的站地址。它必须与 EM277 上的拨码开关设定的物理地址相同。设定物理地址后，S7-200 PLC 必须断电重启，EM277 的地址才能生效。设定完属性后，单击"确定"，即完成主站与 EM277 的连接。

(3) 配置 S7-300 与 S7-200 PLC 的通信区　这里要配置的通信区是指 S7-300 与 S7-200 PLC 两侧的互为映射的通信缓冲区。EM277 仅仅是 S7-200 PLC 用于和 S7-300 PLC 进行通信的接口模块，S7-200 PLC 侧的通信区地址设置必须能够被 S7-300 PLC 所接受，而这与 EM277 无关。

1) 分配从站通信数据存储区。先选中 EM277，将硬件组态窗口右侧设备选择列表中的"EM277 PROFIBUS DP"展开，双击"2 Bytes Out /2 Bytes In"，如图 16-32 所示。当然也可以选其他的选项，此处选项的含义是每次主站接收信息为两个字节，发送的信息也为两个字节。

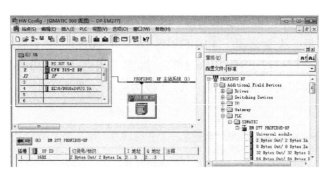

图 16-32　分配从站通信数据存储区

2）修改通信数据发送区和接收区起始地址。选中 EM277，双击下面的数据接收和发送区，弹出"属性-DP 从站"对话框，如图 16-33 所示。再在输入栏的启动地址中输入"3"，输出启动地址中输入"2"，再单击"确定"按钮。

3）配置的 S7-200 PLC 侧的通信区。对于主站 S7-300 PLC，输入地址为 IW3，输出地址为 QW2；对应 S7-200 PLC 的变量存储区，需要占用四个字节，其中前面两个字节为接收，后两个字节为发送。如图 16-34 所示，将变量存储区偏移量设为 50，则变量存储区的起始地址为 VW50，其中 VW50 为接收区，VW52 为发送区。

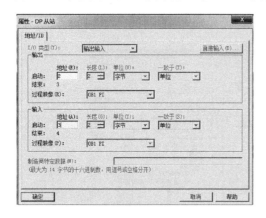

图 16-33　修改通信数据发送区和
　　　　　　接收区起始地址

图 16-34　配置 S7-200 侧的通信数据存储区

因此，主站和从站的发送区和接收区对应关系见表 16-2。主站将信息存入 QW2 中，发送到从站的 VW50 数据存储区；从站的信息可以通过 VW52 发送到主站的 IW3。

表 16-2　主站和从站的发送和接收数据区对应关系

序　号	主站 S7-300 PLC	对 应 关 系	从站 S7-200 PLC
1	QW2	→	VW50
2	IW3	←	VW52

（4）编写程序　其程序如下：

1）主站 S7-300 PLC 程序如图 16-35 所示。

2）从站 S7-200 PLC 程序如图 16-36 所示。

```
网络1  发送起动信号
  I0.0                    Q2.0
───┤ ├──────────────────( )

网络2  发送停止信号
  I0.1                    Q2.1
───┤ ├──────────────────( )

网络3  监控从站输出指示灯的状态,并显示
  I3.0                    Q0.0
───┤ ├──────────────────( )
```

图 16-35 主站 S7-300 PLC 程序

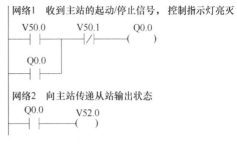

图 16-36 从站 S7-200 PLC 程序

16.5 控制系统设计

16.5.1 任务分析

针对 16.1 节中的柔性自动化生产线实训平台由总站和 10 个单元构成这一特点,可以将整个系统的控制任务划分为 10 个单元的子任务,每个子任务分别用一台 PLC 独立处理,10 个单元在总站的统一协调下,完成自动化流水作业。这样,整个系统由 11 台 PLC 组成,通过通信的方式实现信号之间的传递。根据 16.2 节所讲内容可知,可以采用 PROFIBUS 现场总线的通信方式来实现。总站的 PLC 通过与各单元 PLC 之间的 PROFIBUS-DP 通信,实现信号的发送和接收,进而达到对各生产单元的控制。

16.5.2 PLC 硬件配置

自动化生产线平台的 PLC 及扩展模块配置见表 16-3。根据各单元实现的功能,总站、上料单元、伸缩换向单元、检测单元、分拣单元配置相同,模拟单元和液压单元配置相同,均为带 DP 接口的 S7-300 系列 PLC;下料单元、加盖单元、穿销单元、码垛机立体仓库单元配置相同,均为 S7-200 系列 PLC,配置 EM277 模块。

表 16-3 装配生产线各站点 PLC 配置一览表

站点名称	PLC 型号	组	成	订货号
总站、上料单元、伸缩换向单元、检测单元和分拣单元	S7-300	电源模块	PS 307 5A	6ES7 307-1EA00-0AA0
		CPU 模块	CPU 315-2 DP	6ES7 315-2AG10-0AB0 V2.6
		SM 模块	DI16/DO16x24V/0.5A	6ES7 323-1BL00-0AA0
下料单元、加盖单元、穿销单元和码垛机立体仓库单元	S7-200	CPU 模块	CPU 226 CN	
		DP 模块	EM277	
模拟单元和液压单元	S7-300	电源模块	PS 307 5A	6ES7 307-1EA00-0AA0
		CPU 模块	CPU 315-2 DP	6ES7 315-2AG10-0AB0 V2.6
		SM 模块	DI16/DO16x24V/0.5A	6ES7 323-1BL00-0AA0
			SM 331 AI2x12Bit	6ES7 331-7KB02-0AB0
			SM 332 AO2x12Bit	6ES7 332-5HB01-0AB0

16.5.3 硬件组态

1. 通信站点地址分配

整个自动化生产线平台包括 11 个站，需要为各站分配通信地址。各站点的站号地址分配如图 16-37 所示。

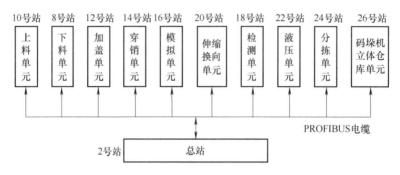

图 16-37 自动化生产线平台各站点地址

2. 规划通信区

10 个工作单元要实现自动化流水线控制，需要在总站的统一指挥下完成主站与从站之间的数据发送和接收。主站既可以向从站发送数据，也可以自从站处读取数据。而从站只能接收主站发送来的数据，不能向主站发送数据。主站与从站的数据通信是双向的，从站之间的数据通信必须经过主站的读取和发送才能完成。

因码垛机立体仓库单元需要传送的控制信息较多，所以分配四个字节的发送区和四个字节的接收区，其余单元的通信区均分配两个字节的发送区和两个字节的接收区，则设定各站点的通信区地址见表 16-4。

表 16-4 DP 网络主站和从站中的通信地址

序号	站点名称	站号	站内地址	主站中的通信地址	从站中的通信地址
	总站	2	IB0~IB1		
			QB0~QB1		
1	上料单元	10	IB0~IB1	Q16.0~Q17.7	I16.0~I17.7
			QB0~QB1	I16.0~I17.7	Q16.0~Q17.7
2	下料单元	8	I0.0~I2.7	Q2.0~Q3.7	V0.0~V1.7
			Q0.0~Q1.7	I2.0~I3.7	V2.0~V3.7
3	加盖单元	12	I0.0~I2.7	Q4.0~Q5.7	V0.0~V1.7
			Q0.0~Q1.7	I4.0~I5.7	V2.0~V3.7
4	穿销单元	14	I0.0~I2.7	Q6.0~Q7.7	V0.0~V1.7
			Q0.0~Q1.7	I6.0~I7.7	V2.0~V3.7
5	模拟单元	16	IB0~IB1	Q14.0~Q15.7	I14.0~I15.7
			QB0~QB1	I14.0~I15.7	Q14.0~Q15.7
			PIW0~PIW2		
			PQW0~PQW2		

(续)

序号	站点名称	站号	站内地址	主站中的通信地址	从站中的通信地址
6	伸缩换向单元	20	IB0~IB1	Q22.0~Q25.7	I22.0~I25.7
			QB0~QB1	I22.0~I25.7	Q22.0~Q25.7
7	检测单元	18	IB0~IB1	Q8.0~Q9.7	I8.0~I9.7
			QB0~QB1	I8.0~I9.7	Q8.0~Q9.7
8	液压单元	22	IB0~IB1	Q18.0~Q21.7	I18.0~I21.7
			QB0~QB1	I18.0~I21.7	Q18.0~Q21.7
			PIW0~PIW2		
			PQW0~PQW2		
9	分拣单元	24	IB0~IB1	Q10.0~Q11.7	I10.0~I11.7
			QB0~QB1	I10.0~I11.7	Q10.0~Q11.7
10	码垛机立体仓库单元	26	I0.0~I2.7	Q32.0~Q35.7	V0.0~V3.7
			Q0.0~Q1.7	I32.0~I35.7	V4.0~V7.7

3. 硬件组态

在主站 PLC 的上位机中，打开 STEP 7 软件，新建名称"柔性装配系统"的项目，然后在该项目中插入七个 S7-300 PLC 工作站，并依次将工作站命名为总站、上料单元、模拟单元、伸缩换向单元、检测单元、液压单元和分拣单元，然后按照 16.3 节和 16.4 节中所讲的硬件组态的方法，根据表 16-4 中的信息（DP 网络主站和从站中的通信地址），分别对七台 S7-300 PLC 和三台 S7-200 PLC 进行硬件组态。组态后的界面如图 16-38 和图 16-39 所示。

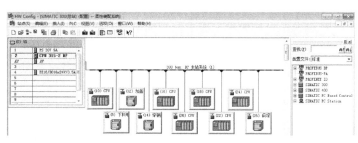

图 16-38 硬件组态窗口

图 16-39 组态后的 SIMATIC 管理器窗口

16.5.4 系统梯形图设计

在完成硬件组态后，主站和从站的通信数据发送区和接收数据区就可以进行数据通信。

1. 主站的输入/输出地址分配

根据 16.1 节中总站（主站）的控制要求，对主站控制台的输入/输出信号进行输入/输出分配，见表 16-5。

表 16-5　柔性生产线实训平台主站的输入/输出分配表

输入信号			输出信号		
序号	名称	PLC 地址	序号	名称	PLC 地址
1	起动按钮	I0.0	1	红色指示灯	Q0.0
2	停止按钮	I0.1	2	黄色指示灯	Q0.1
3	复位按钮	I0.2	3	绿色指示灯	Q0.2
4	急停按钮	I0.3	4	起动按钮灯	Q0.3
			5	停止按钮灯	Q0.4

2. 主站控制信号与各从站间的通信地址分配

要实现主站对各单元的控制，就需要将控制台上的控制信号发送给各单元 PLC，各单元再根据收到的控制信号去执行相应的动作。主站的控制信号在主站与各从站间的通信地址分配关系见表 16-6。

表 16-6　柔性自动化生产线实训平台主站控制变量的传送分配表

主站		传送方向	从站		
主站地址	通信输出地址		接收地址	站点名称	站号
I0.0	Q16.0	S7-300→S7-300	I16.0	上料单元	10
	Q3.4	S7-300→S7-200	V1.4	下料单元	8
	Q5.4	S7-300→S7-200	V1.4	加盖单元	12
	Q7.4	S7-300→S7-200	V1.4	穿销单元	14
	Q14.0	S7-300→S7-300	I14.0	模拟单元	16
	Q22.0	S7-300→S7-300	I22.0	伸缩换向单元	20
	Q8.0	S7-300→S7-300	I8.0	检测单元	18
	Q18.0	S7-300→S7-300	I18.0	液压单元	22
	Q10.0	S7-300→S7-300	I10.0	分拣单元	24
	Q33.4	S7-300→S7-200	V1.4	码垛机立体仓库单元	26
I0.1	Q16.1	S7-300→S7-300	I16.1	上料单元	10
	Q3.5	S7-300→S7-200	V1.5	下料单元	8
	Q5.5	S7-300→S7-200	V1.5	加盖单元	12
	Q7.5	S7-300→S7-200	V1.5	穿销单元	14
	Q14.1	S7-300→S7-300	I14.1	模拟单元	16
	Q22.1	S7-300→S7-300	I22.1	伸缩换向单元	20
	Q8.1	S7-300→S7-300	I8.1	检测单元	18
	Q18.1	S7-300→S7-300	I18.1	液压单元	22
	Q10.1	S7-300→S7-300	I10.1	分拣单元	24
	Q33.5	S7-300→S7-200	V1.5	码垛机立体仓库单元	26
I0.2	Q16.2	S7-300→S7-300	I16.2	上料单元	10
	Q3.6	S7-300→S7-200	V1.6	下料单元	8
	Q5.6	S7-300→S7-200	V1.6	加盖单元	12
	Q7.6	S7-300→S7-200	V1.6	穿销单元	14
	Q14.2	S7-300→S7-300	I14.2	模拟单元	16
	Q22.2	S7-300→S7-300	I22.2	伸缩换向单元	20
	Q8.2	S7-300→S7-300	I8.2	检测单元	18

(续)

主站		传送方向	从站		
主站地址	通信输出地址		接收地址	站点名称	站号
I0.2	Q18.2	S7-300→S7-300	I18.2	液压单元	22
	Q10.2	S7-300→S7-300	I10.2	分拣单元	24
	Q33.6	S7-300→S7-200	V1.6	码垛机立体仓库单元	26
I0.3	Q16.3	S7-300→S7-300	I16.3	上料单元	10
	Q3.7	S7-300→S7-200	V1.7	下料单元	8
	Q5.7	S7-300→S7-200	V1.7	加盖单元	12
	Q7.7	S7-300→S7-200	V1.7	穿销单元	14
	Q14.3	S7-300→S7-300	I14.3	模拟单元	16
	Q22.3	S7-300→S7-300	I22.3	伸缩换向单元	20
	Q8.3	S7-300→S7-300	I8.3	检测单元	18
	Q18.3	S7-300→S7-300	I18.3	液压单元	22
	Q10.3	S7-300→S7-300	I10.3	分拣单元	24
	Q33.7	S7-300→S7-200	V1.7	码垛机立体仓库单元	26

3. 各从站间的通信地址分配

各控制单元间要完成自动化流水作业,就需要知道相关单元的工作状态,而这些状态信息对从站而言是不能直接获得的,要通过主站才能进行相关数据的传递。也就是说,主站要从一个从站接收到数据,再把该数据发送给其他相关的从站。这就需要对这些通信的数据进行地址分配。

要通过主站发送的信号及在各站中对应的通信地址见表16-7。

表16-7 柔性自动化生产线实训平台总线通信地址设置表

	发送站		主站通信地址				从站	
总线站号	站点名称	信号名称	通信地址	输入地址	输出地址	通信地址	信号功能	站点名称
08	下料单元	料槽底层工件检测	V3.5	I3.5	Q17.1	I17.1	控制放料	上料单元
10	上料单元	往下料放件信号	Q16.5	I16.5	Q2.3	V0.3	控制下料电机运行	下料单元
12	加盖单元	托盘检测	V3.0	I5.0	Q3.0	V1.0	控制放行	下料单元
14	穿销单元	托盘检测	V3.0	I7.0	Q5.0	V1.0	控制放行	加盖单元
16	模拟单元	托盘检测	Q15.0	I15.0	Q7.0	V1.0	控制放行	穿销单元
18	检测单元	托盘检测	Q8.0	I8.0	Q24.0	I24.0	控制放行	伸缩换向单元
		合格品	Q9.0	I9.0	Q19.0	I19.0	合格品盖章	液压单元
20	伸缩换向单元	托盘检测	Q24.0	I24.0	Q15.0	I15.0	控制放行	模拟单元
22	液压单元	接件信号	Q21.0	I21.0	Q9.0	I9.0	控制放行	检测单元
		液压已盖章	Q20.0	I20.0	Q11.0	I11.0	已盖章合格品	分拣单元
24	分拣单元	托盘检测	Q11.0	I11.0	Q21.0	I21.0	液压到位放行信号	液压单元
26	码垛机立体仓库单元	接件信号	V4.7	I32.7	Q10.7	I10.7	工件放行控制信号	分拣单元

4. 编写程序

根据系统的控制要求和表 16-5~表 16-7 的地址分配关系编写主站程序，如图 16-40 所示。各从站在接收到主站发送的数据后，再根据各单元的控制要求，执行相应的程序。从站的控制要求和对应的 PLC 程序此处不再赘述。

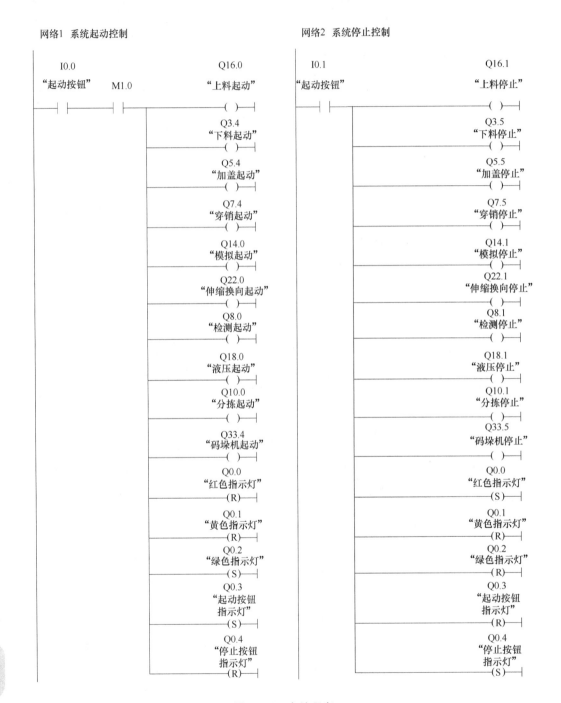

图 16-40 主站程序

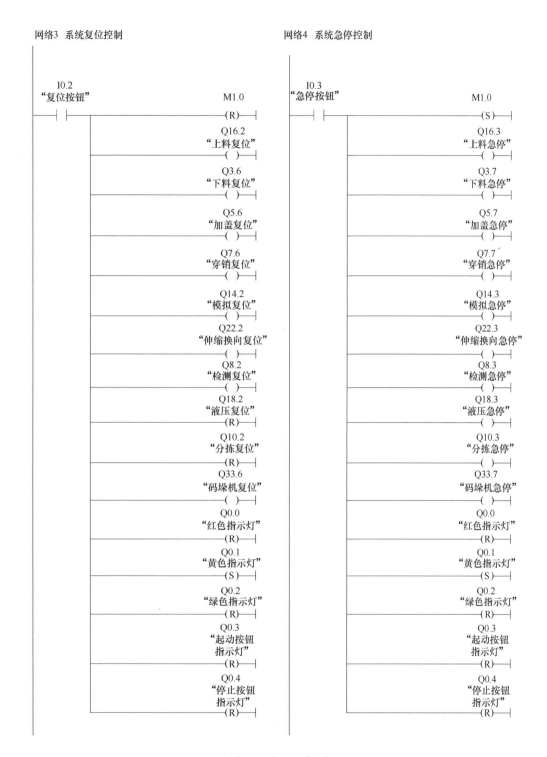

图 16-40 主站程序（续）

图 16-40　主站程序（续）

16.6　拓展与提高——S7-300 仿真软件的使用

S7-PLCSIM 是一个功能非常强大的 PLC 仿真软件，它与 STEP 7 编程软件集成在一起，能够在编程器/计算机上模拟 S7-300/400 系列 CPU 模块中用户程序的执行过程，用来运行和测试用户程序，而不需要连接任何 PLC 的硬件，可以在用户程序的开发阶段发现和排除错误。

1. S7-PLCSIM 的使用方法

用户程序的调试是通过视图对象进行的。S7-PLCSIM 提供了多种视图对象，用它们可以实现对仿真 PLC 内的各种变量、计数器和定时器的监视与修改。下面介绍用 S7-PLCSIM 调试程序的步骤。

（1）在 STEP7 软件中生成项目并编写用户程序

（2）打开 S7-PLCSIM 窗口　在 SIMATIC 管理器窗口中，单击工具栏上的仿真器按钮 "▣" 或执行菜单命令 "选项"→"仿真模块"，即可启动 S7-PLCSIM，出现名为 "S7-PLCSIM1" 的窗口，如图 16-41 所示。窗口中自动出现一个 CPU 模块视图对象，它模拟了 CPU 模块的面板，具有状态指示灯和模式选择开关。与此同时，自动建立了 STEP7 与仿真 CPU 的连接，此后所有的操作都会自动与仿真 CPU 相关联。

"插入视图对象工具栏" 各按钮的作用如图 16-42 所示。通过这些按钮可以显示或修改

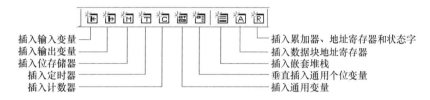

图 16-41　S7-PLCSIM1 仿真窗口

各类变量的值。单击其中的按钮就会出现一个窗口，在该窗口中可以输入要监视、修改的变量名称。

图 16-42　插入视图对象工具栏

（3）程序调试前的准备工作　在程序调试前，应做好四项工作。

1）在 S7-PLCSIM 窗口中执行菜单命令"PLC"→"上电"，为仿真 PLC 上电（一般默认选项是上电）。在 CPU 模块视图对象中单击"STOP"小框，可使仿真 PLC 处于"STOP"状态。

2）选择 CPU 模块运行模式。在仿真窗口中执行菜单命令"执行"→"扫描模式"→"单步"或单击 CPU 模块模式工具栏中的"　"按钮，使仿真 PLC 执行程序的一个扫描周期，然后等待开始下一个周期。执行"连续循环模式"或单击 CPU 模块模式工具栏中的"　"按钮，则仿真 PLC 将会与真实 PLC 一样连续周期性地执行程序。

3）下载项目到仿真 PLC。在 SIMATIC 管理器窗口中，打开要仿真的用户项目，执行菜单命令"PLC"→"下载"或单击工具栏中的"　"按钮，把要仿真的项目下载到仿真 PLC 中。

4）在 CPU 模块视图对象中单击"RUN"或"RUN-P"小框，使仿真 PLC 处于"RUN"或"RUN-P"状态。

（4）调试程序　在仿真窗口中执行菜单命令"插入"→"输入变量"或单击插入视图对象工具栏上的"　"按钮，创建 IB 字节的视图对象。用类似的方法可以生成输出字节 QB、位存储器、定时器和计数器的视图对象，输入/输出一般以字节中的位的形式显示。

模拟输入信号的方法是：单击 IB0 的第 0 位（即 I0.0）处的单选框，则在框中出现符号"√"，表示 I0.0 闭合，若再次点击这个位置，那么"√"消失，表示 I0.0 断开。

视图对象可以用来模拟实际 PLC 的输入/输出信号、产生 PLC 的输入信号或通过它来观察 PLC 的输出信号和内部软元件的变化情况，以便检查下载的用户程序的执行是否得到正确的结果。

2. 应用举例

下面以电动机的正反转控制程序为例，介绍使用 S7-PLCSIM 进行程序仿真的方法。

例 16-3　控制要求：用两个按钮 SF1、SF2 分别控制电动机的起动和停止，按下起动按钮 SF1 后，电动机开始正转，正转 10s 后，停止正转运行，5s 后自动开始反转运行。如果按下停止按钮 SF2，不管电动机处于哪个状态，都要停止运行。

控制程序如图 16-43 所示。

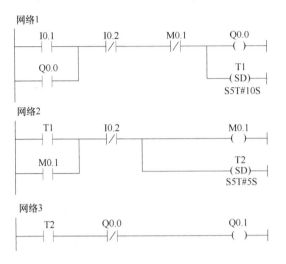

图 16-43 电动机正反转控制程序

控制程序实现功能：按下起动按钮 I0.1，线圈 Q0.0 得电并自锁，电动机开始正转，同时定时器 1 开始计时。10s 后 T1 常开触头闭合，线圈 M0.1 得电并自锁。M0.1 的常闭触头断开，线圈 Q0.0 失电，Q0.0 的常开触头复位断开、常闭触头复位闭合，定时器 T1 复位。5s 后 T2 常开触头闭合，线圈 Q0.1 得电，电动机开始反转；任意时刻按下停止按钮 I0.2，电动机停止。

按照前面所述用 S7-PLC SIM 调试程序的步骤，做好调试前的准备。在 S7-PLCSIM1 窗口中插入输入字节 IB0、输出字节 QB0 和定时器 T1、T2。如图 16-44 所示。

图 16-44 S7-PLCSIM1 仿真调试窗口

双击项目下的 OB1，在程序编辑器中打开 OB1，然后单击工具按钮" "可以激活监视状态，在不同的语言环境下其监视界面略有不同。在梯形图程序中，监视界面下会显示信号流的状态和变量值。处于有效状态的软元件显示为绿色高亮实线，处于无效状态的软元件则显示为蓝色虚线，如图 16-45 所示，实线表示有效状态的软元件，虚线表示无效状态的软元件。

用鼠标单击图 16-45 中的 IB0 的第一位（I0.1）处的单选框，则在框中出现符号"√"，表示 I0.1 闭合，然后再次点击鼠标把"√"去掉，相当于按下起动按钮。此时观察到 QB0

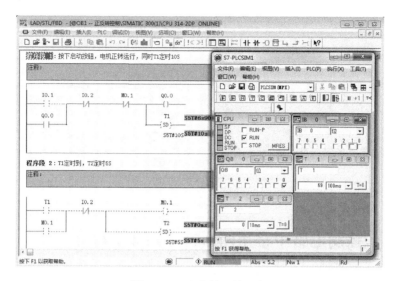

图 16-45　程序的监控运行

的第 0 位（即 Q0.0）处的单选框中出现符号"√"，说明电动机起动正转运行。与此同时，T1 视图对象开始计时，10s 后，观察到 Q0.0 处的单选框中符号"√"消失，说明电动机停止正转运行；T2 视图对象开始计时，5s 后，观察到 QB0 的第一位（即 Q0.1）处的单选框中出现符号"√"，说明电动机反转运行。在运行过程中，单击 IB0 的第二位（I0.2）处的单选框，则在框中出现符号"√"，表示 I0.2 闭合，相当于按下停止按钮，QB0 单选框中的符号"√"消失。

需要说明的是，S7-PLCSIM 提供了方便、强大的仿真模拟功能，与真实 PLC 相比它的灵活性更高，使用也很方便。但软件无法完全取代真实的硬件，不可能实现对硬件的完全仿真。用户在利用 S7-PLCSIM 进行模拟调试时，必须了解它与真实 PLC 的差别。

思考与练习

16-1　什么是现场总线技术？主要的现场总线技术都有哪些？

16-2　PROFIBUS 由哪三部分组成？PLC 常用哪一部分？

16-3　PROFIBUS-DP 设备类型有哪几种？

16-4　GSD 文件有什么作用？怎样安装 GSD 文件？

16-5　S7-200 PLC 如何实现和 PROFIBUS-DP 网络的连接？

16-6　如何组态智能 DP 从站与主站的通信？

16-7　试通过 PROFIBUS-DP 网络组态，实现一个主站和三个从站的通信连接。其中，DP 主站的 PLC 采用 CPU 416-2DP，从站为 ET 200B-16（DI/16DO）、S7-200 PLC（使用 CPU 226）和作为智能从站的一个使用 CPU 315-2DP 的 PLC，要求该网络传输速率为 1.5Mbit/s。

附　　录

附录 A　电气控制电路中常用图形符号和文字符号

名　称	图形符号	文字符号	说　明
电动机	⊛	MA 电动机	电动机的一般符号： 符号内的星号"∗"用下述字母之一代替：C-旋转变流机；G-发电机；GS-同步发电机；M-电动机；MG-能作为发电机或电动机使用的电动机；MS-同步电动机
		GA 发电机	
	M 3∼	MA	三相笼型异步电动机
	M	MA	步进电动机
	MS 3∼		三相永磁交流同步电动机

（续）

名　称	图形符号	文字符号	说　明
触头			常开（动合）触头 本符号也可用作开关的一般符号
			常闭（动断）触头
延时动作触头		KF	当操作器件被吸合时延时闭合的常开触头
			当操作器件被释放时延时断开的常开触头
			当操作器件被吸合时延时断开的常闭触头
			当操作器件被释放时延时闭合的常闭触头
单极开关		SF	手动操作开关一般符号
			具有常开触头且自动复位的按钮
			具有常闭触头且自动复位的按钮
			具有常开触头但无自动复位的拉拔开关
			具有常开触头但无自动复位的选择开关
			常开钥匙开关
			常闭钥匙开关

（续）

名　称	图形符号	文字符号	说　明
限位开关		BG	限位开关、常开触头
			限位开关、常闭触头
电力开关器件		QA	接触器的主常开触头（在非动作位置触头断开）
			接触器的主常闭触头（在非动作位置触头闭合）
			断路器
		QB	隔离开关
			三极隔离开关
			负荷开关
			具有由内装的量度继电器或脱扣器触发的自动释放功能的负荷开关

（续）

名　称	图形符号	文字符号	说　明
开关及触头/点	◇─/	BG	接近开关
	○─/		液位开关
	[n]─/	BS	速度继电器触头
	─┘┌/	BB	热继电器常闭触点
	─┘┌/	BT	热敏断路器
	[θ<]─/		温度控制开关（当温度低于设定值时动作），把符号"<"改为">"后，温度开关就表示当温度高于设定值时动作
	─[p>]─/	BP	压力控制开关（当压力大于设定值时动作）
	⟅─/	KF	固态继电器触头
	⟅─/		光电开关

(续)

名称	图形符号	文字符号	说明
线圈		QA	接触器线圈
		MB	电磁铁线圈
		KF	电磁继电器线圈一般符号
			断电延时线圈
			通电延时线圈
	U<		欠电压继电器线圈，把符号"<"改为">"表示过电压继电器线圈
	I>		过电流继电器线圈，把符号">"改为"<"表示欠电流继电器线圈
			固态继电器驱动器件
		BB	热继电器驱动器件
		MB	电磁阀
			电磁制动器（处于未开启状态）
熔断器		FA	熔断器一般符号
熔断器式开关		QA	熔断器开关
			熔断器式隔离开关

(续)

名 称	图形符号	文字符号	说 明
灯信号、器件	⊗	EA 照明灯	灯一般符号,信号灯一般符号
		PG 指示灯	
		PG	闪光信号灯
		PB	电铃
			蜂鸣器

附录 B 常用特殊继电器 SMB0 和 SMB1 的位信息

特殊存储器位			
SM0.0	该位始终为 1,即常 1	SM1.0	执行某些指令,结果为 0 时置位
SM0.1	首次扫描时为 1,常用作初始化脉冲	SM1.1	执行某些指令,结果溢出或非法数值时置 1
SM0.2	若保持数据丢失,则该位在一个扫描周期中为 1,可用作错误存储器位	SM1.2	执行运算指令,结果为负数时置 1
SM0.3	开机进入 RUN 时,该位将接通一个扫描周期,可在不断电的情况下代替 SM0.1 功能	SM1.3	除数为零时置 1
SM0.4	时钟脉冲:30s 闭合/30s 断开	SM1.4	超出表的范围执行 ATT 指令时置 1
SM0.5	时钟脉冲:0.5s 闭合/0.5s 断开	SM1.5	试图从空表中读数时置 1
SM0.6	扫描时钟脉冲:闭合一个扫描周期/断开一个扫描周期。即本次扫描时置 1,下次扫描时置 0	SM1.6	试图把非 BCD 码数转换为二进制数时置 1
SM0.7	该位指示 CPU 模块工作方式开关的位置(0 为 TERM,1 为 RUN)。在 RUN 位置时该位使自由口通信有效;在 TERM 位置时可与编程设备正常通信	SM1.7	ASCII 码到十六进制数转换出错时置 1

附录 C S7-200 PLC CPU 226 典型接线图

了解 PLC 接线图对于正确设计 PLC 控制电路非常重要。本书选取 CPU 226 模块的接线图（图 C-1），其他的接线图类似，具体使用时可参考 S7-200 系统手册。

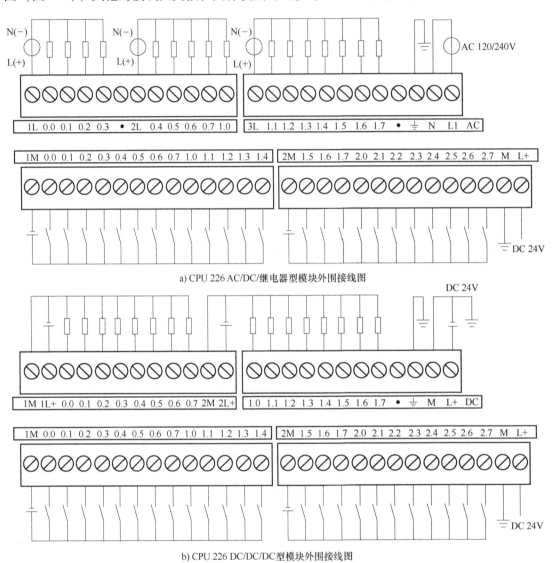

a) CPU 226 AC/DC/继电器型模块外围接线图

b) CPU 226 DC/DC/DC 型模块外围接线图

图 C-1 CPU 226 模块外围典型接线图

附录D　S7-200 SMART 标准型（SR/ST）PLC 的 CPU 模块规范

技 术 规 范	ST/SR20	ST/SR30	ST/SR40	ST/SR60
本机输入/输出特性				
本机输入/输出	12 数字量输入/ 8 数字量输出	18 数字量输入/ 12 数字量输出	24 数字量输入/ 16 数字量输出	36 数字量输入/ 24 数字量输出
数字输入/输出映像区	256 输入/256 输出			
模拟输入/输出映像区	56 模拟量输入/56 模拟量输出			
允许最大的扩展模块	最多 6 个			
信号板扩展	最多 1 个			
脉冲捕捉输入	12		14	
高速计数器	总共 6 个计数器 单相：4 个 200kHz，2 个 20kHz A/B 相：2 个 200kHz，2 个 20kHz			
脉冲输出（仅限 DC）	2 个 100kHz		3 个 100kHz	
时间中断	2 个，1ms 分辨率			
边沿中断	4 个上升沿和/或 4 个下降沿（使用信号板时，各为 6 个）			
运算执行速度（每条指令）	布尔量：150ns；移动字：1.2μs；实数数学运算：1.2μs			
定时器总数	非保持型（TON、TOF）：192；保持型（TONR）：64			
计数器总数	256			
主机本体通信功能				
接口类型及数量	以太网：1 个；串行通信接口：1 个 RS-485；附加串行通信接口：1 个（可选 RS-232/485 信号板）			
人机界面设备	以太网：8 个连接串行通信接口，每个接口 4 个连接			
编程设备	以太网：1 个连接串行通信接口，1 个连接			
CPU（PUT/GET）	以太网：8 个客户端和 8 个服务器连接			
开放式用户通信	以太网：8 个主动连接和 8 个被动连接			
数据传输速率	以太网：10/100Mbit/s；RS-485 系统协议：9600、19200 和 187500bit/s；RS-485 自由口：1200~115200bit/s			
电缆类型	以太网：CAT5e 屏蔽电缆；RS-485：PROFIBUS 网络电缆			

参 考 文 献

[1] 王永华. 现代电气控制与 PLC 应用技术 [M]. 5 版. 北京：北京航空航天大学出版社，2018.
[2] 张振国，方承远. 工厂电气与 PLC 控制技术 [M]. 5 版. 北京：机械工业出版社，2017.
[3] 廖常初. S7-200 SMART PLC 编程及应用 [M]. 3 版. 北京：机械工业出版社，2019.
[4] 廖常初. S7-300/400PLC 应用教程 [M]. 3 版. 北京：机械工业出版社，2016.
[5] 廖常初. S7-1200 PLC 编程及应用 [M]. 3 版. 北京：机械工业出版社，2017.
[6] 廖常初，陈晓东. 西门子人机界面（触摸屏）组态与应用技术 [M]. 北京：机械工业出版社，2018.
[7] 向晓汉. 西门子 PLC 高级应用实例精解 [M]. 2 版. 北京：机械工业出版社，2015.
[8] 向晓汉，陆彬. 西门子 PLC 工业通信网络应用案例精讲 [M]. 北京：化学工业出版社，2011.
[9] 何坚强，薛迎成，徐顺清. 工控组态软件及应用 [M]. 北京：北京大学出版社，2014
[10] 刘华波，王雪，何文雪，等. 组态软件 WinCC 及其应用 [M]. 2 版. 北京：机械工业出版社，2018.
[11] 常斗南，翟津. 三菱 PLC 控制系统综合应用技术 [M]. 北京：机械工业出版社，2013.
[12] 牛百齐，史晓骏，许斌. 边学边练 S7-200 PLC 技术及应用 [M]. 北京：电子工业出版社，2014.
[13] 赵景波，阿伦，李杰臣，等. 西门子 S7-200 PLC 实践与应用 [M]. 北京：机械工业出版社，2012.
[14] 刘摇摇，朱耀武. 西门子 S7-200 PLC 基础及典型应用 [M]. 北京：机械工业出版社，2015.
[15] 刘文芳，方强. 西门子 PLC 系统综合应用技术 [M]. 北京：机械工业出版社，2012.
[16] 马天兵，张申宇，陶新民. 基于 PLC 和组态的多条带式输送机集控系统 [J]. 煤矿安全，2018，49 (11)：99-102.
[17] 秦绪平，张万忠. 西门子 S7 系列可编程控制器应用技术 [M]. 北京：化学工业出版社，2011.
[18] 李江全，严海娟，刘姣娣，等. 西门子 PLC 通信与控制应用编程实例 [M]. 北京：中国电力工业出版社，2012.
[19] 于江龙，管琪明. 基于 PLC 的定长切割设备控制系统设计 [J]. 贵州科学，2016，34 (4)：82-86.
[20] 天津市龙洲科技仪器有限公司. 机电一体化柔性装配系统 PLC 控制实训教学指导书 [Z]. 2010.
[21] 西门子（中国）有限公司自动化与驱动集团. SIMATIC S7-200 SMART 系统手册 [Z]. 2019.
[22] 西门子（中国）有限公司自动化与驱动集团. 西门子 MICROMASTER 440 变频器使用大全 [Z]. 2011.
[23] 郑凤翼. 案例分析西门子 S7-200 系列 PLC 应用程序设计 [M]. 北京：电子工业出版社，2013.
[24] 张晓峰. 电气与 PLC 控制技术及应用 [M]. 北京：高等教育出版社，2013.
[25] 马驭. 基于 PROFIBUS 网的皮带机集控系统的研究 [D]. 淮南：安徽理工大学，2012.